Packt>

Python迁移学习

迪潘简 · 撒卡尔（Dipanjan Sarkar）
[印] 拉格哈夫 · 巴利（Raghav Bali）著
塔莫格纳 · 戈什（Tamoghna Ghosh）
张浩然 译

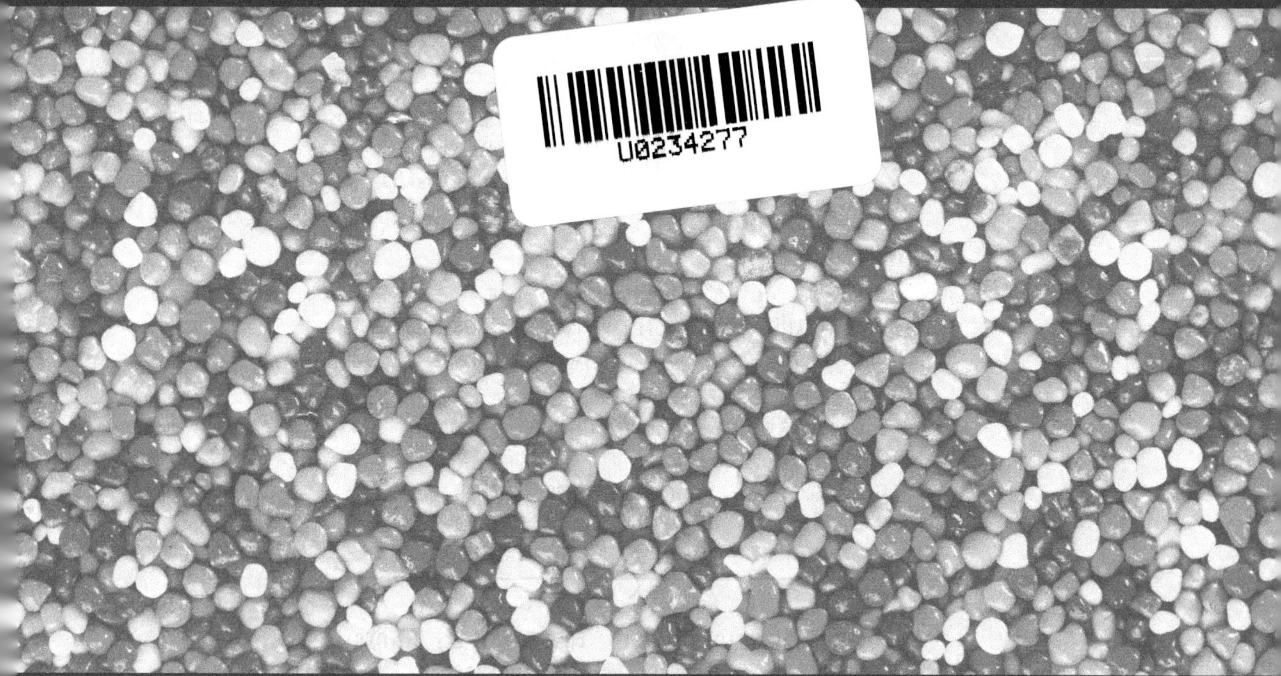

人民邮电出版社
北京

图书在版编目（CIP）数据

Python迁移学习 /（印）迪潘简·撒卡尔
(Dipanjan Sarkar)，（印）拉格哈夫·巴利
(Raghav Bali)，（印）塔莫格纳·戈什
(Tamoghna Ghosh) 著；张浩然译. -- 北京：人民邮电
出版社，2020.10（2022.7重印）
ISBN 978-7-115-54356-1

Ⅰ. ①P… Ⅱ. ①迪… ②拉… ③塔… ④张… Ⅲ. ①
软件工具—程序设计 Ⅳ. ①TP311.561

中国版本图书馆CIP数据核字(2020)第114324号

版权声明

◆ 著　　[印] 迪潘简·撒卡尔（Dipanjan Sarkar）
　　　　[印] 拉格哈夫·巴利（Raghav Bali）
　　　　[印] 塔莫格纳·戈什（Tamoghna Ghosh）
　译　　张浩然
　责任编辑　胡俊英
　责任印制　王　郁　焦志炜
◆ 人民邮电出版社出版发行　　北京市丰台区成寿寺路 11 号
　邮编　100164　　电子邮件　315@ptpress.com.cn
　网址　https://www.ptpress.com.cn
　北京七彩京通数码快印有限公司印刷
◆ 开本：800×1000　1/16
　印张：23.5　　　　2020 年 10月第 1 版
　字数：456 千字　　2022 年 7月北京第 4 次印刷
著作权合同登记号　图字：01-2018-7754 号

定价：89.00 元

读者服务热线：(010)81055410　印装质量热线：(010)81055316
反盗版热线：(010)81055315
广告经营许可证：京东市监广登字 20170147 号

内容提要

迁移学习是机器学习技术的一种，它可以从一系列机器学习问题的训练中获得知识，并将这些知识用于训练其他相似类型的问题。

本书分为 3 个部分：第 1 部分是深度学习基础，介绍了机器学习的基础知识、深度学习的基础知识和深度学习的架构；第 2 部分是迁移学习精要，介绍了迁移学习的基础知识和迁移学习的威力；第 3 部分是迁移学习案例研究，介绍了图像识别和分类、文本文档分类、音频事件识别和分类、DcepDream 算法、风格迁移、自动图像扫描生成器、图像着色等内容。

本书适合数据科学家、机器学习工程师和数据分析师阅读，也适合对机器学习和迁移学习感兴趣的读者阅读。在阅读本书之前，希望读者对机器学习和 Python 编程有基本的掌握。

序言

你可能对最近出现的似乎无穷无尽的机器学习很熟悉，但你知道如何训练机器学习模型吗？通常来说，一个给定的机器学习模型是在针对特定任务的特定数据上进行训练的。这种训练过程非常耗费资源和时间，而且由于生成的模型是针对特定任务的，因此无法发挥出模型的最大潜力。

性能非常好的神经网络模型往往是研究人员或实践者多次微调的结果。这些训练好的模型是否能用于更广泛的任务分类呢？迁移学习涉及将现有的机器学习模型用于没有训练过的场景中。

就像人类不会抛弃之前已经学到的东西并在每次开始一个新任务时都重新开始一样，迁移学习允许一个机器学习模型将已经获取到的知识用于新任务的训练过程，以此来扩展计算和专业知识相结合的范围，并且将其用作原始模型的燃料。简单来说，迁移学习可以节省训练时间，以及扩展现有机器学习模型的可用性。对于那些需要大量数据（且这些数据暂不可用）从头训练的模型来说，迁移学习是一项宝贵的技术。

熟悉复杂的概念和在实践中运用这些概念是两件非常不同的事情，但这正是本书的亮点所在。本书从对深度学习和迁移学习概念上的深入研究开始，利用来自 Python 生态系统的现代深度学习工具（如 TensorFlow 和 Keras），通过真实世界的例子和研究问题对这些概念进行实际的运用。3 位作者擅长将理论和实践完美地结合起来，这样一本精心制作的出版物对于读者来说是一个很好的选择。

近些年来，迁移学习在很多领域表现出良好的前景，是当代机器学习研究的一个非常活跃的领域。如果你正在寻找一本关于深度学习和迁移学习的完整指南（从零开始学习），那么本书可以作为你的第一站。

——马修·梅奥（Matthew Mayo）

KDnuggets 网站编辑

作者简介

迪潘简·撒卡尔（Dipanjan Sarkar）是英特尔公司的一名数据科学家，他利用数据科学、机器学习和深度学习来构建大规模的智能系统。他拥有数据科学和软件工程专业的硕士学位。

他从事分析工作多年，专攻机器学习、自然语言处理（Natural Language Processing，NLP）、统计方法和深度学习。他对教育充满热情，同时还在 Springboard 等组织中担任数据科学导师，帮助人们学习数据科学。他还是人工智能和数据科学领域的在线期刊《面向数据科学》的主要编著者和编辑，他还编写了几本关于 R、Python、机器学习、NLP 和深度学习的书。

拉格哈夫·巴利（Raghav Bali）是美国联合健康集团（Optum）的数据科学家。他的工作涉及研究和开发基于机器学习、深度学习和 NLP 的企业级解决方案，用于医疗和保险领域的相关用例。之前在英特尔公司的工作中，他参与了数据主动驱动 IT 的提案。他还曾在企业资源计划（Enterprise Resource Planning，ERP）和金融领域的一些世界领先的组织工作。他已经和一些优秀的出版社合作出版了多本书籍。

拉格哈夫在班加罗尔国际信息技术学院作为优秀毕业生获得了信息技术硕士学位。他热爱阅读，在工作不忙时，他是一个热衷于捕捉生活瞬间的摄影爱好者。

塔莫格纳·戈什（Tamoghna Ghosh）是英特尔公司的机器学习工程师。他共有 11 年的工作经验，其中包括 4 年在微软印度研究院的核心研究经验。在微软研究院期间，他曾担任分组密码的密码分析的研究助理。

他的技术专长包括大数据、机器学习、NLP、信息检索、数据可视化和软件开发。他在加尔各答印度统计研究所获得了工学硕士（计算机科学）学位，在加尔各答大学获得了理学硕士（数学）学位。他的专业研究领域为功能性分析、数学建模以及动态系统。他对教学工作充满热情，并为英特尔公司开展了不同级别的数据科学内部培训。

审稿人简介

尼汀・潘瓦尔（Nitin Panwar）拥有瓜廖尔印度信息技术研究所的计算机科学硕士学位。他是印度 Naukri 招聘网站的技术主管（数据科学），主要从事数据科学、机器学习和文本分析相关工作。他还曾在英特尔公司担任数据科学家。他的兴趣包括学习新技术、人工智能驱动的创业公司和数据科学。

致谢

如果没有以下这些人将一个纯粹的概念变成现实，这本书不可能问世。我要感谢我的父母 Digbijoy 和 Sampa、我的伴侣 Durba、我的宠物和我的朋友，感谢他们一直以来对我的支持。非常感谢 Packt 出版社的整个团队，特别是 Tushar、Sayli 和 Unnati，感谢他们不知疲倦地工作，支持我走完这段路程。还要感谢 Matthew Mayo 为本书写序以及他为 KDnuggets 网站做的伟大的事。

感谢 Adrian Rosebrock 和 PyImageSearch 为计算机视觉的预训练模型提供了出色的视觉效果和内容；感谢 Federico Baldassarre、Diego Gonzalez-Morin、Lucas Rodes Guirao 和 Emil Wallner 提供图像着色相关的优秀策略和实现；感谢 Anurag Mishra 为建立有效的图像字幕模型给出了提示；感谢 François Chollet 开发了 Keras，并在迁移学习和整个 Python AI 生态系统中编写了一些非常有用且引人入胜的内容，以帮助人们更好地运用深度学习和人工智能。

我要感谢我的经理和导师 Gopalan、Sanjeev 和 Nagendra，以及我在英特尔公司的所有朋友和同事，感谢他们鼓励我，给了我探索人工智能世界新领域的机会。感谢 Springboard 网站的朋友们，尤其感谢 Srdjan Santic 给了我一个学习和与一些了不起的人交流的机会，也感谢他对帮助更多的人学习数据科学和人工智能的激情、热情和远见。感谢 Towards Data Science 网站和 Ludovic Benistant 帮助我学习和向其他人分享更多关于人工智能的知识，并帮助我探索这些领域的前沿研究和工作。最后，我非常感谢我的合著者 Raghav 和 Tamoghna，以及审稿人 Nitin Panwar，感谢他们和我一起踏上这段“旅程”，如果没有他们，这本书就不可能出版。

——迪潘简·撒卡尔（Dipanjan Sarkar）

借此机会，我要感谢我的父母 Sunil 和 Neeru、我的妻子 Swati、我的兄弟 Rajan 以及我的朋友、同事和导师，感谢他们多年来一直鼓励、支持和教导我。我还要感谢我的合著者和好朋友 Dipanjan Sarkar 和 Tamoghna Ghosh，感谢他们带我踏上这段奇妙的“旅程”。非常感谢我的经理和导师 Vineet、Ravi 和 Vamsi，以及美国联合健康集团（Optum）的所有同事，感谢他们支持和鼓励我探索数据科学的新领域。

我要感谢 Tushar Gupta、Aaryaman Singh、Sayli Nikalje、Unnati Guha 和 Packt 出版社，感谢他们给予我的机会，以及在整个“旅程”中给予我的支持。如果没有 Nitin Panwar 富有卓见的反馈和建议，这本书是不完整的。最后，特别感谢 François Chollet 开发了 Keras，感谢 Python 生态系统和社区，感谢其他作者和研究人员每天都努力给我们带来这些神奇的技术和工具。

——拉格哈夫・巴利（Raghav Bali）

我要感谢 Packt 出版团队给了我这个特别的机会，感谢他们在整个“旅程”中给予我的指导。这本书的合著者也是我的导师，感谢他们给我非常有用的建议和指导。感谢 Nitin 耐心地审阅这本书并提供优秀的反馈。我要感谢我的妻子 Doyel、我的儿子 Anurag，还有我的父母，他们一直都是我的灵感来源，并且容忍我加班。同时，我非常感谢我公司的经理们的鼓励和支持。

——塔莫格纳・戈什（Tamoghna Ghosh）

前言

随着世界朝着数字化和自动化发展，作为一名技术人员（如程序员），保持知识更新并学习如何使用相关工具和技术是很重要的。本书旨在帮助 Python 从业人员在他们各自的领域中熟悉和使用书中的技术。本书的结构大致分为以下 3 个部分：

- 深度学习基础；
- 迁移学习精要；
- 迁移学习案例研究。

迁移学习是一项**机器学习**（**Machine Learning**，**ML**）技术，是指从一系列机器学习问题的训练中获得知识，并将该知识用于训练其他相似类型的问题。

本书有两个主要目的：第一个是我们会将重点集中在详细介绍深度学习和迁移学习，用易于理解的概念和例子将两者进行对比；第二个是利用 TensorFlow、Keras 和 Python 生态系统的真实世界案例和问题进行研究，并提供实际的示例[①]。

本书首先介绍机器学习和深度学习的核心概念；接着介绍一些重要的深度学习架构，例如深度神经网络（Deep Neural Network，DNN）、卷积神经网络（Convolutional Neural Network，CNN）、递归神经网络（Recurrent Neural Network，RNN）、长短时记忆（Long Short Term Memory，LSTM）和胶囊网络；然后介绍迁移学习的概念和当前最新的预训练网络，如 VGG、Inception 和 ResNet，我们还将学习如何利用这些系统来提升深度学习模型的性能；最后介绍不同领域（如**计算机视觉**、**音频分析**以及**自然语言处理**）的多个真实世界的案例

① 为了叙述的方便，许多案例（示例）中的量的单位省略不写。

研究和问题。

读完本书，读者将可以在自己的系统中实现深度学习和迁移学习。

目标读者

本书的目标读者是数据科学家、机器学习工程师、分析人员，以及对数据和运用当前最新的迁移学习技术解决困难的现实世界问题感兴趣的开发者。

阅读本书需要读者对机器学习和 Python 语言有基本的掌握。

本书内容

第 1 章，机器学习基础。本章介绍 CRISP-DM 模型，该模型为数据科学、机器学习或深度学习项目提供了行业标准框架或工作流。还介绍涉及机器学习领域的各种重要概念，例如探索性数据分析、特征提取和特征工程、特征选择等。

第 2 章，深度学习精要。本章提供深度学习精要的旋风之旅、神经网络基本构件的概述，以及深度神经网络的训练方式。从单个神经单元如何运行这一基本内容开始，本章内容还涵盖激活函数、损失函数、优化器和神经网络超参数等重要概念。此外还特别强调配置预置的和基于云端的深度学习环境。

第 3 章，理解深度学习架构。本章的重点在于理解目前在深度学习中出现的各种标准模型架构。和 20 世纪 60 年代的传统 ANN 模型相比，现在的模型架构已经取得了明显的进步。本章还将介绍一些基本的模型架构，例如全连接**深度神经网络（DNN）**、**卷积神经网络（CNN）**、**递归神经网络（RNN）**、**长短时记忆（LSTM）**网络以及最新的**胶囊网络**等。

第 4 章，迁移学习基础。本章介绍与迁移学习相关的核心概念、术语和模型架构，详细地讨论与预训练的模型相关的概念和架构。此外还将对比迁移学习和深度学习，并讨论迁移学习的类型和策略。

第 5 章，释放迁移学习的威力。本章将利用深度学习模型解决一个实际问题（数据集来自 Kaggle 网站），同时使读者理解只有少量数据点时所面临的挑战，以及迁移学习在这些场景中如何释放它真正的力量和潜能为我们提供更优秀的模型。本章将在可用数据很少的约束条件下处理非常流行的猫狗分类任务。

第 6 章，图像识别和分类。本章内容是涉及本书前两部分中详细讨论的概念的现实世界的案例研究系列中的第一个。首先介绍图像分类任务，接着讨论和实现一些流行的、先进的针对不同图像分类问题的深度学习模型。

第 7 章，文本文档分类。本章讨论迁移学习在一个非常流行的自然语言处理问题（文本文档分类）中的应用。首先对多类文本分类问题、传统模型、基准文本分类数据集（例如 20 新闻集团）以及性能进行高层次的介绍；接着介绍用于文本分类的深度学习文档模型，以及它们相较于传统模型的优势；最后介绍使用密集向量表示单词特征，以及如何利用相同的特征在文本分类问题中应用迁移学习，在我们的问题中源领域和目标领域可能不同。本章还将介绍其他无监督任务，如文档摘要。

第 8 章，音频事件识别和分类。本章解决对非常短的音频片段识别和分类的难题。在本章中，我们创新地利用迁移学习将来自计算机视觉领域的预训练深度学习模型运用于一个完全不同的音频分类领域。

第 9 章，DeepDream。本章重点介绍生成深度学习领域，这是人工智能前沿的核心思想之一。我们将重点关注卷积神经网络如何思考或做梦，以及如何利用迁移学习将图像模式可视化。DeepDream 于 2015 年由谷歌公司首次发布，由于深度网络能够从图像中生成有趣的模式（就好像在自己思考和做梦一样），因此在网络上引发了轰动。

第 10 章，风格迁移。本章利用来自深度学习、迁移学习和生成学习的概念，通过不同内容、图像和样式的实际例子来展示艺术图像的神经风格迁移。

第 11 章，自动图像描述生成器。本章内容涵盖计算机视觉以及自然语言生成中最复杂的问题之一——图像描述。虽然将图像分类为固定类别很有挑战性，但这并不是不可能完成的任务。图像描述是一个很复杂的任务，它涉及为任何照片或场景生成类似人类的自然语言的文字描述。本章利用迁移学习、自然语言处理和生成模型的威力，介绍如何从零开始构建自己的自动图像描述系统。

第 12 章，图像着色。本章提供一个独特的案例研究，其中的任务是对黑白或者灰度图像进行着色。本章向读者介绍多种色彩比例的基础知识，以及为什么图像着色是一项如此困难的任务。

如何充分利用本书

1. 如果读者对机器学习和 Python 语言有基本的掌握，阅读效果会更好。
2. 对数据分析、机器学习和深度学习有强烈兴趣将有利于本书的阅读。

资源与支持

本书由异步社区出品，社区（https://www.epubit.com/）为您提供相关资源和后续服务。

配套资源

本书提供配套资源，要获得该配套资源，请在异步社区本书页面中单击 配套资源，跳转到下载界面，按提示进行操作即可。注意：为保证购书读者的权益，该操作会给出相关提示，要求输入提取码进行验证。

提交勘误

作者和编辑尽最大努力来确保书中内容的准确性，但书中难免会存在疏漏。欢迎您将发现的问题反馈给我们，帮助我们提升图书的质量。

当您发现错误时，请登录异步社区，按书名搜索，进入本书页面，单击“提交勘误”，输入勘误信息，单击“提交”按钮即可。本书的作者和编辑会对您提交的勘误进行审核，确认并接受后，您将获赠异步社区的 100 积分。积分可用于在异步社区兑换优惠券、样书或奖品。

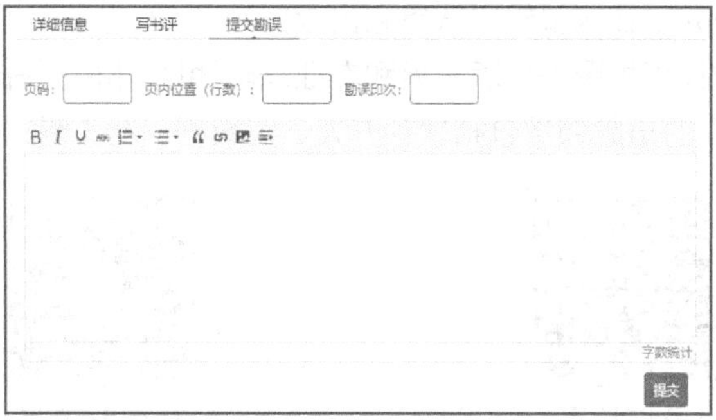

扫码关注本书

扫描下方二维码，您将会在异步社区微信服务号中看到本书信息及相关的服务提示。

与我们联系

我们的联系邮箱是 contact@epubit.com.cn。

如果您对本书有任何疑问或建议，请您发邮件给我们，并请在邮件标题中注明本书书名，以便我们更高效地做出反馈。

如果您有兴趣出版图书、录制教学视频，或者参与图书翻译、技术审校等工作，可以发邮件给我们；有意出版图书的作者也可以到异步社区在线提交投稿（直接访问 www.epubit.com/selfpublish/submission 即可）。

如果您是学校、培训机构或企业，想批量购买本书或异步社区出版的其他图书，也可以发邮件给我们。

如果您在网上发现有针对异步社区出品图书的各种形式的盗版行为，包括对图书全部或部分内容的非授权传播，请您将怀疑有侵权行为的链接发邮件给我们。您的这一举动是对作者权益的保护，也是我们持续为您提供有价值的内容的动力之源。

关于异步社区和异步图书

“异步社区”是人民邮电出版社旗下 IT 专业图书社区，致力于出版精品 IT 技术图书和相关学习产品，为作译者提供优质出版服务。异步社区创办于 2015 年 8 月，提供大量精品 IT 技术图书和电子书，以及高品质技术文章和视频课程。更多详情请访问异步社区官网 https://www.epubit.com。

“异步图书”是由异步社区编辑团队策划出版的精品 IT 专业图书的品牌，依托于人民邮电出版社近 30 年的计算机图书出版积累和专业编辑团队，相关图书在封面上印有异步图书的 LOGO。异步图书的出版领域包括软件开发、大数据、AI、测试、前端、网络技术等。

异步社区

微信服务号

目录

第 1 部分　深度学习基础

第 2 部分 迁移学习精要

第 3 部分　迁移学习案例研究

第 1 部分

深度学习基础

第 1 章 机器学习基础

“终有一天，人工智能会像我们看待非洲平原上低级生物的化石一样看待我们。在人工智能眼中，人类只是直立行走的猿猴，用着粗糙的语言和简陋的工具，从诞生起就注定会灭绝。”

——电影《机械姬》

这句引用台词似乎过于夸张且难以理解。但是随着科技的进步，谁又能肯定地说这不可能发生呢？人类一直梦想着创造出智能的、有自我意识的机器。随着科技研究的不断发展和计算能力的普及，**人工智能**（**Artificial Intelligence**，**AI**）、**机器学习**，以及深度学习在技术专家和普通大众中都获得了极高的关注度。尽管好莱坞描述的未来世界仍有争议，但是我们已经能够在日常生活中看到和使用智能系统。从智能对话引擎，如 Google Now、Siri、Alexa 和 Cortana，到自动驾驶汽车，我们正逐渐地在日常生活中接受这些智能科技。

当我们跨入学习机器的新时代时，重要的是理解这些已经存在多时并不断被改进的基础思想和概念。众所周知，世界上 90%的数据仅仅是在过去的几年中被创造出来的，同时我们还在以不断增长的速度创造更多的数据。机器学习、深度学习和人工智能领域能够帮助我们使用这些海量数据来解决现实世界中各种各样的问题。

本书分为 3 个部分。在第 1 部分中，我们将从与人工智能、机器学习和深度学习相关的基本概念和术语开始介绍，然后深入讲解深度学习体系结构。

本章将为读者介绍机器学习的基本概念，后续的章节将介绍深度学习。本章内容涵盖了以下几个方面：

- 机器学习简介；
- 机器学习方法；

- CRISP-DM；
- 机器学习管道；
- 探索性数据分析；
- 特征提取和特征工程；
- 特征选择。

本书的每一章内容都会以前几章的概念和技术为基础。熟悉机器学习和深度学习基础的读者可以自行挑选自己认为有必要的主题进行阅读，但是我们建议按顺序阅读各个章节。

1.1 什么是机器学习

我们生活在一个日常生活总是会与数字世界有连接的世界中，我们可以使用计算机来协助我们进行通信、旅行、娱乐等。我们全天候使用的数字在线产品（如手机应用、网站、软件等）可以帮助我们避免重复单调的任务。这些软件由程序员使用计算机编程语言（如C、C++、Python、Java 等）开发出来，他们明确地编写了每条指令，让这些软件能够执行定义好的任务。图 1.1 所示为一种计算设备（计算机）和具有输入和定义输出的显式编程程序或软件之间的典型交互。

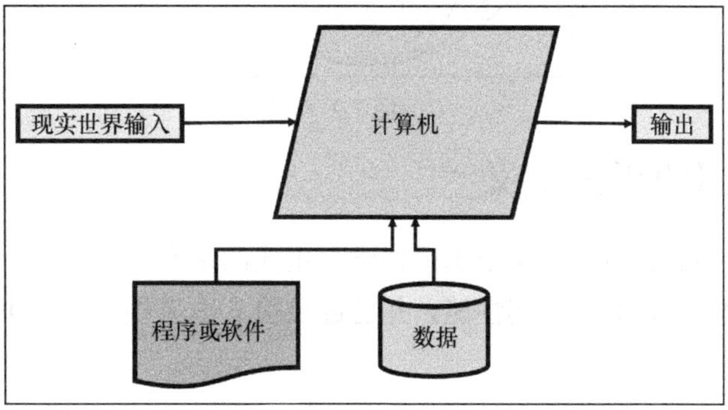

图 1.1

虽然目前的范式已经能够帮助我们以一种非常有效的方式开发出令人惊讶的复杂软件或系统，来处理不同领域的任务，但是仍然需要由人来定义和编码能让程序运行的显式规则。有一些任务对计算机来说很容易解决，但对人类来说却很困难或耗时。例如执行复杂的计算、存储大量的数据、搜索大型数据库等任务，一旦定义了规则，计算机就可以高效地执行这些任务。

然而，还有另一类问题可以由人类直接解决，但却难以编程。例如对象识别、玩游戏等问题对我们来说是很简单的，但却很难用一套规则来定义。阿兰·图灵（Alan Turing）在其里程碑式的论文 *Computing Machinery and Intelligence* 中介绍了**图灵测试**，并讨论了通用计算机，以及它们是否能够完成这类任务。

这体现了通用计算思想的新范式，在更宽泛的意义上催生了人工智能。这种新范式（或称机器学习范式）是指计算机或机器通过从经验中学习（类似于人类的学习）来完成任务，而无须通过显式的编程来完成任务。

因此人工智能是一个包罗万象的研究领域，机器学习和深度学习是其中具体的研究子领域。人工智能是一个包含其他子领域的通用领域，其中可能涉及也可能不涉及学习（如符号型人工智能）。在本书中，我们将只关注机器学习和深度学习。人工智能、机器学习和深度学习的关系如图 1.2 所示。

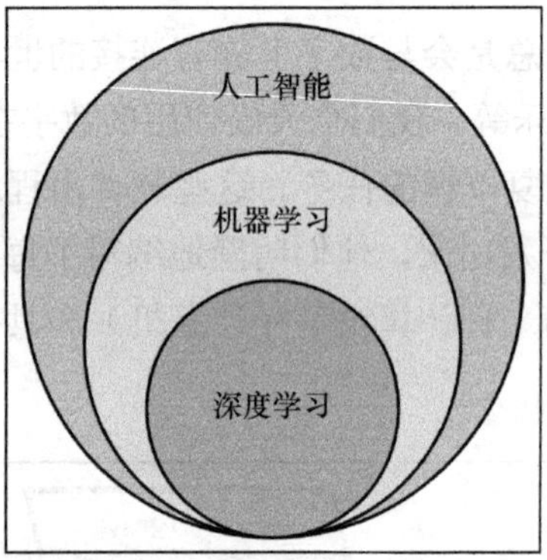

图 1.2

1.1.1 机器学习的正式定义

机器学习之父 Tom Mtichell 赋予了机器学习正式的定义：如果一个计算机程序能使用性能衡量方式 P 在任务 T 上衡量其性能，并通过经验 E 改善性能，则可以被称为会学习的程序。

该定义以一种简洁的方式完美地阐释了机器学习的本质。让我们用一个现实世界的例子来更好地理解该定义。考虑一个识别垃圾邮件的任务 T，我们可以给一个识别垃圾邮件和非垃圾邮件的程序或系统提供一些实例（或者经验 E），它可以从中学习而不是显式地编程，然后可以衡量该程序或系统在识别垃圾邮件的学习任务上的性能 P。这很有趣，不是吗？

1.1.2 浅层学习和深度学习

机器学习是这样一种任务，它从训练实例中识别模式，并将学习到的模式（或者表示）

运用于从未见过的新数据。由于其（在大多数例子中）使用单层表示的性质，机器学习有时也被称为**浅层学习**。在这里引入了两个问题：何为层表示？何为深度学习？我们将在后续的章节中回答这些问题。现在先让我们对深度学习进行快速浏览。

深度学习是机器学习的一个子领域，它涉及从训练实例中学习连续的、有意义的表示来解决给定的任务。深度学习与人工神经网络紧密相关，人工神经网络由能捕捉到连续表示的多层堆叠而成。

基于我们以更快的计算速度生成和收集到的数据量，机器学习已经成为一个流行词。接下来让我们更深入地研究机器学习。

1.2 机器学习算法

机器学习是人工智能中一个流行的子领域，其涉及的领域非常广泛。流行的原因之一是在其策略下有一个由复杂的算法、技术和方法论组成的综合工具箱。该工具箱已经经过了多年的开发和改进，同时新的工具箱也在持续不断地被研究出来。为了更好地使用机器学习工具箱，我们需要先了解以下几种机器学习的分类方式。

基于是否有人工进行监督的分类如下。

- **监督学习**。这一类别高度依赖人工监督。监督学习类别下的算法从训练数据和对应的输出中学习两个变量之间的映射，并将该映射运用于从未见过的数据。分类任务和回归任务是监督学习算法的两种主要任务类型。
- **无监督学习**。这类算法试图从没有任何（在人工监督之下）关联输出或标记的输入数据中学习内在的潜在结构、模式和关系。聚类、降维、关联规则挖掘等任务是无监督学习算法的几种主要任务类型。
- **半监督学习**。这类算法是监督学习算法和无监督学习算法的混合。这一类别下的算法使用少量的标记训练数据和更多的非标记训练数据，因此需要创造性地使用监督学习方法和无监督学习方法来解决特定问题。
- **强化学习**。这类算法与监督学习和无监督学习算法略有不同。强化学习算法的中心实体是一个代理，它在训练期间会同环境进行交互让奖励最大化。代理会迭代地进行学习，并基于和环境的交互中获得的奖励或惩罚来调整其策略。

基于数据可用性的分类如下。

- **批量学习**。也被称为**离线学习**，当所需的训练数据可用时可以使用这类算法，同时这种算法也可以在部署到生产环境或现实世界之前对模型进行训练和微调。

- **在线学习**。顾名思义，在这类算法中只要数据可用，学习就不会停止。另外，在这类算法中，数据会被小批量地输入系统，而下一次训练将会使用新批次中的数据。

前面讨论的分类方法让我们对关于如何组织、理解和利用机器学习算法有了一个抽象的理解。机器学习算法最常见的分类方法为监督学习算法和无监督学习算法。下面让我们更详细地讨论这两个类别，因为这将有助于我们开启后面将要介绍的更高级的主题。

1.2.1 监督学习

监督学习算法是一类使用数据样本（也称为**训练样本**）和对应输出（或**标签**）来推断两者之间映射函数的算法。推断映射函数或学习函数是这个训练过程的输出。学习函数能正确地映射新的和从未见过的数据点（即输入元素），以测试自身的性能。

监督学习算法中的几个关键概念的介绍如下。

- **训练数据集**。训练过程中使用的训练样本和对应的输出称为**训练数据**。在形式上，一个训练数据集是由一个输入元素（通常是一个向量）和对应的输出元素或信号组成的二元元组。
- **测试数据集**。用来测试学习函数性能的从未见过的数据集。该数据集也是一个包含输入数据点和对应输出信号的二元元组。在训练阶段不使用该集合中的数据点（该数据集也会进一步划分为验证集，我们将在后续章节中详细讨论）。
- **学习函数**。这是训练阶段的输出，也称为推断函数或模型。该函数基于训练数据集中的训练实例（输入数据点及其对应的输出）被推断出。一个理想的模型或学习函数学到的映射也能推广到从未见过的数据。

可用的监督学习算法有很多。根据使用需求，它们主要被划分为分类模型和回归模型。

1. 分类模型

用最简单的话来说，分类算法能帮助我们回答客观问题或是非预测。例如这些算法在一些场景中很有用，如“今天会下雨吗？”或者“这个肿瘤可能癌变吗？”等。

从形式上来说，分类算法的关键目标是基于输入数据点预测本质分类的输出标签。输出标签在本质上都是类别，也就是说，它们都属于一个离散类或类别范畴。

逻辑回归、**支持向量机**（**Support Vector Machine**，**SVM**）、**神经网络**、**随机森林**、**K-近邻算法**（**K-Nearest Neighbour**，**KNN**）、**决策树**等算法都是流行的分类算法。

假设我们有一个真实世界的用例来评估不同的汽车模型。为了简单起见，我们假设模型被期望基于多个输入训练样本预测每个汽车模型的输出是可接受的还是不可接受的。输入训练样本的属性包括购买价格、门数、容量（以人数为单位）和安全级别。

除了类标签以外，每一层的其他属性都会用于表示每个数据点是否可接受。图 1.3 所示描述了目前的二元分类问题。分类算法以训练样本为输入来生成一个监督模型，然后利用该模型为一个新的数据点预测评估标签。

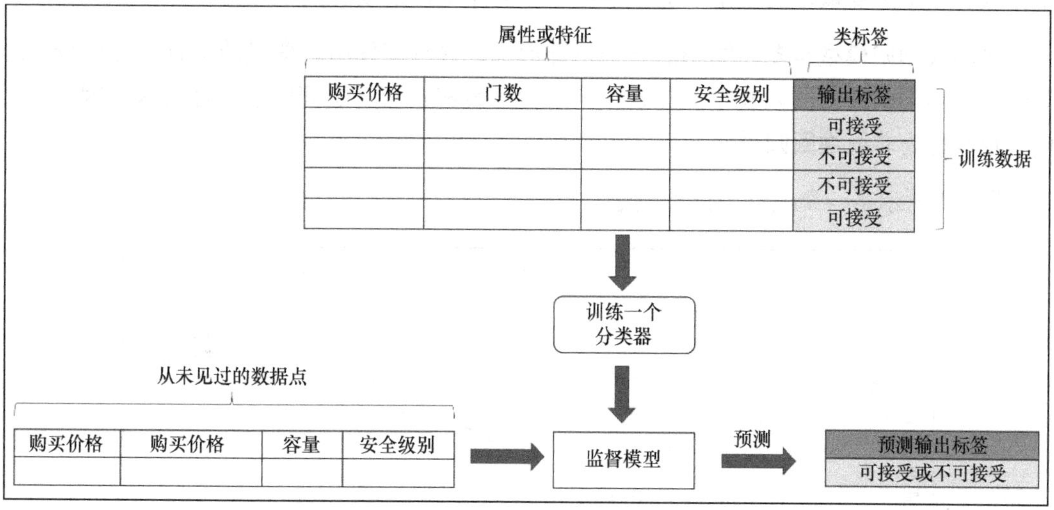

图 1.3

在分类问题中，由于输出标签是离散类，因此如果只有两个可能的输出类，任务则被称为**二元分类问题**，否则被称为**多类分类问题**。例如预测明天是否下雨是一个二元分类问题（其输出为是或否）；从扫描的手写图像中预测一个数字则是一个包含 10 个标签（可能的输出标签为 0～9）的多类分类问题。

2. 回归模型

这类监督学习算法能帮助我们回答“数量是多少”这样的量化问题。从形式上来说，回归模型的关键目标是估值。在这类问题中，输出标签本质上是连续值（而不是分类问题中的离散输出）。

在回归问题中，输入数据点被称为自变量或解释变量，而输出被称为因变量。回归模型还会使用由输入（或自变量）数据点和输出（或因变量）信号组成的训练数据样本进行训练。线性回归、多元回归、回归树等算法都是监督回归算法。

回归模型可以基于其对因变量和自变量之间关系的模型进一步分类。

简单线性回归模型适用于包含单个自变量和单个因变量的问题。**普通最小二乘**（**Ordinary Least Square，OLS**）回归是一种流行的线性回归模型。多元回归或多变量回归是指只有一个因变量，而每个观测值是由多个解释变量组成的向量的问题。

多项式回归模型是多元回归的一种特殊形式。该模型使用自变量的 n 次方对因变量进行建模。由于多项式回归模型能拟合或映射因变量和自变量之间的非线性关系，因此这类模型也被称为**非线性回归**模型。

图 1.4 所示是一个线性回归的例子。

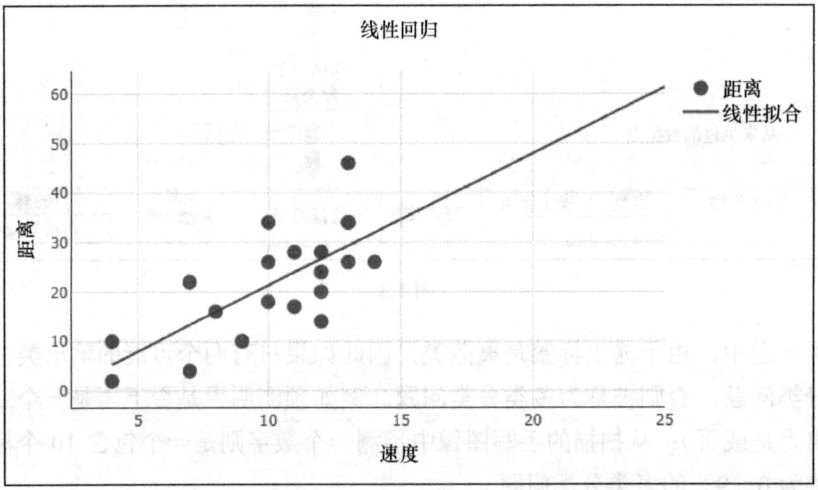

图 1.4

为了理解不同的回归类型，我们可以考虑一个现实世界中根据车速估计汽车的行车距离（单位省略）的用例。在这个问题中，基于已有的训练数据，我们可以将距离建模为汽车速度（单位省略）的线性函数，或汽车速度的多项式函数。记住，主要目标是在不过拟合训练数据本身的前提下将误差最小化。

前面的图 1.4 描述了一个线性拟合模型，而图 1.5 所示描述了使用同一数据集的多项式拟合模型。

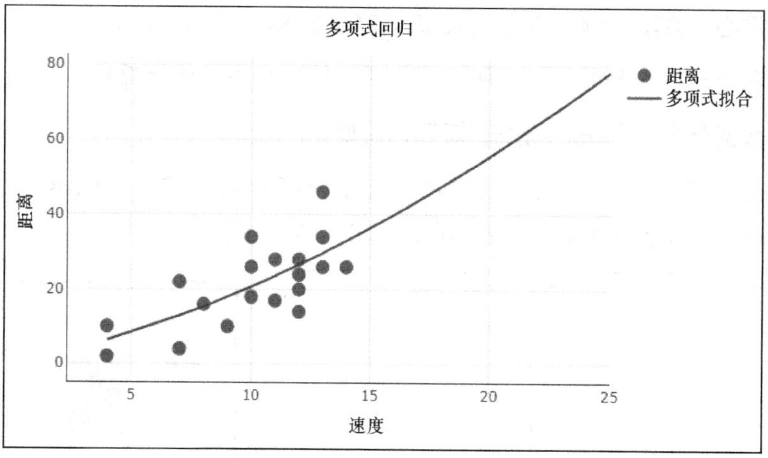

图 1.5

1.2.2 无监督学习

顾名思义，无监督学习算法是在没有监督的情况下对概念进行学习或推断。监督学习算法基于输入数据点和输出信号组成的训练数据集来推断映射函数，而无监督学习算法的任务是在没有任何输出信号的训练数据集中找出训练数据中的模式和关系。这类算法利用输入数据集来检测模式，挖掘规则或将数据点进行分组/聚类，从而从原始输入数据集中提取出有意义的见解。

当我们没有包含相应输出信号或标签的训练集时，无监督学习算法就能派上用场。在许多现实场景中，数据集在没有输出信号的情况下是可用的，并且很难手动对其进行标记。因此无监督学习算法有助于填补这些空缺。

与监督学习算法类似，为了便于理解和学习，无监督学习算法也可以进行分类。下面是不同类别的无监督学习算法。

1. 聚类

分类问题的无监督学习算法称为**聚类**。这些算法能够帮助我们将数据点聚类或分组到不同的组或类别中，而不需要在输入或训练数据集中包含任何输出标签。这些算法会尝试从输入数据集中找到模式和关系，利用固有特征基于某种相似性度量将它们分组。

一个有助于理解聚类的现实世界的例子是新闻文章。每天有数百篇新闻报道被创作出来，每一篇都针对不同的话题，如政治、体育和娱乐等。聚类是一种可以将这些文章进行分组的无监督方法，如图 1.6 所示。

执行聚类过程的方法有多种，其中最受欢迎的方法包括以下几种。

- 基于重心的方法。例如流行的K-均值算法和K-中心点算法。
- 聚合和分裂层次聚类法。例如流行的沃德算法和仿射传播算法。
- 基于数据分布的方法。例如高斯混合模型。
- 基于密度的方法。例如具有噪声的基于密度的基类方法（Density-Based Spatial Clustering of Applications with Noise，DBSCAN）等。

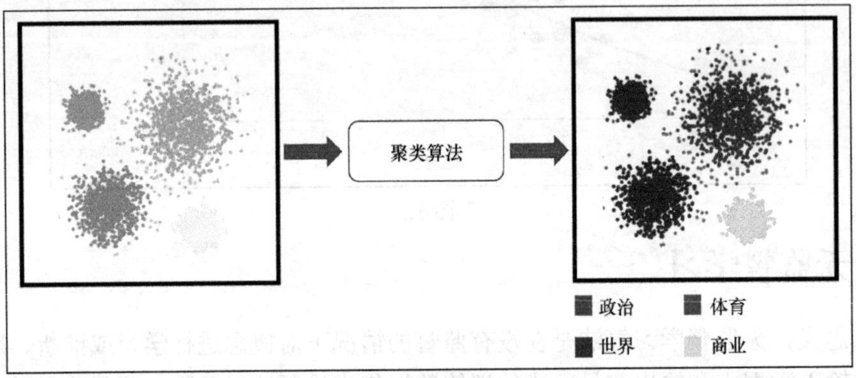

图 1.6

2. 降维

数据和机器学习是最好的朋友，但是更多、更大的数据会带来许多问题。大量的属性或膨胀的特征空间是常见的问题。一个大型特征空间在带来数据分析和可视化方面的问题的同时，也带来了与训练、内存和空间约束相关的问题。这种现象被称为**维度诅咒**。由于无监督方法能够帮助我们从未标记的训练数据集中提取见解和模式，因此这些方法在帮助我们减少维度方面很有用。

换句话说，无监督方法能够帮助我们从完整的可用列表中选择一组具有代表性的特征，从而帮助我们减少特征空间，如图1.7所示。

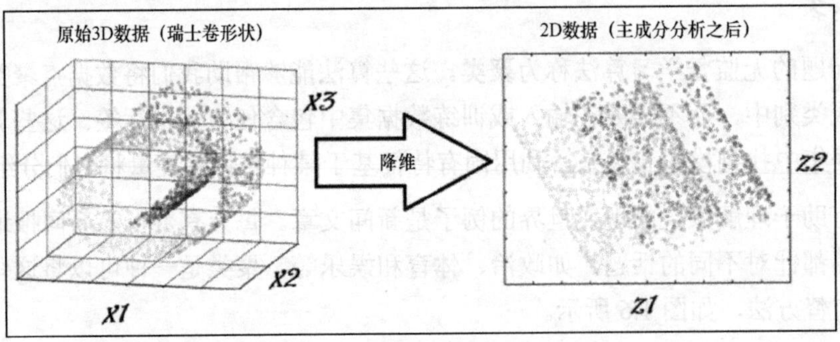

图 1.7

主成分分析（Principal Component Analysis，PCA）、最近邻分析和判别分析是常用的降维技术。

图 1.7 所示是基于 PCA 的降维技术的工作原理的著名描述图片。图片左侧展示了一组在三维空间中能表示为瑞士卷形状的数据，图片右侧则展示了应用 PCA 将数据转换到二维空间中的结果。

3. 关联规则挖掘

这类无监督机器学习算法能够帮助我们理解和从交易数据集中提取模式。这些算法被称为**市场篮子分析（Market Basket Analysis，MBA）**，可以帮助我们识别交易项目之间有趣的关系。

使用关联规则挖掘，我们可以回答“在特定的商店中哪些商品会被一起购买？”或者“买葡萄酒的人也会买奶酪吗？”等问题。FP-growth、ECLAT 和 Apriori 是关联规则挖掘任务的一些广泛使用的算法。

4. 异常检测

异常检测是基于历史数据识别罕见事件或观测的任务，也称为**离群点检测**。异常值或离群值通常具有不频繁出现或在短时间内突然爆发的特征。

对于这类任务，我们为算法提供了一个历史数据集，因此它能够以无监督学习的方式识别和学习数据的正常行为。一旦学习完成之后，算法将帮助我们识别不同于之前学习行为的模式。

1.3 CRISP-DM

跨行业数据挖掘标准流程（Cross Industry Standard Process for Data Mining，CRISP-DM）是数据挖掘和分析项目中最流行和应用最广泛的流程之一。CRISP-DM 提供了需要的框架，框架清晰地描述了执行数据挖掘和分析项目的必要步骤和工作流，包括从业务需求到最终部署阶段，以及这个过程中的所有内容。

相较于跨行业数据挖掘标准流程，CRISP-DM 这个缩写更广为人知，它是一个用于数据挖掘和分析项目，经过试验和测试的、健壮的行业标准流程模型。CRISP-DM 清晰地描述了用于执行任何项目的必要步骤和工作流，从形式化业务需求到测试和部署解决方案以将数据转换为见解。数据科学、数据挖掘和机器学习都尝试运行多个迭代过程，从数据中提取见解和信息。因此我们可以说分析数据既是一门艺术，也是一门科学，因为它并不总是毫无原因地运行算法。其主要工作包括理解业务、所投入的工作的实际价值，以及阐明最终结果和见解的适当方法。

数据科学和数据挖掘项目本质上是迭代的，目的是从数据中提取有意义的见解和信息。在应用实际的算法（这些算法也要经过多次迭代）和最终进行评估和部署之前，需要花费大量时间来理解业务的价值和手头上的数据。

与具有不同生命周期模型的软件工程项目类似，CRISP-DM 能够帮助我们由始至终地对数据挖掘和分析项目进行追踪。该模型分为 6 个主要步骤，涵盖了从业务和数据理解到评估和最终部署的各个方面，所有这些步骤本质上都是迭代的，如图 1.8 所示。

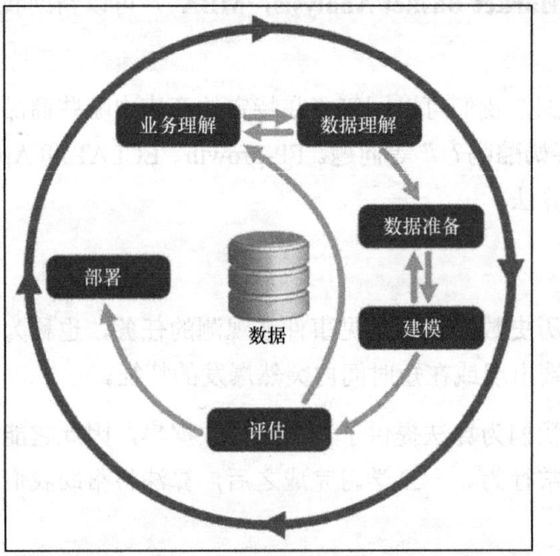

图 1.8

现在我们来更深入地了解这 6 个步骤，以便更好地理解 CRISP-DM 模型。

1.3.1　业务理解

第一步也是最重要的一步，是理解业务。这一关键步骤从设置问题的业务上下文和需求开始。正式定义业务需求对于将其转换为数据科学和分析问题陈述非常重要。此步骤还用于为业务团队和数据科学团队设置期望和成功标准，以使它们保持一致，以及对项目的进度进行追踪。

此步骤的主要交付内容是由主要里程碑、时间线、假设、约束、说明、预期问题和成功标准组成的详细计划。

1.3.2　数据理解

数据收集和理解是 CRISP-DM 模型的第二个步骤。在这一步中，我们将深入了解和分析前一个步骤中形式化的问题陈述的数据。此步骤开始于调查在之前详细的项目计划中概述的各种数据源；然后使用这些数据源收集数据，分析不同的属性，并对数据质量进行记录。这一步骤还包括通常被称为探索性数据分析的过程。

探索性数据分析（**Exploratory Data Analysis，EDA**）是一个非常重要的子步骤。在探索性数据分析的过程中，我们分析了数据的不同属性和特性，也对数据进行了可视化，以便更好地理解和发现以前没有看到或忽略的模式。该步骤为下一个步骤奠定了基础，因此该步骤是不能忽视的。

1.3.3 数据准备

这是数据科学项目中的第三个步骤，也是最耗时的步骤。一旦我们理解了业务问题并探索了可用的数据，就可以开始进行数据准备。这一步骤包含数据集成、清理、处理、特征选择和特性工程。首先也是最重要的是数据集成。有些时候数据来自不同的数据源，因此需要基于特定的键或属性将其进行组合，以便更好地使用。

数据清理和处理是非常重要的步骤。包括处理丢失的值、处理数据的不一致性、修复不正确的值，以及将数据转换为可被机器学习算法使用的格式。

数据准备是最为耗时的步骤，在任何数据科学项目中都占总时间的60%～70%或以上。除了数据集成和处理之外，该步骤还涉及根据相关性、质量、假设和约束来选择关键特性，这一过程被称为**特性选择**。有时我们还必须从已有的特性中派生或生成特征，例如根据用例需求由出生日期计算年龄等，这一步骤被称为**特性工程**，基于特定的用例会再次被使用。

1.3.4 建模

第四个步骤（即建模步骤）是实际分析和机器学习发生的地方。该步骤利用前一步骤中准备的干净的格式化数据进行建模。这是一个迭代过程，并与数据准备步骤同步进行，因为模型或算法需要包含不同属性集合的不同设置或格式的数据。

该步骤涉及相关工具和框架的选择，以及建模技术或算法的选择。该步骤包括基于业务理解阶段制定的预期和标准对模型进行构建、评估和微调。

1.3.5 评估

一旦建模步骤产出了一个满足成功标准、性能基准测试和模型评估度量的模型，一个完整的评估步骤就出现了。在该步骤中，我们在进入部署阶段前，会考虑以下几点：

- 基于质量和与业务目标对齐的模型结果评估；
- 确定任何额外的假设或放松的约束；
- 数据质量、缺失的信息，以及来自数据科学团队或学科专家（Subject Matter Expert，SME）的其他反馈；
- 端到端机器学习解决方案的部署成本。

1.3.6 部署

CRISP-DM 模型的最后一个步骤是将模型部署到生产中。在多个迭代过程中开发、优化、验证和测试的模型被保存下来，并为生产环境做好准备。这个过程构建了一个适当的部署计划，其中包括详细的硬件和软件需求。部署阶段还包括实施检查和监视方面的内容，用以评估生产中的模型的结果、性能和其他指标。

1.4 标准机器学习工作流

CRISP-DM 模型为机器学习和相关项目管理提供了一个高级工作流。在本节内容中，我们将讨论用于处理机器学习项目的技术方面和标准工作流的实现。简单来说，一个机器学习管道是由一个数据密集型项目的各个方面组成的端到端工作流。一旦初始阶段（如业务理解、风险评估、机器学习或数据挖掘技术选型）被覆盖，我们就进入了驱动项目的解决方案空间。一个典型的包含不同的子组件的机器学习管道或工作流如图 1.9 所示。

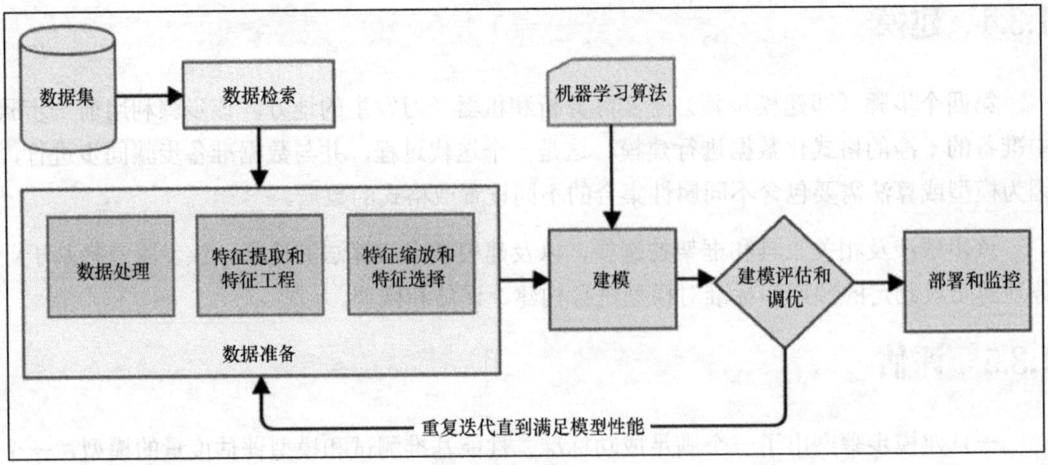

图 1.9

一个标准的机器学习管道大致包含以下几个阶段。

1.4.1 数据检索

数据收集和提取通常是机器学习的开始。数据集以各种形式出现，包括结构化和非结构化数据，同时数据集通常包含丢失的数据或有噪声的数据。每种数据格式都需要特殊的数据处理和管理机制。例如，如果一个项目涉及对推文的分析，我们需要使用推特 API 并开发提取所需推文的机制，这些推文通常是 JSON 格式的。

其他场景可能涉及已有的结构化或非结构化的公共或私有数据集，除了开发提取机制之外，两种场景都可能需要额外的权限。如果读者有兴趣深入了解更多细节，可以在 *Practical Machine Learning with Python* 一书的第 3 章中找到关于使用不同数据格式的非常详细的讨论内容。

1.4.2 数据准备

需要强调的是，这个阶段是整个管道中花费时间最多的阶段。这是一个非常详细的步骤，其中包含一些基础的、重要的子步骤，这些子步骤包括：

- 探索性数据分析；
- 数据处理；
- 特征工程和特征提取；
- 特征缩放和特征选择。

1. 探索性数据分析

到目前为止，项目中的所有初始步骤都围绕着业务上下文、需求、风险等方面展开。这是我们实际深入研究收集的或可用的数据的第一个接触点，探索性数据分析可以帮助我们理解数据的各个方面。在这个步骤中，我们可以分析数据的不同属性，以产生有趣的见解，甚至还可以在不同维度上对数据进行可视化以更好地理解数据。

这个步骤能帮助我们收集手头数据集的重要特征，这不仅在项目的后期会很有用，还能帮助我们识别和缓和在管道中早期的潜在问题。本章稍后的内容将介绍一个有趣的例子，以便于读者理解探索性数据分析的过程和重要性。

2. 数据处理

这个步骤致力于将数据转换为可用的形式。在第一个步骤中检索的原始数据在大多数情况下无法被机器学习算法使用。从形式上来说，数据处理是将数据从一种形式清理、转换和映射到另一种形式，以便在项目之后的生命周期中使用。这个步骤包含缺失的数据填充、类型转换、处理重复值和异常值等。为了更好地理解，我们将在案例式讲解的章节中讨论这些步骤的相关内容。

3. 特征工程和特征提取

经过处理后的数据，在特征工程和特征提取阶段之后可以达到可用状态。在这个步骤中，我们利用现有的属性来派生和提取针对上下文或用例的特定属性或特征，这些属性或特征可以在接下来的阶段被机器学习算法使用。我们可以根据不同的数据类型使用不同的技术。

特征工程和特征提取是一个相当复杂的步骤，因此将在本章稍后的内容中进行更详细的讨论。

4. 特征缩放和特征选择

在某些情况下，可用特性的数量过多会对整体解决方案产生负面影响。处理具有大量属性的数据集不仅是一个难题，还会造成对数据进行解释、可视化等方面的困难。这些问题在形式上被称为**维度诅咒**。

因此特征选择可以帮助我们识别可在建模步骤中使用且不会丢失太多信息的具有代表性的特性集。有不同的技术可以用来执行特征选择，其中的一些技术将会在本章后面的内容中讨论。

1.4.3 建模

在建模过程中，我们通常将数据特征提供给一个机器学习算法，并对模型进行训练。这是为了对一个特定的成本函数进行优化，在大多数情况下目的是减少误差，并将从数据中学习到的表示形式进行泛化。

根据数据集和项目需求，我们会应用一种或多种机器学习算法的组合。这些方法可以包括有监督的算法（例如分类或回归）、无监督的算法（例如集群），甚至包括将不同算法进行组合的混合方法（如前面的机器学习算法部分所讨论的内容）。

建模通常是一个迭代过程，我们经常会利用多种算法或方法，并根据模型评估性能指标选择最佳模型。由于本书是一本关于迁移学习的书，因此我们在接下来的章节中将会主要构建基于深度学习的模型，但是建模的基本原则与机器学习模型非常相似。

1.4.4 模型评估和调优

开发一个模型仅仅是从数据中学习的一部分。建模、评估和调优是迭代的步骤，这些步骤可以帮助我们对模型进行微调和选择性能最佳的模型。

1. 模型评估

模型是数据的泛化表示，也是用于学习这种表示的底层算法。因此模型评估是一个基于特定的标准对构建的模型进行评估，从而评估其性能的过程。模型性能通常是一个函数，它提供数值结果以帮助我们判断任何模型的有效性。通常用成本或损失函数基于评估指标进行优化来构建一个精确的模型。

根据使用的建模技术，我们可以使用相关的评估指标。对于监督方法，我们通常使用下列技术。

- 基于模型预测和实际值创建一个混淆矩阵。这包括将其中一个类视为阳性类（通常是一个感兴趣的类）的度量，指标包括**真阳性（True Positive，TP）**、**假阳性（False Positive，FP）**、**真阴性（True Negative，TN）**和**假阴性（False Negative，FN）**。
- 来自混淆矩阵的指标，包括准确率（总体性能）、精确率（模型的预测能力）、召回率（命中率），和 F1-分数（精确率和召回率的调和平均）。
- **受试者工作特征（Receiver Operator Characteristic，ROC）**曲线和**曲线下面积（Area under Curve，AUC）**度量指标。
- R-平方（确定系数）、均方根误差（Root Mean Square Error，RMSE）、F-统计量、**Akaike 信息准则（Akaike Information Criterion，AIC）**和用于回归模型的 p 值。

评估无监督算法（如聚类）的常用指标包括：

- 轮廓系数；
- 误差平方和；
- 同质性、完全性和 V-measure；
- 聚类模型评估中的 Calinski-Harabaz 指数。

> 请注意，虽然上面列出了被广泛使用的度量指标，但绝不是详尽的模型评估度量指标。

交叉验证也是模型评估过程的一个重要方面，我们可以利用基于交叉验证策略的验证集，通过调整模型的各种超参数来评估模型性能。你可以将超参数看作可用于对模型进行微调，以构建高效、性能更好的模型的旋钮。当我们在后续章节中使用这些指标对大量真实例子中的模型进行评估时，这些评估技术的使用方法和细节将会更加清晰。

2．偏差-方差权衡

监督学习算法能够帮助我们推断或学习一个从输入数据点到输出信号的映射。这种学习会产生一个目标函数或一个学习函数。在理想情况下，目标函数将学习输入和输出变量之间的精确映射。不幸的是，理想情况并不存在。

如前文所述，在介绍监督学习算法时，我们可以使用一个被称为**训练数据集**的数据子集来学习目标函数，然后在另一个被称为**测试数据集**的子集上测试性能。由于该算法只能看到所有可能的数据组合的子集之一，因此在预测输出和观察输出之间会产生误差，这被称为**总误差**或**预测误差**，其公式如下：

$$总误差 = 偏差误差 + 方差误差 + 不可约误差$$

不可约误差是指由噪声、构造问题的方法、收集数据等因素引起的固有误差。顾名思义，这个错误是不可约的，从算法的角度来看我们几乎无法处理这个误差。

（1）偏差

偏差用于指代学习算法为了推断目标函数而做出的基本假设。高偏差说明算法对目标函数的假设较多，低偏差说明算法对目标函数的假设较少。

由偏差引起的误差只是预期（或平均）预测值与实际观测值之间的差值。为了得到预测的平均值，我们可以重复学习步骤多次，然后对结果求平均值。偏差误差可以帮助我们理解模型的泛化程度。低偏差算法通常是非参数算法，如决策树、支持向量机等；而参数函数，如线性回归、逻辑回归等则偏差较高。

（2）方差

方差标记了模型对训练数据集的敏感性。我们知道，学习阶段依赖于所有可能的数据组合成的一个被称为训练集的小型子集，因此方差误差会随着训练数据集的变化捕捉模型估计值中的变化。

低方差意味着随着底层训练数据集的变化，预测值的变化变少，而高方差则相反。非参数算法（例如决策树）具有较高的方差；而参数算法（例如线性回归）灵活性较差，因此方差较低。

（3）权衡

偏差-方差权衡是一种同时降低监督学习算法偏差和方差误差的方法，它能阻止目标函数在训练数据点之外进行泛化，如图 1.10 所示。

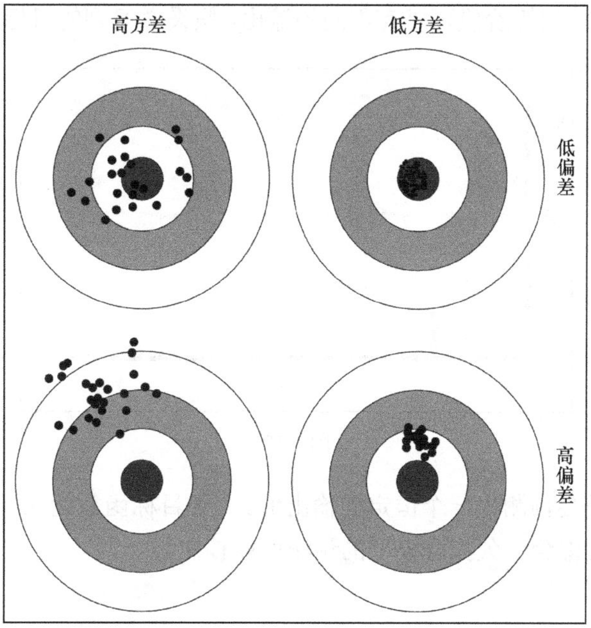

图 1.10

假设我们给定了一个问题陈述：根据一个人的身高，确定他（她）的体重。我们还给出了一个包含对应身高和体重的训练数据集，数据如图 1.11 所示。

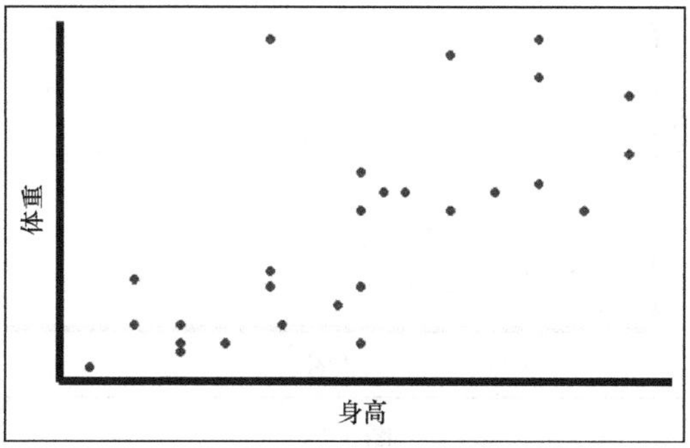

图 1.11

请注意，这只是一个用于解释重要概念的示例，我们将在后续的章节中解决实际问题。

这是一个监督学习算法问题的例子，而且更像是一个回归问题。利用这个训练数据集，我们的算法必须学习目标函数，找出一个不同个体的身高和体重之间的映射。

（4）欠拟合

基于我们的算法，训练阶段可以有不同的输出。假设学习到的目标函数如图 1.12 所示。

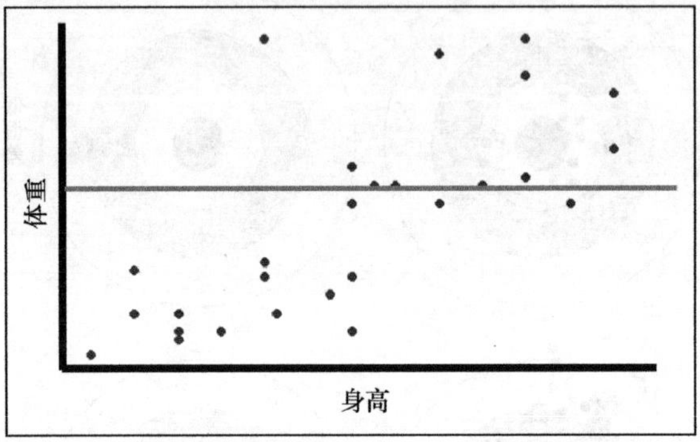

图 1.12

这个懒函数总是会预测出一个恒定的输出值。由于目标函数无法了解数据的底层结构，因此会导致所谓的**欠拟合**。欠拟合模型的预测性能较差。

（5）过拟合

训练阶段的另一个极端被称为过拟合，如图 1.13 所示。

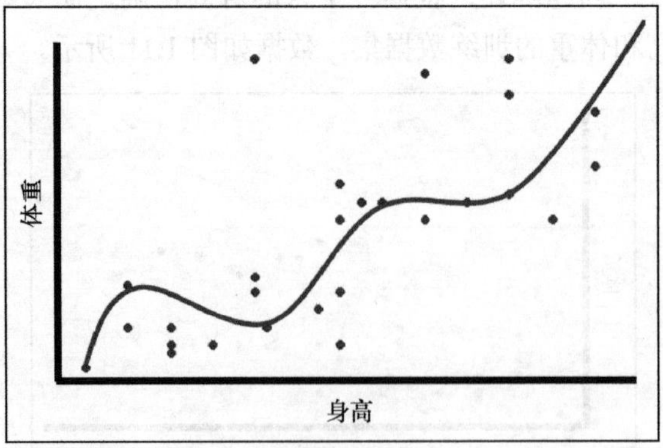

图 1.13

图 1.13 所示为一个完美地映射了训练数据集中的每个数据点的目标函数，这种现象被称为**模型过拟合**。在这种情况下，算法会尝试学习准确的数据特征，包括噪声，因此无法对新的、从未见过的数据点进行可靠的预测。

（6）泛化

欠拟合和过拟合之间的最佳点就是我们所说的**良好拟合**。对于给定的问题，良好泛化的模型如图 1.14 所示。

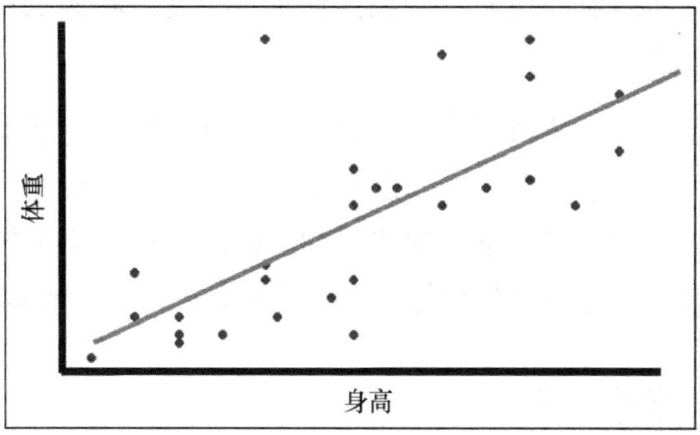

图 1.14

一个在训练数据集和未见过的数据点上都有良好性能的学习函数被称为**泛化函数**。因此泛化是指目标函数基于在训练阶段学到的概念，以及在未见过的数据上的性能好坏。图 1.14 所示为一个良好的泛化拟合。

3．模型调优

模型调优与准备和评估模型同样重要。我们几乎不会直接使用为我们提供标准算法集的不同机器学习框架或库。

机器学习算法具有不同的参数或旋钮，可以根据项目需求和不同的评估结果进行调优。模型调优通过迭代地对超参数或元参数进行不同设置来达到更好的结果。超参数是高层次抽象的旋钮，是在学习过程开始之前就设置好的。

> 超参数与在训练阶段学习到的模型级别参数不同，因此模型调优也被称为**超参数优化**。

网格搜索、随机超参数搜索、贝叶斯优化等方法是进行模型调优时常用的方法。尽管模型调优非常重要，但是过度调优可能会对学习过程产生负面影响。在前面关于偏差和方差的内容中已经讨论了一些与调优过度相关的问题。

1.4.5 部署和监控

一旦模型开发、评估和调优完成，并经过了多次迭代改进了结果，就进入了最后的模型部署阶段。模型部署负责模型持久性、通过不同的机制（如 API）将模型开放给其他应用程序等方面，以及开发监控策略。

我们生活在一个万物经常变化的动态的世界中，与用例相关的数据和其他因素也是如此。这就要求我们必须实施监控策略，例如定期报告、日志和测试，来检查解决方案的性能，并根据需要进行修改。

机器学习管道既是关于软件科学的，又是关于数据科学和机器学习的。在前面的内容中，我们简要地概述和讨论了一个典型管道的不同组件。根据特定的用例，我们可以修改标准管道以满足需求，但也要确保不会忽略已知的缺陷。在接下来的几节内容中，我们将更详细地介绍典型机器学习管道的几个组件，以及实际的示例和代码片段。

1.5 探索性数据分析

探索性数据分析是当我们开始任何机器学习项目时首先执行的几个任务之一。正如在 1.3 节中所讨论的，数据理解是一个重要步骤，可以发现关于数据的各种见解，并更好地理解业务需求和上下文。

在本节内容中，我们将使用一个实际的数据集，并使用 pandas 类库作为数据操作库进行探索性数据分析，还将同时使用 seaborn 类库实现数据可视化。完整的代码片段和分析的细节可以在 Python 笔记本 game_of_thrones_eda.ipynb 中找到。

我们先导入所需的类库并设置配置，如代码片段 1.1 所示。

代码片段 1.1

```
In [1]: import numpy as np
   ...: import pandas as pd
   ...: from collections import Counter
   ...:
   ...: # plotting
   ...: import seaborn as sns
   ...: import matplotlib.pyplot as plt
   ...:
   ...: # setting params
   ...: params = {'legend.fontsize': 'x-large',
   ...:           'figure.figsize': (30, 10),
   ...:           'axes.labelsize': 'x-large',
   ...:           'axes.titlesize':'x-large',
   ...:           'xtick.labelsize':'x-large',
```

```
   ...:             'ytick.labelsize':'x-large'}
   ...:
   ...: sns.set_style('whitegrid')
   ...: sns.set_context('talk')
   ...:
   ...: plt.rcParams.update(params)
```

一旦设置和需求准备就绪，我们就可以开始关注数据了。用于探索性分析的数据集是 battle.csv 文件，其中包含了《权力的游戏》（截至第 5 季）世界中所有的主要战役。

作为有史以来最受欢迎的电视剧集之一，《权力的游戏》是一部以维斯特洛大陆和厄索斯大陆为背景的奇幻剧，其中充满了多重情节和大量为争夺铁王座而斗争的角色。它改编自 George R.R. Martin 的《冰与火之歌》系列小说。作为一个备受欢迎的剧集，它吸引了很多人的注意，数据科学家也不例外。这个笔记本在由 Myles O'Neill 增强过的 Kaggle 数据集中展示了探索性数据分析，该数据集是由多人收集和贡献的多个数据集的组合。在这个分析中我们使用了 battles.csv 文件。原始战役数据由 Chris Albon 提供。

代码片段 1.2 使用 pandas 类库加载 battles.csv 文件：

代码片段 1.2

```
In [2]: battles_df = pd.read_csv('battles.csv')
```

数据集如图 1.15 所示。

	name	year	battle_number	attacker_king	defender_king	attacker_1	attacker_2	attacker_3	attacker_4	defender_1	...	major_death
0	Battle of the Golden Tooth	298	1	Joffrey/Tommen Baratheon	Robb Stark	Lannister	NaN	NaN	NaN	Tully	...	1.0
1	Battle at the Mummer's Ford	298	2	Joffrey/Tommen Baratheon	Robb Stark	Lannister	NaN	NaN	NaN	Baratheon	...	1.0
2	Battle of Riverrun	298	3	Joffrey/Tommen Baratheon	Robb Stark	Lannister	NaN	NaN	NaN	Tully	...	0.0
3	Battle of the Green Fork	298	4	Robb Stark	Joffrey/Tommen Baratheon	Stark	NaN	NaN	NaN	Lannister	...	1.0
4	Battle of the Whispering Wood	298	5	Robb Stark	Joffrey/Tommen Baratheon	Stark	Tully	NaN	NaN	Lannister	...	1.0

图 1.15

我们可以使用 pandas 类库的便捷函数 shape()、dtypes()和 describe()分别查看总行数、每个属性的数据类型和数值属性的一般统计信息。我们共有 38 场战役的数据，每场战役有 25 个属性。

让我们来了解一下幻想大陆上战役的年份分布。代码片段 1.3 绘制了这个分布的条形图。

代码片段 1.3

```
In [3]: sns.countplot(y='year',data=battles_df)
   ...: plt.title('Battle Distribution over Years')
   ...: plt.show()
```

从图 1.16 所示的内容可以看出，发生战役次数最多的年份是 **299** 年，其次是 **300** 年和 **298** 年。

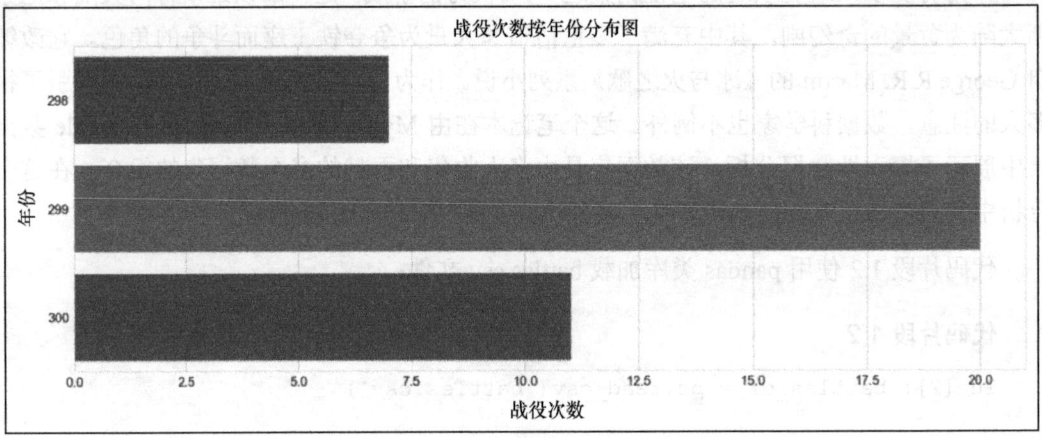

图 1.16

这片幻想大陆上有不同的地区，你能想象到的每一个地方都有战役发生。然而查看一下是否有区域更容易发生战役是一件有趣的事。代码片段 1.4 帮助我们精确地回答了这个问题。

代码片段 1.4

```
In [4]: sns.countplot(x='region',data=battles_df)
   ...: plt.title('Battles by Regions')
   ...: plt.show()
```

图 1.17 所示的内容帮助我们确定：河间地经历了最多的战役，其次是北境和西境。另一件值得注意的有趣的事情是，绝境长城以外地区只有一场战役。

我们可以使用不同的分组变量来执行类似的分析，例如了解每个区域的主要死亡人数或捕获人数等。

我们继续来看哪个角色进攻次数最多。我们使用饼状图来直观地展示每个角色参与的战役所占的百分比。请注意，我们是基于进攻角色来进行此分析的。同样也可以基于防守角色来进行类似分析。代码片段 1.5 准备了一个饼状图来显示每个进攻角色在战役中的占比。

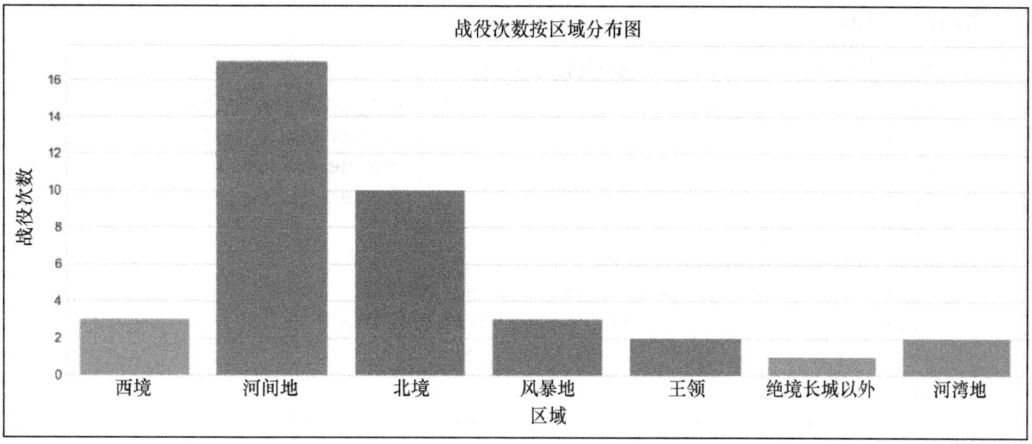

图 1.17

代码片段 1.5

```
In [5]: attacker_king = battles_df.attacker_king.value_counts()
   ...: attacker_king.name='' # turn off annoying y-axis-label
   ...: attacker_king.plot.pie(figsize=(6, 6),autopct='%.2f')
```

每个进攻角色在战役中的占比饼状图如图 1.18 所示。

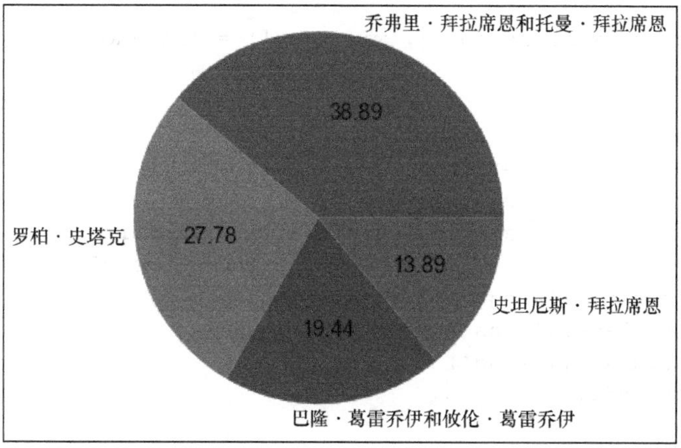

图 1.18

维斯特洛大陆和厄索斯大陆到处都是危险的敌人和威胁。让我们分析一下数据来了解在什么情况下哪个角色会是赢家。因为一个角色既可以保卫他的土地，也可以为了权力而进攻，所以看到防守和进攻同时获胜是很有趣的。代码片段 1.6 帮助我们准备了一个堆叠的条状图来分析每个角色的进攻和防守的胜利情况。

代码片段 1.6

```
In [6] : attack_winners = battles_df[battles_df.
   ...:                             attacker_outcome=='win']
   ...:                                ['attacker_king'].
   ...:                                 value_counts().
   ...:                                 reset_index()
   ...:
   ...: attack_winners.rename(
   ...:         columns={'index':'king',
   ...:                  'attacker_king':'wins'},
   ...:                   inplace=True)
   ...:
   ...: attack_winners.loc[:,'win_type'] = 'attack'
   ...:
   ...: defend_winners = battles_df[battles_df.
   ...:                             attacker_outcome=='loss']
   ...:                             ['defender_king'].
   ...:                             value_counts().
   ...:                             reset_index()
   ...: defend_winners.rename(
   ...:         columns={'index':'king',
   ...:                  'defender_king':'wins'},
   ...:                   inplace=True)
   ...:
   ...: defend_winners.loc[:,'win_type'] = 'defend'
   ...:
   ...:
   ...: sns.barplot(x="king",
   ...:             y="wins",
   ...:             hue="win_type",
   ...:             data=pd.concat([attack_winners,
   ...:                             defend_winners]))
   ...: plt.title('Kings and Their Wins')
   ...: plt.ylabel('wins')
   ...: plt.xlabel('king')
   ...: plt.show()
```

代码片段 1.6 计算了每个角色进攻时获胜的次数，然后计算了每个角色防守时获胜的次数。合并这两个结果，并绘制堆叠的条状图，结果如图 1.19 所示。

图 1.19 所示的内容清楚地显示了来自拜拉席恩的男孩们拥有最多的胜利，无论是进攻还是防守。罗柏 • 史塔克是第二成功的角色，直到红色婚礼的发生。

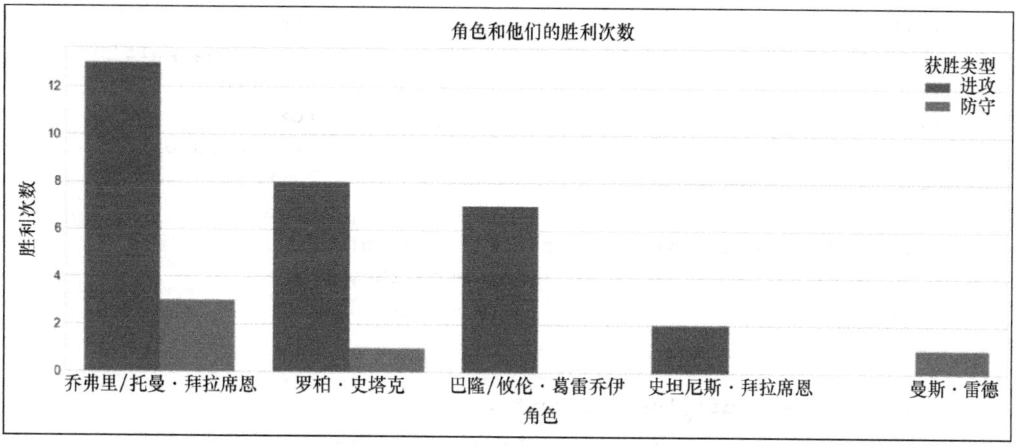

图 1.19

数据集还包含描述所涉及的房屋数量、战役指挥官和军队规模的属性。我们可以进行类似的、更深入的分析，来更好地理解战役。我们鼓励读者尝试其中的一些分析作为练习，并检查 Python 笔记本来探索更多指标。

在我们结束本节内容之前，让我们试着找出铁王座之战中的主要敌人。代码片段 1.7 帮助我们回答了这个问题。

代码片段 1.7

```
In [7]: temp_df = battles_df.dropna(
   ...:                     subset = ["attacker_king",
   ...:                              "defender_king"])[
   ...:                                ["attacker_king",
   ...:                                 "defender_king"]
   ...:                                ]
   ...:
   ...: archenemy_df = pd.DataFrame(
   ...:                 list(Counter(
   ...:                         [tuple(set(king_pair))
   ...:                          for king_pair in temp_df.values
   ...:                          if len(set(king_pair))>1]).
   ...:                             items()),
   ...:                 columns=['king_pair',
   ...:                          'battle_count'])
   ...:
   ...: archenemy_df['versus_text'] = archenemy_df.
   ...:                               apply(
   ...:                                   lambda row:
   ...:                               '{} Vs {}'.format(
```

```
...:                                                     row[
...:                                                         'king_pair'
...:                                                         ][0],
...:                                                     row[
...:                                                         'king_pair'
...:                                                         ][1]),
...:                                                     axis=1)
...: archenemy_df.sort_values('battle_count',
...:                          inplace=True,
...:                          ascending=False)
...:
...:
...: archenemy_df[['versus_text',
...:               'battle_count']].set_index('versus_text',
...:                                           inplace=True)
...: sns.barplot(data=archenemy_df,
...:             x='versus_text',
...:             y='battle_count')
...: plt.xticks(rotation=45)
...: plt.xlabel('Archenemies')
...: plt.ylabel('Number of Battles')
...: plt.title('Archenemies')
...: plt.show()
```

我们首先准备一个临时的数据框，并删除任何没有列出进攻或防守的角色名字的战役。一旦我们有了一个干净的数据框，我们就可以遍历每一行，并计算每对对手进行了多少次战役。我们忽略那些战斗发生在角色自己军队中的情况（if len（set（king_pair））> 1）；然后简单地将结果绘制成条状图，如图 1.20 所示。

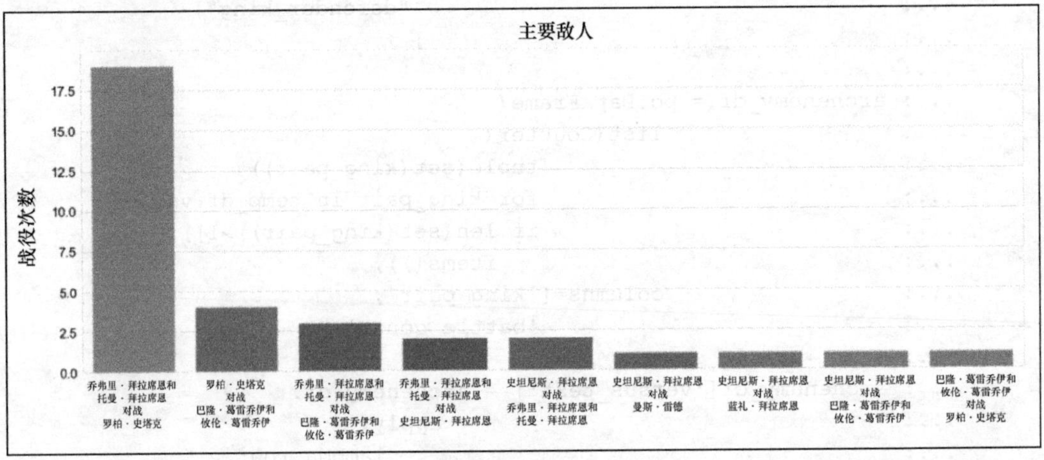

图 1.20

从图 1.20 所示的内容可以看出罗柏·史塔克和乔弗里·拜拉席恩一共打了 19 场战役，而其他对手只打了 5 场或更少。

本节内容中共享的分析和可视化只是我们对数据集可以做什么事进行的简要介绍，单从这个数据集中就可以提取很多的模式和见解。

在进入机器学习其他阶段之前，探索性数据分析是一种用于理解数据集非常强大的机制。在后续的章节中，我们将定期执行探索性数据分析，以帮助我们在进行建模、调优、评估和部署阶段之前理解数据集的业务问题。

1.6 特征提取和特征工程

数据准备是所有机器学习项目中最长、最复杂的阶段。在讨论 CRISP-DM 模型时我们也强调了这一点，其中我们提到了数据准备阶段如何占到了机器学习项目总时间的 60%～70%或以上。

一旦我们完成了对原始数据集的预处理和处理，下一步就是使数据集可被机器学习算法所用。特征提取是从原始属性中提取特征的过程。例如处理图像数据时，特征提取指的是从原始像素级数据中提取红、蓝、绿通道信息作为特征。

特征工程指的是利用数学变换从现有特征中派生出附加特征的过程。例如特性工程能够帮助我们从一个人的月收入派生出一个特征，如年收入（基于用例需求）。由于特征提取和特征工程都能够帮助我们将原始数据集转换为可用的形式，因此机器学习的实践者可以将这两个术语互换使用。

特征工程策略

将原始数据集转换为机器学习算法（数据清理和处理后）可以使用的特征的过程是领域知识、用例需求和特定技术的组合过程。因此，特征描述了底层数据的各种表示形式，也是特征工程处理的结果。

由于特征工程能够将原始数据转换为自身的可用表示，因此根据已有的数据类型，可以使用多种标准技术和策略。在本小节中，我们将讨论其中的一些策略，简要介绍结构化和非结构化数据。

1. 处理数值数据

数值数据通常以整数或浮点数的形式出现在数据集中，经常被称为**连续数值数据**，通常是机器学习友好的数据类型。这里所说的友好，指的是数值数据在大多数机器学习算法中可以被直接使用。但这并不意味着数值数据不需要额外的处理和特征工程步骤。

从数值数据中提取工程特征的方法有多种，其中的一些技巧如下所示。

- **原始度量**。这些数据属性或特征可以直接以原始或原生格式使用，因为它们出现在数据集中且不需要任何额外的处理，例如年龄、身高或体重（只要数据分布不要太过倾斜）。
- **计数**。计数和频率等数字特性在描述某些重要细节的场景中也很有用，例如信用卡诈骗发生的次数、歌曲收听次数、设备事件发生的次数等。
- **二值化**。通常我们可能希望对出现的事件或特性进行二值化，特别是当仅用于表示特定的项目或属性存在（通常用 1 表示）或不存在（通常用 0 表示）时。二值化在构建推荐系统之类的场景中非常有用。
- **分箱**。这种技术通常是将分析中的任何特征或属性的连续数值分组到离散的存储箱中，如此一来每个存储箱都包含一个特定的数值范围。一旦我们得到这些离散的存储箱，我们就可以进一步选择在相同的基础上应用基于分类数据的特征工程。分箱策略有多种，例如定宽分箱和自适应分箱。

读者可以在 Jupyter 笔记本的 feature_engineering_numerical_and_categorical_data.ipynb 中找到对应的代码片段，以便更好地理解用于数值数据的特征工程。

2. 处理分类数据

另一类常见的重要数据是分类数据。分类特征包含属于一个有限组类的离散值，这些类可以表示为文本或数字。根据类是否有顺序，分类特征分为**有序特征**和**标称特征**。

标称特征指的是那些具有有限值集但没有任何自然顺序的分类特征，例如天气季节、电影类型等。具有有限组类，且类有自然顺序的分类特征称为有序特征，例如工作日、衣服尺码等。

通常来说，任何特征工程中的标准工作流都涉及将这些分类值转换为数字标签的某种形式，然后对这些值应用某种编码方案。常用的编码方案的介绍如下。

- **独热编码**。这种策略将为一个类别属性创建 n 个二元值列，它假设存在 n 个不同的类别。
- **虚拟编码**。这种策略将为一个类别属性创建 n-1 个二元值列，它假设存在 n 个不同的类别。

- **特征哈希**。当我们使用哈希函数将多个特征添加到一个箱子或篮子（新特征）中时，会使用这种策略。当我们有大量特征时，通常会使用这种策略。

读者可以在 Jupyter 笔记本的 feature_engineering_numerical_and_categorical_data.ipynb 中找到对应的代码片段，以便更好地理解用于分类数据的特征工程。

3. 处理图像数据

图像或可视数据是一种丰富的数据来源，有几个用例可以使用机器学习算法和深度学习来解决。图像数据提出了许多挑战，并且需要仔细地进行预处理和转换之后才能被算法利用。一些常用的关于图像数据的特征工程方法如下。

- **利用元数据信息或 EXIF 数据**。例如图像创建日期、修改日期、尺寸、压缩格式、用于捕获图像的设备、分辨率、焦距等属性。
- **像素和通道信息**。每个图像都可以视为一个像素值矩阵（m,n,c），其中 m 代表行数，n 代表列数，c 代表颜色通道（例如 R、G、B）。这样的一个矩阵可以根据算法和用例的需求转换成不同的形状。
- **像素强度**。有时处理跨颜色的多通道彩色图像很困难，基于像素强度的特征提取依赖于基于强度的边缘像素，而不是使用原始像素级值。
- **边缘检测**。相邻像素之间对比度和亮度的急剧变化可以用来识别目标边缘，有很多算法可以用来进行边缘检测。
- **目标检测**。我们将边缘检测的概念扩展到目标检测中，然后利用识别出的目标边界作为有用的特征。同样地，可以根据可用的图像数据类型使用不同的算法。

基于深度学习的自动特征提取

到目前为止所讨论的图像数据和其他类型的特征提取方法都需要大量的时间、精力和领域知识。这种特征提取方法有它的优点，但也有其局限性。

近年来，深度学习，尤其是**卷积神经网络**作为自动特征提取器得到了广泛的研究和应用。卷积神经网络是对图像数据进行深度神经网络优化的一个特例。任何卷积神经网络的核心都是卷积层，也就是在图像的高度和宽度上应用滑动过滤器。像素值和这些过滤器的点积产出的激活映射可以跨多个周期学习。在每一层中，这些卷积层都能提取特定的特征，如边缘、纹理、边角等。

关于深度学习和卷积神经网络的内容还有很多，但是为了简单起见，让我们假设在每一层，卷积神经网络都能帮助我们自动提取不同的低层和高层特征，让我们避免了手动提取特征。我们将在后续的章节中更详细地研究卷积神经网络，并分析它们是如何帮助我们自动提取特征的。

4. 处理文本数据

数值特征和分类特征就是我们所说的结构化数据类型，它们在机器学习工作流中更容易被处理和使用。文本数据是同样重要的非结构化信息的一种主要来源，它提出了与语法理解、语义、格式和内容相关的多个挑战。文本数据在被机器学习算法使用之前还有转换为数值形式的问题。因此文本数据的特征工程需要经过严格的预处理和清理步骤。

（1）文本预处理

文本数据在进行任何特征提取或特征工程之前，都需要进行仔细而费心的预处理。预处理文本数据涉及多个步骤，以下是一些被广泛使用的文本数据预处理步骤：

- 切词；
- 小写化；
- 删除特殊字符；
- 收缩扩展；
- 删除停词；
- 拼写纠正；
- 词干提取和词形还原。

我们将在与用例相关的章节中详细介绍以上大多数技术。为了更好地理解，读者可以参考 *Practical Machine Learning with Python* 一书的第 4 章和第 7 章。

（2）特征工程

如果我们通过 1.5 节中提到的方法对文本数据进行了正确的处理，那么我们就可以使用以下的一些技术来提取特征并将其转换为数值形式。读者可以在 Jupyter 笔记本的 feature_engineering_text_data.ipynb 中找到对应的代码片段，以便更好地理解文本数据的特性工程。

- **词袋模型**。这是目前为止最简单的文本数据向量化技术。在这项技术中，每个文档都表示为一个 N 维向量，其中 N 表示预处理语料库中所有可能的单词，向量的每个组件表示单词是否存在，或者表示单词出现的频率。
- **TF-IDF 模型**。词袋模型的假设前提非常简单，有时会导致各种问题，其中一个最常见的问题是：由于词袋模型使用绝对频率进行向量化，某些出现频率过高的单词会遮盖其他单词。**词频-逆文档频率**（**Term Frequency-Inverse Document Frequency，TF-IDF**）模型能够通过对绝对频率进行缩放或正则化来缓解这个问题。从数学上来说，该模型定义如公式 1.1 所示。

$$tfidf(\mathrm{w}, \mathrm{D}) = tf(\mathrm{w}, \mathrm{D}) \times idf(\mathrm{w}, \mathrm{D}) \qquad \text{（公式 1.1）}$$

在公式 1.1 中，$tfidf(\mathrm{w}, \mathrm{D})$表示单词 w 在文档 D 中的 TF-IDF 得分，$tf(\mathrm{w}, \mathrm{D})$表示单词 w 在文档 D 中出现的频率，$idf(\mathrm{w}, \mathrm{D})$表示逆文档频率，计算方法为语料库 C 中的所有文档的对数转换除以单词 w 在文档中出现的频率。

除了词袋模型和 TF-IDF 模型之外，还有其他转换，例如 N-元词袋模型和 Word2vec、Glove 等词向量，以及更多其他的转换。我们将在后续的章节中详细介绍其中的几个。

1.7 特征选择

特征提取和特征工程过程能够帮助我们从底层数据集中提取和生成特征。在某些情况下会导致算法需要处理巨大的输出数据。在这种情况下，输入中的许多特征会被怀疑是冗余的，并有可能导致出现复杂的模型，甚至过拟合。特征选择是从可用或生成的完整特征集中识别代表性特征的过程。被选出的特征集应该包含所需的信息，如此一来，算法就能够完成给定的任务，并且不会遇到数据处理、复杂性和过拟合等问题。特征选择还有助于更好地理解建模过程中使用的数据，同时加快处理速度。

特征选择方法大致可分为以下 3 类。

- **筛选方法**。顾名思义，这些方法能够帮助我们基于一个统计得分对特征进行排序，然后我们选择这些特征的一个子集。这些方法通常不关心模型输出，而是独立地对特征进行评估。基于阈值的技术和统计检验（例如相关系数和卡方检验）是常见的选择。
- **包装方法**。这些方法对特征子集的不同组合在性能上执行比较搜索，然后帮助我们选择性能最好的子集。后向选择和前向消除是两种常用的特征选择包装方法。
- **嵌入式方法**。通过学习特征的最优子集，这些方法能提供前两种方法中的较佳方法。正则化和基于树的方法是常见的选择。

特征选择是构建一个机器学习系统过程中的一个重要方面。如果不细致地进行处理，可能会导致系统偏差的产生。读者应该注意，特征选择应该使用与训练数据集分离的数据集来完成。利用训练数据集进行特征选择总是会导致过拟合，而利用测试集进行特征选择则会高估模型的性能。

大多数流行的类库提供了广泛的特征选择技术。像 scikit-learn 这样的类库就提供了一些现成的方法，我们将在后续章节中看到并使用其中的许多特征选择方法。

1.8 总结

对于任何学习来说，对概念和技术的理解有坚实的基础是非常重要的。我们试图通过本章对机器学习基础的介绍来达到这一目的。在开始学习深度学习、迁移学习和更高级的概念之前，我们必须就机器学习概念打下坚实的基础。在本章中，我们已经讨论了相当多的基础知识，并提供了一些重要的指引来更详细地学习这些概念。

在本章的开始，我们理解了为什么机器学习很重要，以及它是一个怎样完全不同的范式，并简要讨论了人工智能、机器学习和深度学习之间的关系。本章介绍了不同的机器学习算法，如监督学习算法、无监督学习算法和强化学习算法等。我们还详细讨论了监督学习算法和无监督学习算法常用的不同场景。

本章简要介绍了用于机器学习的 CRISP-DM 模型和机器学习管道。我们还讨论了来自《权力的游戏》中幻想大陆的战役数据集探索性数据分析来应用不同的概念，并了解了探索性数据分析的重要性。本章的最后介绍了特征提取、特征工程和特征选择。

后续章节的内容将建立在本章涉及的概念的基础之上，并且会将我们所学到的知识运用于各个章节关注的现实世界的用例中。

第 2 章 深度学习精要

本章将介绍深度学习基础，从最基本的“什么是深度学习”这个问题开始，到有关神经网络的其他基本概念和术语。读者将了解神经网络的基本构建模块，以及如何训练深度神经网络。本章也会介绍模型训练的相关内容，包括激活函数、损失函数、反向传播和超参数微调策略。这些基本概念对正在尝试深入研究神经网络模型的新手和经验丰富的数据科学家都会大有帮助。本章还特别关注如何建立一个支持 GPU 的、健壮的云端深度学习环境，以及如何建立内部深度学习环境的技巧。这对于希望自己创建大型深度学习模型的读者来说应该非常有用。本章将讨论下列主题：

- 什么是深度学习；
- 深度学习基础；
- 创建一个支持 GPU 的云端深度学习环境；
- 创建一个支持 GPU 的、健壮的内部深度学习环境；
- 神经网络基础。

2.1 什么是深度学习

在**机器学习**中，我们试着自动地去发现将输入数据映射到希望输出的规则。在这个过程中，创建适合数据的表示方法非常重要。例如，如果我们想创建一个把邮件分类为非垃圾邮件或垃圾邮件的算法，那么我们需要将邮件数据进行数值化表示。其中一种简单的表示是将邮件表示为一个二元向量，向量的每个元素用于描述邮件中是否存在预定义词汇表中的某个单词。另外，这些表示是与任务息息相关的，也就是说，输出表示可能会根据机器学习算法最终适用的任务而大不相同。

在前面的电子邮件例子中，如果我们希望检测邮件内容中的潜在的情绪，而不是分辨垃圾邮件或非垃圾邮件，一种更有用的数据表示是另一种二元向量，其对应的预定义词汇表由正向或负向的词汇组成。大多数机器学习算法（如随机森林和逻辑回归）的成功应用取决于数据表示的好坏。我们如何获得这些表示呢？通常来说，数据表示是通过进行智能猜测迭代来获取的人造特征的。这个步骤被称为**特征工程**，它是大多数机器学习算法中的关键步骤之一，**支持向量机（Support Vector Machine，SVM）**或泛化的核方法，试图通过将手动创建的数据表示转换为高维度空间表示。在高维度空间中，使用分类或回归来解决机器学习任务会变得很容易。然而支持向量机很难扩展到非常大的数据集，并且在图像分类和语音识别等方面也不是很成功。集成模型，例如随机森林和**梯度推进机（Gradient Boosting Machine，GBM）**，创建了一个专门用于完成小型任务的弱模型集合，然后以某种方式组合这些弱模型得到最终的输出。当输入维度很大，同时手动创建表示特征非常耗时的时候，集成模型表现突出。总的来说，前面提到的所有机器学习算法都会使用数据的浅层表示，获得这些数据表示通常需要一系列人工创建特征，并对这些特征进行非线性转换。

深度学习是机器学习的一个子领域，其过程会创建数据的层级表示。较高层级的数据是由较低层级表示组合而成的。更重要的是，通过完全自动化机器学习中最关键的步骤（即**特性工程**），深度学习可以从数据中自动学习层级表示。在多个抽象层级上的自动特征学习允许系统直接从数据学习输入到输出的复杂表示，而完全不依赖人工创建的特征。

一个深度学习模型实际上是一个具有多个隐层的神经网络，它可以帮助用户创建输入数据的分层表示。它被称为“深度”的原因是我们最终会使用多个隐层来获取数据表示。用最简单的术语来说，深度学习也可以称为**层级特征工程**（当然我们可以用它做更多事，但这是核心原则）。一个深层神经网络的简单例子是包含多个隐层的**多层感知器（Multilayered Perceptron，MLP）**。观察图2.1所示的基于多层感知机的人脸识别系统，它首先学到的最低层级的特征是一些边缘和对比模式，然后下一层就可以使用这些局部对比的模式来模拟眼睛、鼻子和嘴唇，最后顶层使用这些面部特征创建面部模板。深层网络可以将简单的特征组合起来，创造出越来越复杂的特征。

为了理解深度学习，我们需要清楚地了解神经网络的构建模块、这些网络是如何被训练的，以及我们如何才能将这些训练算法扩展到非常大的深度网络。在我们深入研究神经网络之前，让我们先试着回答一个问题：既然神经网络，甚至**卷积神经网络**的理论都是在20世纪90年代建立起来的，那么现在为什么还要学习深度学习？深度学习在如今变得更受欢迎有以下3个原因。

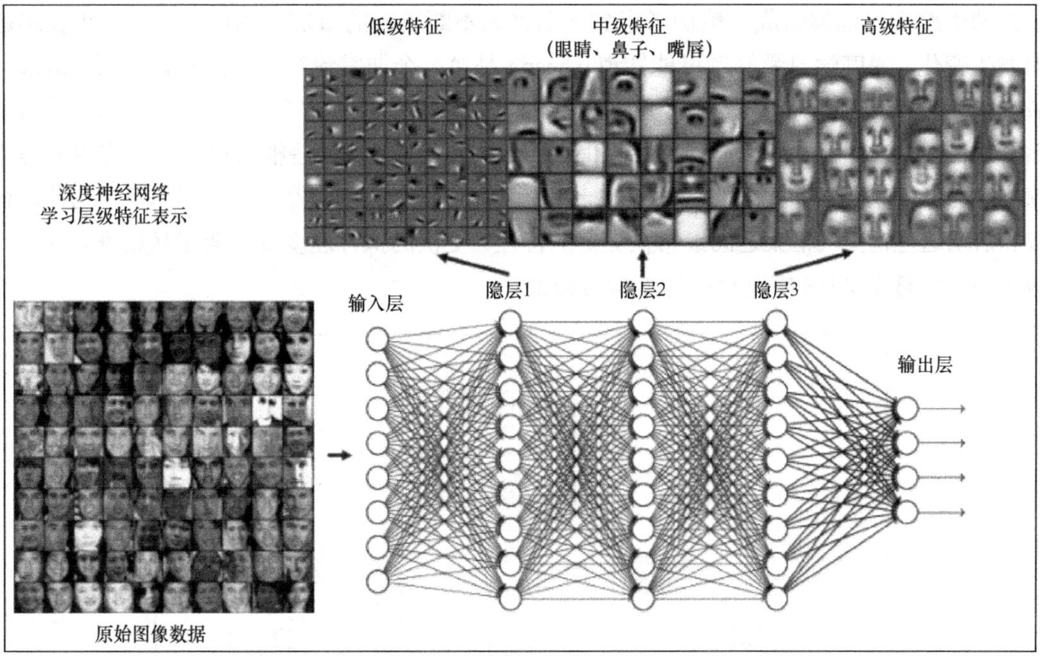

图 2.1

- **高效硬件的可用性**。摩尔定律使 CPU 具有更好、更快的处理能力和计算能力。除此之外，GPU 在处理数以百万计的矩阵运算时也非常有用，这在任何深度学习模型中都是最常见的运算。SDK（例如 CUDA）的可用性能够帮助研究团体重写一些仅仅只需要几个 GPU 的高度并行化的作业，以此取代大型 CPU 集群。模型训练涉及许多小型线性代数运算，如矩阵乘法和点积，这些运算在 CUDA 中得到了高效的实现，以便运行于 GPU 中。
- **大型数据源的可用性和成本更低的存储**。我们现在可以免费访问用于文本、图像和语音的大量标记训练集集合。
- **训练神经网络的优化算法的进步**。传统意义上，只有一种算法可以被用于学习神经网络中的权重，即梯度下降或**随机梯度下降法（Stochastic Gradient Descent，SGD）**。随机梯度下降法有一些局限性，例如陷入局部极小值和收敛速度慢，但新出现的优化算法克服了这些局限性。我们将在 2.5 节的部分内容中详细地讨论这些算法。

2.2 深度学习框架

Python 深度学习生态系统是深度学习广受欢迎和应用的主要原因之一，它由易于使用的开源深度学习框架组成。然而考虑到新旧框架不断更替的事实，深度学习领域正在迅速地发生变化。深度学习爱好者可能知道 Theano 是第一个非常流行的深度学习框架，由来自 Yoshua Bengio 领导下的 MILA 研究所创建。不幸的是，在 2017 年最新版本（1.0）发布之后，Theano 宣布不再进行进一步开发和支持。因此了解现有哪些框架可以用于实现和解决深度学习非常重要。在此需要记住的另一点是，为了所有人的利益，一些组织正在构建、获取和启动这些框架（框架之间经常在更好的特性、更快的执行速度等方面相互竞争）。图 2.2 所示为一些截至 2018 年流行的深度学习框架。

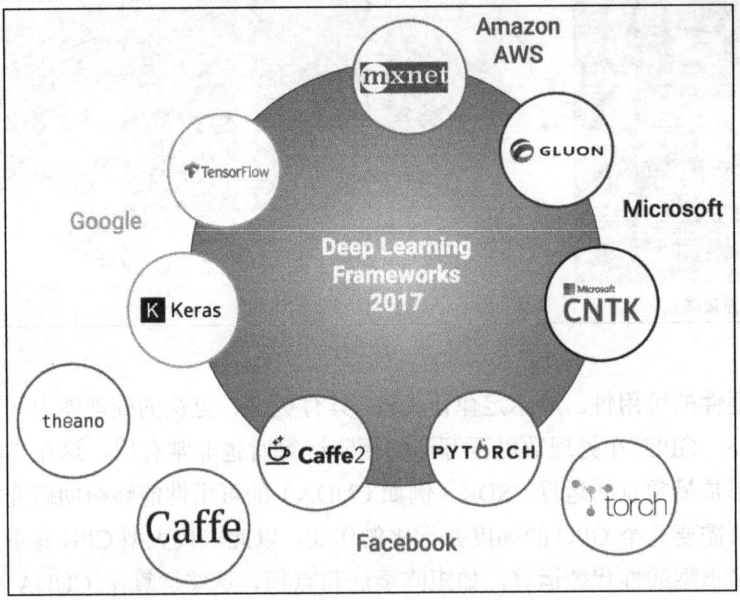

图 2.2

你还可以在 Towards Data Science 网站阅读由 Indra den Bakkar 撰写的一篇优秀的文章 *Battle of the Deep Learning frameworks(Part Ⅰ)*来获取更多有关深度学习框架的细节。下面对几个流行的深度学习框架做一些简要介绍。

- **Theano**。默认情况下，Theano 是一个底层框架，它支持对多维数组（现在通常称为张量）进行高效的数值计算。Theano 非常稳定，语法与 TensorFlow 非常相似。它支持 GPU，但是支持程度有限，尤其当我们想使用多个 GPU 的时候。由于其开发和支持在 1.0 版本之后就停止了，因此应该谨慎地选择 Theano 框架来实现深度学习。

- **TensorFlow**。TensorFlow 是一种流行的深度学习框架，它由谷歌大脑团队于 2015 年开发并开源，而且很快引起了机器学习、深度学习的研究人员、工程师和数据科学家的关注。尽管最初的版本在性能上有问题，但它正在积极发展，并且随着每个版本的发布，性能变得越来越好。TensorFlow 支持多 CPU 和基于 GPU 的执行，还支持多种语言，包括 C++、Java、R 和 Python。最初它仅能用支持符号编程的风格来构建深度学习模型，这种方式比较复杂，但是在 v1.5 版本开始被广泛采用之后，TensorFlow 开始支持更流行易用的命令式编程风格（也称为**即时执行**）。和 Theano 框架一样，TensorFlow 本质上也是一个底层库，但它也具有利用高级 API 进行快速构建原型和开发的能力。TensorFlow 的一个重要部分也包括 tf.contrib 组件，其中包含各种实验特性，包括 Keras API。

- **Keras**。如果发现自己对利用底层的深度学习框架来解决问题感到困惑，你可以始终使用 Keras 框架。这个框架已经在各行各业被广泛使用，包括那些非深度学习核心开发人员的科学家也在使用它。Keras 提供了一个简单、干净、易于使用的高级 API，你可以用最少的代码构建高效的深度学习模型。其精妙之处在于它可以通过配置在多个底层深度学习框架（称为**后端**）的基础上运行，包括 Theano 和 TensorFlow。你可以在 Keras 网站查看非常详细的有关 Keras 的文档。

- **Caffe**。Caffe 是最早的深度学习框架之一，由伯克利视觉学习中心使用 C++（也包括 Python 绑定）开发。Caffe 最棒的地方在于 Caffe Model Zoo 中包含许多预训练的深度学习模型。Facebook 最近开源了 Caffe2 框架，它在 Caffe 的基础上增加了更多的功能和特征，相比 Caffe 更加易用。

- **PyTorch**。Torch 框架使用 Lua 语言编写，它非常灵活快捷，通常在性能上也更有优势。PyTorch 框架是一个基于 Python 语言并用于构建深度学习模型的框架，其灵感来自 Torch。它不仅仅是 Torch 的扩展或 Python 包装，还是一个完整的框架，并相较于 Torch 框架其在多个方面都有所提升，包括去除容器、利用模块，以及性能改进（例如内存优化）。

- **CNTK**。Cognitive Toolkit（CNTK）框架由微软公司开源，支持 Python 和 C++语言。它的语法和 Keras 框架非常类似，并且支持各种各样的模型架构。尽管不是非常流行，但是 CNTK 框架在微软内部支持多个涉及认知智能能力项目。

- **MXNet**。MXNet 框架由**分布式机器学习社区（Distributed Machine Learning Community，DMLC）**开发，DMLC 也创建了非常流行的 XGBoost Package。MXNet 现在是一个正式的 Apache 孵化器项目。它是最早支持多种语言（包括 C++、Python、R 和 Julia）和多种操作系统（包括经常被其他深度学习框架忽略的 Windows 操作系统）的深度学习框架之一。该框架非常高效且易于扩展，并支持多 GPU。正因如此，MXNet 已经成为亚马逊的深度学习框架的选择，亚马逊还为 MXNet 开发了一个高层接口，称为 **Gluon**。

- **Gluon**。Gluon 是一个高层深度学习框架，或者说是一个深度学习接口，它可以基于 MXNet 和 CNTK 框架使用。Gluon 由亚马逊公司 AWS 和微软公司联合开发，它与 Keras 框架非常相似，可以认为是其直接竞争对手。然而 Gluon 宣称将逐渐支持更多的底层深度学习框架，以实现人工智能普及的愿景。Gluon 提供了一个非常简单、干净和简洁的 API，任何人都可以使用它轻松地用最少的代码构建深度学习架构。
- **BigDL**。你可以把 BigDL 看作大规模的大数据深度学习，BigDL 由英特尔公司开发，它可以在分布式 Hadoop 集群上基于 Apache Spark 创建并运行用于深度学习的 Spark 程序。BigDL 还利用了非常流行的 Intel 数学核心函数库（Math Kernel Library，MKL）来提高效率和性能。

以上提到的框架并不是深度学习的详尽的框架列表，但是应该能让你更好地了解在深度学习领域中有哪些框架。读者可以随意地探索这些框架，然后选择其中最适合实际情况的。

需要记住，有的框架有陡峭的学习曲线，所以需要花时间学习和使用框架，请保持耐心。虽然这些框架各有优缺点，但你始终应该更多地关注要解决的问题，使用最适合解决问题的框架。

2.3　创建一个支持 GPU 的云端深度学习环境

在包含一个 CPU 的标准单台 PC 上，深度学习能正常执行。然而一旦你的数据集开始增大，模型架构开始变得更加复杂，你就需要开始考虑创建一个健壮的深度学习环境。一个健壮的深度学习环境的主要期望是系统能够高效地构建和训练模型，能够花更少的时间来训练模型，并且具有容错性。大多数深度学习计算本质上是数百万矩阵运算（数据被表示为矩阵），并需要支持快速并行计算（在这方面 GPU 已经被证明非常高效）。你可以考虑创建一个健壮的云端深度学习环境，或者一个内部环境。在本节中我们将了解如何建立一个健壮的云端深度学习环境。

主要步骤如下所示：

- 选择一个云供应商；
- 设置虚拟服务器；

- 配置虚拟服务器；
- 安装和更新深度学习依赖项；
- 访问深度学习云环境；
- 在深度学习环境中验证 GPU 支持能力。

以下会详细介绍每个步骤，以帮助你建立自己的深度学习环境。

2.3.1 选择一个云供应商

如今有许多云提供商都在提供价格合理且具有竞争力的服务。我们希望利用**平台即服务（Platform as a Service，PaaS）**功能来管理数据、应用程序和基本配置。

图 2.3 所示为几个流行的云供应商。

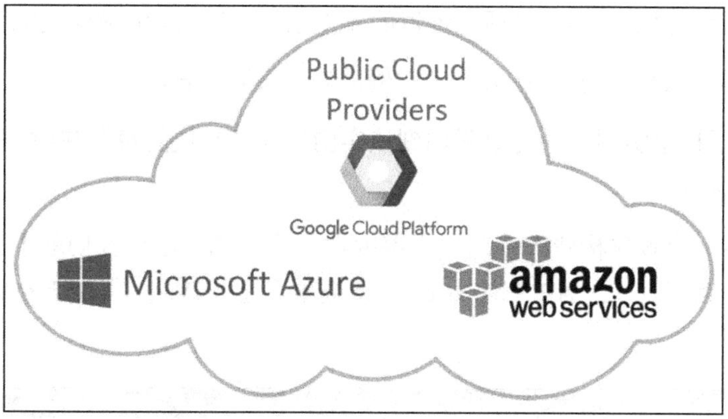

图 2.3

流行的供应商包括亚马逊的 AWS、微软的 Azure 和谷歌的**谷歌云平台（Google Cloud Platform，GCP）**。在本书的例子中，我们使用 AWS。

2.3.2 设置虚拟服务器

你需要一个 AWS 账号来执行本节中的剩余步骤。如果你没有 AWS 账号，首先你需要创建一个。创建账号完毕之后，然后你需要登录账号，进入 AWS EC2 控制面板，在此可以使用**弹性计算云（Elastic Compute Cloud，EC2）**服务，这也是亚马逊云计算服务的基础。接下来选择一个地区，然后单击 **Launch Instance** 按钮，启动在云端创建一个新的虚拟服务器的进程，如图 2.4 所示。

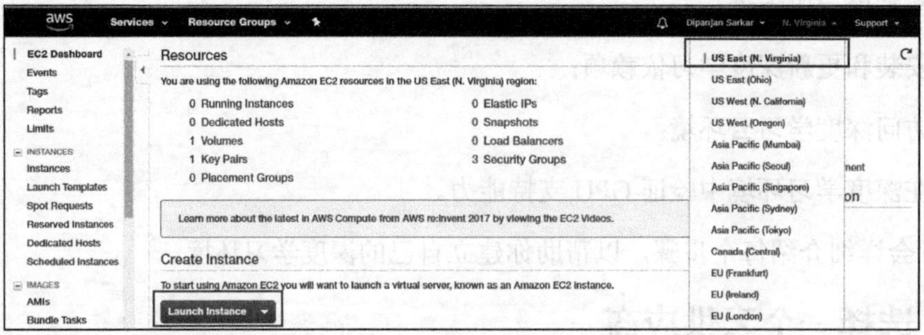

图 2.4

单击 **Launch Instance** 按钮之后，浏览器将跳转到选择**亚马逊机器镜像**（**Amazon Machine Image，AMI**）的页面。通常，一个 AMI 由构建虚拟服务器所需的各种软件配置组成，其中包括以下配置。

- 实例根卷的模板，其中包括服务器的操作系统、应用程序和其他配置设置。
- 控制 AWS 账号使用 AMI 去启动实例的启动权限设置。
- 一个用于指定实例启动时要附加到该实例的存储卷块的设备映射。你所有的数据都存储在这里。

我们将使用一个预先构建的专门用于深度学习的 AMI，这样我们就不必花费额外的时间来进行配置和管理。单击 **AWS Marketplace** 选项，选择 **Deep Learning AMI**（**Ubuntu**），如图 2.5 所示。

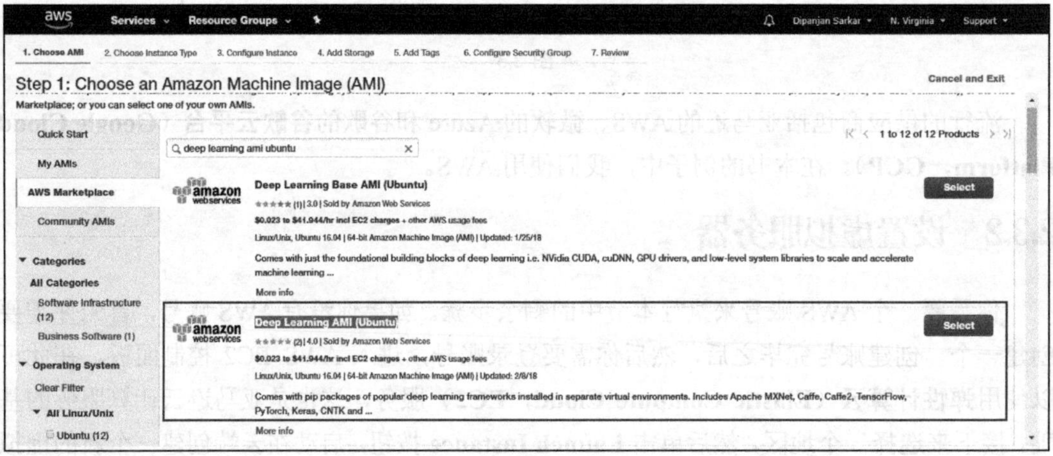

图 2.5

选择 AMI 之后，你需要选择实例类型。对于开启 GPU 的深度学习用途，我们推荐 **p2.xlarge** 实例，它功能强大而且经济实惠，每小时的使用花费约为 0.90 美元（截至 2018 年）。

p2 实例提供最多 16 个 NVIDIA K80 GPU、64 个 vCPU、732 GiB 主机内存，以及共计 192 GB 的 GPU 内存，如图 2.6 所示。

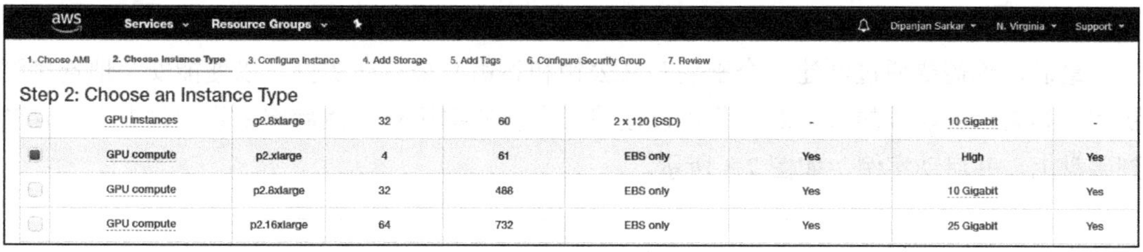

图 2.6

下一个步骤是配置实例细节。你可以使用默认设置（如果你希望启动多个实例，则你需要使用其他设置），指定子网首选项，指定关闭行为。

下一个步骤是添加存储细节。通常你会有一个根卷，然后你可以根据需要调整它的大小，并为额外的磁盘空间添加**弹性块存储**（**Elastic Block Store**，**EBS**）卷。

接着，如果需要的话我们将考虑添加标签（区分大小写和键-值对）。然而我们现在不需要这个，此处先跳过。

我们将更多的精力放到下一步（即配置安全组），尤其是如果你要使用日益强大的 Jupyter 笔记本从外部访问深度学习设置。出于该目的，我们创建一个新的安全组，并创建一个**自定义 TCP** 规则来打开并启用端口 8888 的访问，如图 2.7 所示。

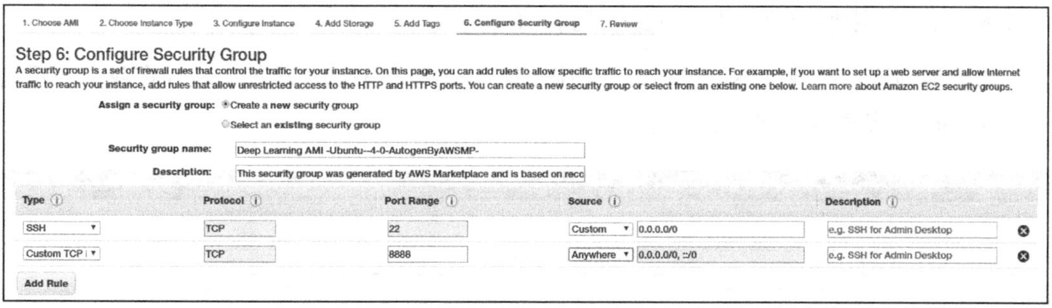

图 2.7

> 这里需要注意的是，该规则通常允许任何 IP 侦听实例上的端口 8888（我们将在此端口上运行 Jupyter 笔记本）。如果需要，你可以将其更改为仅添加特定 PC 或笔记本电脑的 IP 地址，以获得更强的安全性。除此之外，我们还将给 Jupyter 笔记本添加额外的密码保护功能，以提高安全性。

最后，你需要通过创建一个密钥对（公钥和私钥）来启动实例，以便能安全地连接到实例。如果没有现成的密钥对，你可以创建一个新的密钥对，然后将私钥文件安全地存储到磁盘上，并启动实例，如图 2.8 所示。

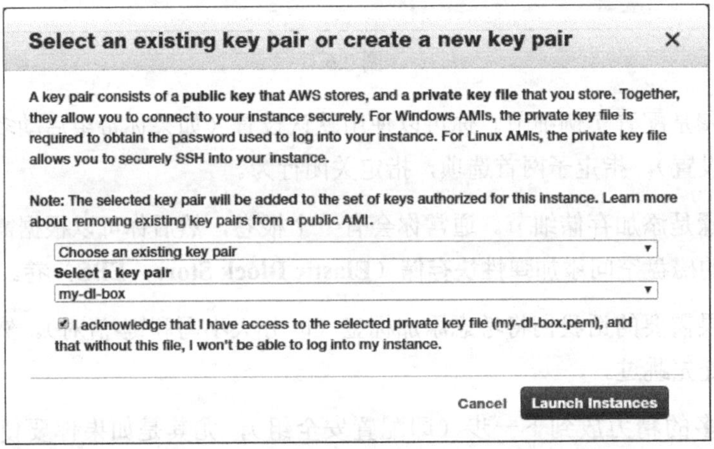
Select an existing key pair or create a new key pair
A key pair consists of a public key that AWS stores, and a private key file that you store. Together, they allow you to connect to your instance securely. For Windows AMIs, the private key file is required to obtain the password used to log into your instance. For Linux AMIs, the private key file allows you to securely SSH into your instance.
Note: The selected key pair will be added to the set of keys authorized for this instance. Learn more about removing existing key pairs from a public AMI.
Choose an existing key pair
Select a key pair
my-dl-box
I acknowledge that I have access to the selected private key file (my-dl-box.pem), and that without this file, I won't be able to log into my instance.
Cancel
Launch Instances

图 2.8

请注意，虚拟服务器的启动可能需要几分钟，因此可能需要等等。通常来说，你可能会看到由于账户限制或容量不足导致实例启动失败。

如果遇到这个问题，你可以为正在使用的特定实例类型请求增加上限（在我们的示例中是 p2.xlarge 实例），如图 2.9 所示。

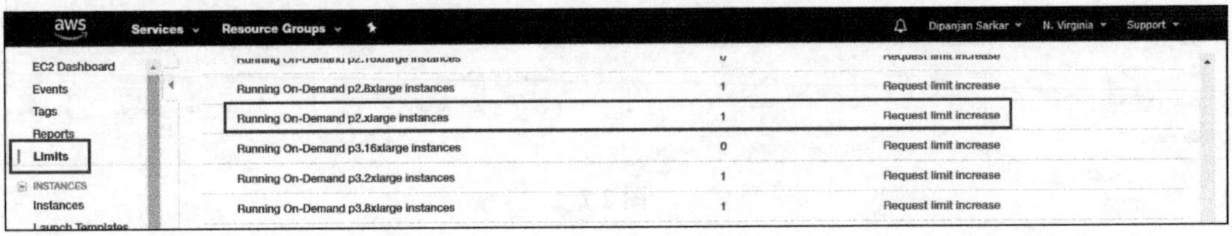
aws
Services
Resource Groups
Dipanjan Sarkar
N. Virginia
Support
EC2 Dashboard
Events
Tags
Reports
Limits
INSTANCES
Instances
Running On-Demand p2.8xlarge instances
1
Request limit increase
Running On-Demand p2.xlarge instances
1
Request limit increase
Running On-Demand p3.16xlarge instances
0
Request limit increase
Running On-Demand p3.2xlarge instances
1
Request limit increase
Running On-Demand p3.8xlarge instances
1
Request limit increase

图 2.9

一般来说，AWS 会在 24 小时之内响应并批准你的请求，因此在获得批准之前可能需要等待一段时间，批准通过后就能启动实例。启动实例之后，可以查看 **Instances** 功能区域并尝试连接到实例，如图 2.10 所示。

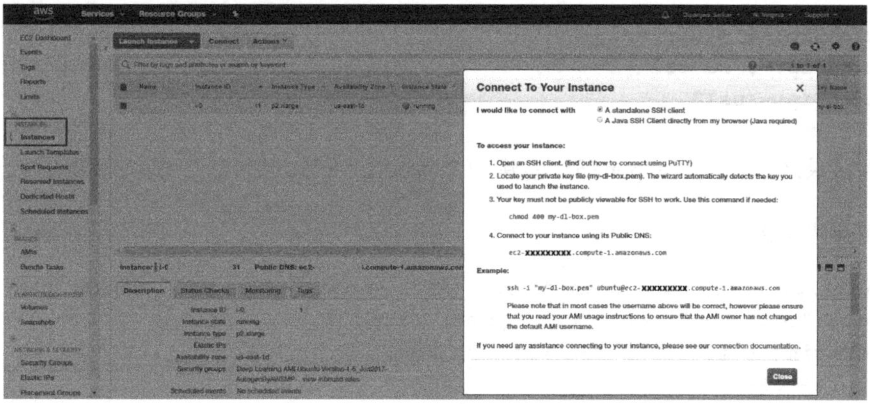

图 2.10

你可以使用本地系统中之前存储的 AWS 密钥的命令提示符或终端连接到你的实例，如代码片段 2.1 所示。

代码片段 2.1

```
[DIP.DipsLaptop]> ssh -i "my-dl-box.pem" ubuntu@ec2-
xxxxx.compute-1.amazonaws.com
Warning: Permanently added 'ec2-xxxxx.compute-1.amazonaws.com' (RSA) to the
list of known hosts.


=============================================================================
Deep Learning AMI for Ubuntu
=============================================================================
The README file for the AMI : /home/ubuntu/src/AMI.README.md
Welcome to Ubuntu 14.04.5 LTS (GNU/Linux 3.13.0-121-generic x86_64)

Last login: Sun Nov 26 09:46:05 2017 from 10x.xx.xx.xxx
ubuntu@ip-xxx-xx-xx-xxx:~$
```

完成以上的步骤后，你就可以成功登录你的云端深度学习服务器。

2.3.3 配置虚拟服务器

现在我们可以进行一些基本配置，以利用 Jupyter 笔记本的强大功能在虚拟服务器上进行分析和深度学习建模，而无须一直在终端上编写代码。我们需要先设置安全套接层（Secure Sockets Layer，SSL）证书，创建一个新的目录，如代码片段 2.2 所示。

代码片段 2.2

```
ubuntu@ip:~$ mkdir ssl
ubuntu@ip:~$ cd ssl
ubuntu@ip:~/ssl$
```

进入目录之后，使用 OpenSSL 创建一个新 SSL 证书，如代码片段 2.3 所示。

代码片段 2.3

```
ubuntu@ip:~/ssl$ sudo openssl req -x509 -nodes -days 365 -newkey rsa:1024 -
keyout "cert.key" -out "cert.pem" -batch
Generating a 1024 bit RSA private key
......++++++
...++++++
writing new private key to 'cert.key'
-----
ubuntu@ip:~/ssl2$ ls
cert.key cert.pem
```

我们需要给 Jupyter 笔记本添加额外的基于密码的安全层，正如我们之前讨论的那样。为此我们需要修改 Jupyter 的默认配置。如果你没有 Jupyter 配置文件，可以使用以下命令来生成它，如代码片段 2.4 所示。

代码片段 2.4

```
$ jupyter notebook --generate-config
```

为了启动笔记本基于密码的安全性，需要先生成密码及其哈希值。我们可以使用 IPython.lib 中的 passwd()函数来实现，如代码片段 2.5 所示。

代码片段 2.5

```
ubuntu@ip:~$ ipython
Python 3.4.3 (default, Nov 17 2016, 01:08:31)
Type 'copyright', 'credits' or 'license' for more information
IPython 6.1.0 -- An enhanced Interactive Python. Type '?' for help.

In [1]: from IPython.lib import passwd
In [2]: passwd()
Enter password:
```

```
Verify password:
Out[2]: 'sha1:e9ed12b73a30:142dff0cdcaf375e4380999a6ca17b47ce187eb6'
In [3]: exit
ubuntu@:~$
```

输入密码并验证之后，passwd()函数将返回一个哈希值，也就是密码的散列值（本例中输入的密码就是 password 这个单词，但是你最好不要使用它）。复制并保存该哈希值，因为我们很快将需要它。

接下来，打开文本编辑器来编辑 Jupyter 配置文件，如代码片段 2.6 所示。

代码片段 2.6

```
ubuntu@ip:~$ vim ~/.jupyter/jupyter_notebook_config.py


# Configuration file for jupyter-notebook.

c = get_config()  # this is the config object
c.NotebookApp.certfile = u'/home/ubuntu/ssl/cert.pem'
c.NotebookApp.keyfile = u'/home/ubuntu/ssl/cert.key'
c.IPKernelApp.pylab = 'inline'
c.NotebookApp.ip = '*'
c.NotebookApp.open_browser = False
c.NotebookApp.password =
'sha1:e9ed12b73a30:142dff0cdcaf375e4380999a6ca17b47ce187eb6' # replace this

# press i to insert new text and then press 'esc' and :wq to save and exit

ubuntu@ip:~$
```

在开始构建模型之前，我们需要了解一些支持深度学习的基本依赖项。

2.3.4 安装和升级深度学习依赖项

对于 Python 语言来说，涉及深度学习和启用 GPU 的深度学习有几个主要方面。本小节将尽量涵盖其基本内容，但你也可以根据需要参考其他在线文档和资源。你也可以跳过这些步骤，转到 2.3.5 小节去测试服务器是否已经激活启用 GPU 的深度学习环境。之前创建的新 AWS 深度学习 AMI 已经设置了启动 GPU 的深度学习环境。

然而，通常默认的配置并不是最佳选择，或者其中一些配置可能是错的，因此如果你发现深度学习没有使用 GPU（具体测试方法在 2.3.5 小节），你可能需要实施以下步骤。你可以先查看 2.3.5 和 2.3.6 两小节的内容，检查亚马逊提供的默认配置是否生效。如果验证通过，你就可以省去本小节中的余下步骤了。

你需要先检查 Nvidia GPU 是否启用，以及 GPU 的驱动程序是否正确安装。你可以使用以下命令（如代码片段 2.7 所示）来检查这一点。p2.x 实例会通常配备一个 Tesla GPU。

代码片段 2.7

```
ubuntu@ip:~$ sudo lshw -businfo | grep -i display
pci@0000:00:02.0 display GD 5446
pci@0000:00:1e.0 display GK210GL [Tesla K80]

ubuntu@ip-172-31-90-228:~$ nvidia-smi
```

如果驱动程序正确安装，你会看到类似图 2.11 所示的输出。

```
Sun Feb 25 15:18:59 2018
+-----------------------------------------------------------------------------+
| NVIDIA-SMI 384.66                 Driver Version: 384.66                    |
|-------------------------------+----------------------+----------------------+
| GPU  Name        Persistence-M| Bus-Id        Disp.A | Volatile Uncorr. ECC |
| Fan  Temp  Perf  Pwr:Usage/Cap|         Memory-Usage | GPU-Util  Compute M. |
|===============================+======================+======================|
|   0  Tesla K80           On   | 00000000:00:1E.0 Off |                    0 |
| N/A   40C    P8    31W / 149W |      0MiB / 11439MiB |      0%      Default |
+-------------------------------+----------------------+----------------------+

+-----------------------------------------------------------------------------+
| Processes:                                                       GPU Memory |
|  GPU       PID   Type   Process name                             Usage      |
|=============================================================================|
|  No running processes found                                                 |
+-----------------------------------------------------------------------------+
```

图 2.11

如果出现错误，请按照以下步骤安装 Nvidia GPU 驱动程序。记住要根据使用的操作系统来使用不同的驱动链接。如果有一个比较旧的 Ubuntu 14.04 AMI，其对应的驱动程序如代码片段 2.8 所示。

代码片段 2.8

```
# check your OS release using the following command
ubuntu@ip:~$ lsb_release -a
No LSB modules are available.
Distributor ID: Ubuntu
Description: Ubuntu 14.04.5 LTS
Release: 14.04
Codename: trusty
```

```
# download and install drivers based on your OS
ubuntu@ip:~$
http://developer.download.nvidia.com/compute/cuda/repos/ubuntu1404/x86_64/
cuda-repo-ubuntu1404_8.0.61-1_amd64.deb
ubuntu@ip:~$ sudo dpkg -i ./cuda-repo-ubuntu1404_8.0.61-1_amd64.deb
ubuntu@ip:~$ sudo apt-get update
ubuntu@ip:~$ sudo apt-get install cuda -y
# Might need to restart your server once
# Then check if GPU drivers are working using the following command
ubuntu@ip:~$ nvidia-smi
```

如果能通过上述命令看到驱动程序和 GPU 硬件细节，说明你的驱动程序已经安装成功。现在你可以专注于安装 Nvidia CUDA 工具包。总的来说，CUDA 工具包提供了一个用于创建高性能的 GPU 加速应用程序开发环境。我们可以用它来优化和使用 GPU 硬件的全部功能。

> CUDA 对版本要求非常严格，不同版本的 Python 深度学习框架只与特定版本的 CUDA 版本兼容。本章使用的是 CUDA 8。如果 CUDA 已经完成安装，并且能和你的深度学习系统一起正常运行，请跳过此步骤。

安装 CUDA 的命令如代码片段 2.9 所示。

代码片段 2.9

```
ubuntu@ip:~$ wget
https://s3.amazonaws.com/personal-waf/cuda_8.0.61_375.26_linux.run

ubuntu@ip:~$ sudo rm -rf /usr/local/cuda*

ubuntu@ip:~$ sudo sh cuda_8.0.61_375.26_linux.run
# press and hold s to skip agreement and also make sure to select N when
asked if you want to install Nvidia drivers

# Do you accept the previously read EULA?
# accept

# Install NVIDIA Accelerated Graphics Driver for Linux-x86_64 361.62?
# ************************* VERY KEY ****************************
# ******************** DON"T SAY Y *******************************
# n
```

```
# Install the CUDA 8.0 Toolkit?
# y
# Enter Toolkit Location
# press enter

# Do you want to install a symbolic link at /usr/local/cuda?
# y

# Install the CUDA 8.0 Samples?
# y

# Enter CUDA Samples Location
# press enter

# Installing the CUDA Toolkit in /usr/local/cuda-8.0 …
# Installing the CUDA Samples in /home/liping …
# Copying samples to /home/liping/NVIDIA_CUDA-8.0_Samples now…
# Finished copying samples.
```

CUDA 安装完成后，我们还需要安装 cuDNN。这个框架同样由 Nvidia 开发，名字代表 **CUDA 深度神经网络（CUDA Deep Neural Network，cuDNN）**类库。从本质上来说，这个类库是一个 GPU 加速类库，它由几个用于深度学习和构建深度神经网络的优化原语组成。cuDNN 框架为标准的深度学习操作和层提供了高度优化和微调的实现，包括常规激活层、卷积和池化层、正则化和反向传播。这个框架的目的是提升（特别是基于 Nvidia GPU 的）深度学习模型的训练和性能。可以使用以下命令安装 cuDNN，如代码片段 2.10 所示。

代码片段 2.10

```
ubuntu@ip:~$ wget https://s3.amazonaws.com/personal-waf/cudnn-8.0- linux-
             x64-v5.1.tgz

ubuntu@ip:~$ sudo tar -xzvf cudnn-8.0-linux-x64-v5.1.tgz
ubuntu@ip:~$ sudo cp cuda/include/cudnn.h /usr/local/cuda/include
ubuntu@ip:~$ sudo cp cuda/lib64/libcudnn* /usr/local/cuda/lib64
ubuntu@ip:~$ sudo chmod a+r /usr/local/cuda/include/cudnn.h
             /usr/local/cuda/lib64/libcudnn*
```

执行完以上命令之后，用编辑器（此处我们使用 vim）在~/.bashrc 文件的末尾添加，如代码片段 2.11 所示的代码。

代码片段 2.11

```
ubuntu@ip:~$ vim ~/.bashrc

# add these lines right at the end and press esc and :wq to save and
# quit

export
LD_LIBRARY_PATH="$LD_LIBRARY_PATH:/usr/local/cuda/lib64:/usr/local/cuda
                    /extras/CUPTI/lib64"
export CUDA_HOME=/usr/local/cuda
export DYLD_LIBRARY_PATH="$DYLD_LIBRARY_PATH:$CUDA_HOME/lib"
export PATH="$CUDA_HOME/bin:$PATH"

ubuntu@ip:~$ source ~/.bashrc
```

通常来说，以上步骤已经可以处理 GPU 的大多数必要依赖项。现在，我们需要安装和设置 Python 深度学习依赖项。通常 AWS AMI 已经安装了 Anaconda 发行版，如果没有安装，你随时可以基于 Python 和操作系统版本下载合适的发行版。本书中使用的是 Linux 和 Windows 操作系统、Python 3 版本，以及 TensorFlow 和 Keras 深度学习框架。在 AWS AMI 中，可能会安装不兼容的框架版本，这些版本不能与 CUDA 正常运行，或者可能是只支持 CPU 的版本。以下命令可以安装在 CUDA 8 上运行最佳的 TensorFlow GPU 版本，如代码片段 2.12 所示。

代码片段 2.12

```
# uninstall previously installed versions if any
ubuntu@ip:~$ sudo pip3 uninstall tensorflow
ubuntu@ip:~$ sudo pip3 uninstall tensorflow-gpu

# install tensorflow GPU version
ubuntu@ip:~$ sudo pip3 install --ignore-installed --upgrade
https://storage.googleapis.com/tensorflow/linux/gpu/tensorflow_gpu-1.2.0-cp
34-cp34m-linux_x86_64.whl
```

接下来，我们需要将 Keras 更新到最新版本，并删除剩余的配置文件，如代码片段 2.13 所示。

代码片段 2.13

```
ubuntu@ip:~$ sudo pip install keras --upgrade
ubuntu@ip:~$ sudo pip3 install keras --upgrade
ubuntu@ip:~$ rm ~/.keras/keras.json
```

2.3.5 访问深度学习云环境

我们并不想一直在服务器的终端上编写代码。既然我们希望利用 Jupyter 笔记本进行交互开发，那就要从本地系统访问云服务器上的笔记本。我们需要先在远程实例上启动 Jupyter 笔记本服务器。

登录你的虚拟服务器，并启动 Jupyter 笔记本服务器，如代码片段 2.14 所示。

代码片段 2.14

```
[DIP.DipsLaptop]> ssh -i my-dl-box.pem ubuntu@ec2-
xxxxx.compute-1.amazonaws.com
==========================================
Deep Learning AMI for Ubuntu
==========================================
Welcome to Ubuntu 14.04.5 LTS (GNU/Linux 3.13.0-121-generic x86_64)
Last login: Sun Feb 25 18:23:47 2018 from 10x.xx.xx.xxx

# navigate to a directory where you want to store your jupyter notebooks
ubuntu@ip:~$ cd notebooks/
ubuntu@ip:~/notebooks$ jupyter notebook
[I 19:50:13.372 NotebookApp] Writing notebook server cookie secret to
/run/user/1000/jupyter/notebook_cookie_secret
[I 19:50:13.757 NotebookApp] Serving notebooks from local directory:
/home/ubuntu/notebooks
[I 19:50:13.757 NotebookApp] 0 active kernels
[I 19:50:13.757 NotebookApp] The Jupyter Notebook is running at:
https://[all ip addresses on your system]:8888/
[I 19:50:13.757 NotebookApp] Use Control-C to stop this server and shut
down all kernels (twice to skip confirmation).
```

我们需要在本地实例上启用端口转发，以便从本地机器的浏览器访问服务器笔记本。如代码片段 2.15 所示。

代码片段 2.15

```
sudo ssh -i my-dl-box.pem -N -f -L
local_machine:local_port:remote_machine:remote_port ubuntu@ec2-
xxxxx.compute-1.amazonaws.com
```

以上命令将把本地机器的端口（在本示例中是 8890）转发到远程虚拟服务器的端口 8888。其配置如代码片段 2.16 所示。

代码片段 2.16

```
[DIP.DipsLaptop]> ssh -i "my-dl-box.pem" -N -f -L
localhost:8890:localhost:8888
ubuntu@ec2-52-90-91-166.compute-1.amazonaws.com
```

这也称为 **SSH 隧道**。一旦转发开始，将打开本地浏览器并导航到 localhost 地址 https://localhost:8890，该地址将被转发到虚拟服务器中的远程笔记本服务器。请确保你在地址中使用的是 https，否则将得到一个 SSL 错误。

如果到目前为止你所做的一切都正确，那么浏览器会显示一个警告提示，如果你按照图 2.12 所示的步骤操作，你会看到在所有笔记本工作时都会出现的熟悉的 Jupyter 用户界面。

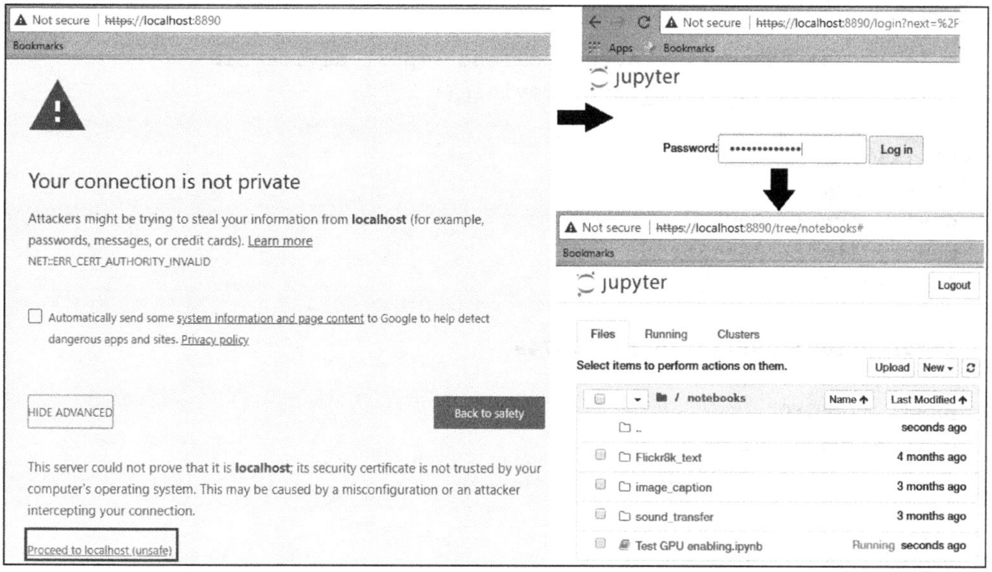

图 2.12

你可以忽略 **Your connection is not private** 警告。会出现这种情况是因为我们自己生成了 SSL 证书，而该证书没有经过任何可信权威机构的验证。

2.3.6 在深度学习环境中验证启用 GPU

最后一步的目的是确保一切正常运行，以及我们的深度学习框架正在使用我们的 GPU。你可以使用 Test GPU enabling.ipynb 这个 Jupyter 笔记本的所有代码来进行测试。本小节将介绍其中的细节。我们要验证的第一件事是 Keras 和 TensorFlow 框架是否在服务器中正确加载。我们可以通过导入它们来进行验证，如代码片段 2.17 所示。

代码片段 2.17

```
import keras
import tensorflow

Using TensorFlow backend.
```

如果前面的代码运行没有错误，那么可以进行下一步。否则，你需要重新执行前面的步骤，在线搜索你看到的特定错误，并且查看每个框架的 GitHub 仓库。

最后一个步骤是检查 TensorFlow 框架是否能够使用我们服务器的 NVIDIA GPU。你可以使用代码片段 2.18 来进行测试。

代码片段 2.18

```
In [1]: from tensorflow.python.client import device_lib
   ...: device_lib.list_local_devices()

Out [1]:
[name: "/cpu:0"
 device_type: "CPU"
 memory_limit: 268435456
 locality {
 }
 incarnation: 9997170954542835749,

 name: "/gpu:0"
 device_type: "GPU"
 memory_limit: 11324823962
 locality {
  bus_id: 1
 }
 incarnation: 10223482989865452371
 physical_device_desc: "device: 0, name: Tesla K80, pci bus id:
0000:00:1e.0"]
```

如果输出以上内容，你可以看到我们的 GPU 列在设备列表中，因此它能在训练我们的深度学习模型时和 CPU 一样发挥作用。你已经成功地创建了一个健壮的云端深度学习环境，现在可以使用 GPU 更快地训练深度学习模型。

> TIP
> AWS 按小时对实例收费。在完成分析和构建模型之后，你可以关闭实例。如果需要使用实例，你可以从 EC2 控制台重启实例。

2.4 创建一个支持 GPU 的、健壮的内部深度学习环境

经常有用户或组织不希望使用云服务，尤其是在他们的数据很敏感的情况下，因此这部分用户会专注于构建一个内部深度学习环境。此处的重点是投资于正确的硬件类型，以实现最大的性能，并使用正确的 GPU 来构建深度学习模型。关于硬件，特别强调以下几点：

- **处理器**。你可以购买一个 i5 或 i7 Intel CPU。如果你预算充足，可以考虑 Intel Xeon。
- **RAM**。至少购买 32 GB 的 DDR4 或更好的 RAM。
- **磁盘**。1TB 的硬盘足够优秀，而且也可以购买 128 GB 或 256 GB 的 SSD 用于快速访问数据。
- **GPU**。GPU 是深度学习重要的组成部分。建议购买一个 NVIDIA GPU，其配置超过 GTX 1070 和 8 GB 的任何一种即可。

其他你不应该忽视的东西包括主板、电源、坚固的外壳和冷却器。

当你的平台配置完成之后，对于软件配置，除了云设置以外，你可以重复 2.3 节中的所有步骤，至此你可以开始进行深度学习了。

2.5 神经网络基础

现在我们来试着熟悉神经网络背后的一些基本概念，正是这些概念，所有的深度学习模型才能运转起来。

2.5.1 一个简单的线性神经元

线性神经元是深层神经网络最基本的组成部分，如图 2.13 所示。$\vec{X}=(x_1,x_2,\cdots,x_n)$ 表示输入向量，w_i 是神经元的权重。给定一个由输入集合、目标值对组成的训练集，一个线性神经元就会尝试学习一个将输入向量映射到对应目标值的线性变换。基本上，一个线性神经元可以用一个线性函数 $W^{\mathrm{T}}\vec{X}=\vec{y}$ 来近似表示输入和输出的关系。

我们可以使用简单线性神经元对一个问题进行建模。员工 A 去餐厅购买午餐，他购买的食物包括炸鱼、薯条和番茄酱，每一种食物他都买了几份，收银员只告诉了他这顿饭的总价。几天后他能计算出每一份食物的价格吗？

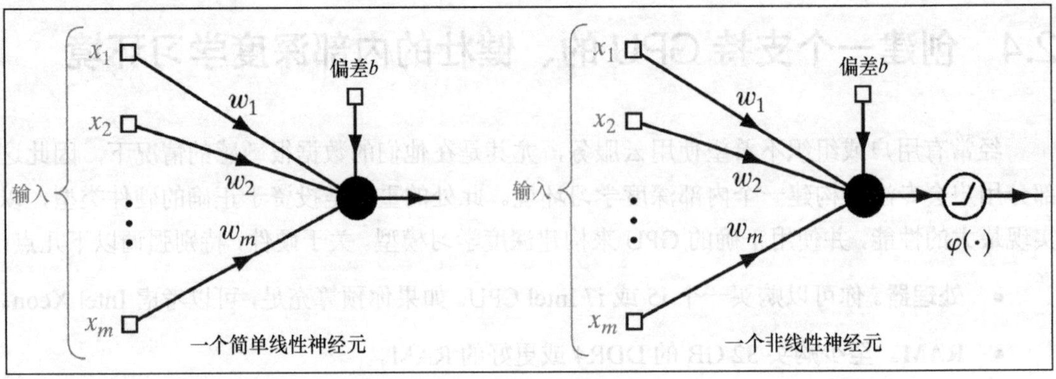

图 2.13

这听起来像是一个简单的线性规划问题，可以很容易地通过分析来得出解。让我们用前面的线性神经元来表示这个问题。我们用 $\vec{X}=(x_{fish},x_{ketchup},x_{chips})$ 表示每一份食物的价格，用 $(w_{fish},w_{ketchup},w_{chips})$ 表示对应的权重。

每顿饭的价格对应每一份食物的价格存在一个线性约束，如公式 2.1 所示。

$$Price = w_{fish} \times x_{fish} + w_{ketchup} \times x_{ketchup} + w_{chips} \times x_{chips} \quad \text{（公式 2.1）}$$

假设 t_n 为真实价格，y_n 为模型预估价格，模型公式如公式 2.1 表示的线性方程所示。目标价格和估计价格之间的价格残差是 t_n-y_n。不同食物的残差可正可负，相互抵消之后总误差为零。解决该问题的一种方法是使用残差平方和，即 $E=\frac{1}{2}\sum_n (t_n-y_n)^2$。如果我们能把该误差最小化，我们就能对每种食物的重量或价格做出较好的预估。因此最终我们要解决的是一个最优化问题。接下来我们来讨论一些解决最优化问题的方法。

2.5.2　基于梯度的最优化问题

最优化问题主要涉及求函数 $f(x)$的最大值或最小值，其中 x 是一个数值向量或标量。这里，$f(x)$被称为**目标函数**或**准则**。在神经网络中，我们称之为代价函数、损失函数或误差函数。在 2.5.1 小节的例子中，我们希望最小化的损失函数是 E。

假设有一个函数 $y=f(x)$，其中 x 和 y 是实数。这个函数的导数能够告诉我们函数值是如何随着 x 的微小变化而变化的。因此导数可以通过无穷小地修改 x 来减小函数值。假设在 x 点 $f'(x)>0$，这意味着如果 x 朝正方向增长，$f(x)$的值会增大，因此对于足够小的 ε 可知 $f(x-\varepsilon)<f(x)$，如图 2.14 所示。注意：将 x 沿着导数的反方向微小地移动可以减小 $f(x)$的值。

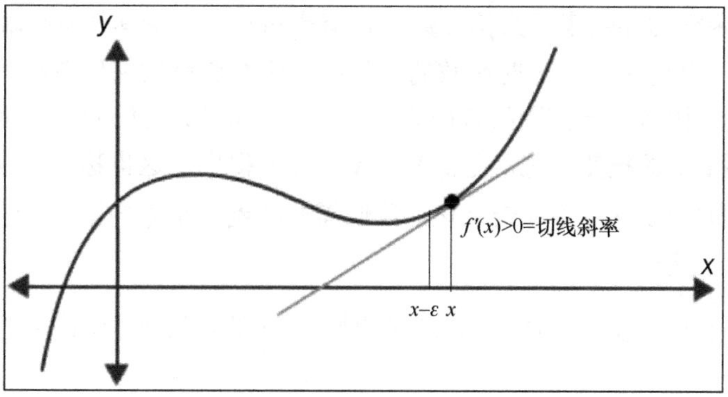

图 2.14

如果导数 $f'(x)=0$，那么该导数没有提供信息表明需要朝哪个方向移动 x 才能达到函数的最小值。在局部最优点（最小值或最大值）时，导数可以为零。如果函数 $f(x)$在 x^*点的值小于 x^*的所有相邻点，则称 x^*为**局部极小值点**。类似地，我们可以定义**局部极大值点**。有些点既不是最大值点也不是最小值点，但 $f'(x)$ 在这些点的值为零，这些点被称为**鞍点**。图 2.15 所示表明了 $f'(x)=0$ 的 3 种情况。

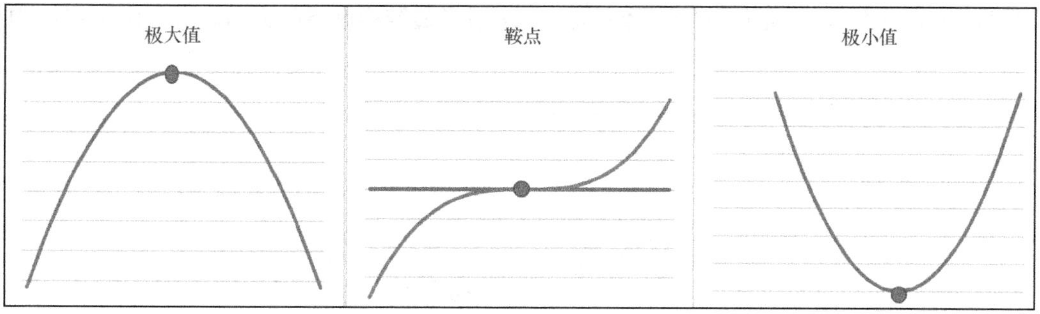

图 2.15

在所有可能的 x 值中，使 $f(x)$产生最小值的点称为**全局最小值点**。一个函数可以有一个或多个全局最小值点，局部极小值不一定是全局最小值。但如果函数是凸函数，则只有一个全局最小值点，没有局部极小值点。

在机器学习中，我们感兴趣的是最小化多变量实值函数 $f:\mathbb{R}^n\to\mathbb{R}$ 。一个多变量实值函数的简单例子是热板温度函数：在平板上的某一点 $\vec{x}=(x_1,x_2)$ 处，温度 $f(x_1,x_2)=50-x_1^2-2x_2^2$ 。在深度学习中，我们通常需要将损失函数最小化。损失函数通常是一个多变量函数，例如神经网络中的权重的函数。这些函数有许多局部极小值点和许多被非常平坦的区域包围的鞍点，它们可能有也可能没有全局最小值点。所有这些情形使得优化这类函数变得非常困难。

一个多变量函数的导数表示为偏导数，它衡量的是在保持其他所有输入变量不变的情况下，改变其中一个输入变量 x_i 时函数的变化率。所有变量的偏导数向量被称为 f 的**梯度向量**，表示为 ∇f 。函数在一些随机方向 $\vec{v}$（一个单位向量）上的变化快慢，可以由梯度向量 ∇f 在单位向量 $\vec{v}$ 上的投影，也就是点积（ $\nabla f \cdot \vec{v}$ ）得出。这也称为 f 在方向 $\vec{v}$ 上的方向导数，通常表示为 $\nabla \vec{v}$ 。为了使 f 最小化，我们需要找到一个方向 $\vec{u}$ ，在该方向上改变 $\vec{x}$ 可以使 f 的值最大程度地减小。

假设 $\overrightarrow{x_a}$ 是一个非常接近 $\vec{x}$ 的点，也就是说 $\left\|\vec{x}-\overrightarrow{x_a}\right\|$ 的值很小。围绕 $\vec{x}$ 的泰勒级数展开如公式 2.2 所示。

$$f(\overrightarrow{x_a}) = f(\vec{x}) + \nabla f(\vec{x}) \cdot (\overrightarrow{x_a} - \vec{x}) + o(\left\|\overrightarrow{x_a} - \vec{x}\right\|) \quad \text{（公式 2.2）}$$

因为 $\overrightarrow{x_a}$ 和 $\vec{x}$ 足够接近，所以公式 2.2 中的最后一项可以忽略。公式 2.2 中的第二项表示 f 沿 $\overrightarrow{x_a} - \vec{x}$ 方向的导数。其展开如公式 2.3 所示。

$$\nabla f(\vec{x}) \cdot (\overrightarrow{x_a} - \vec{x}) = \left\|\nabla f(\vec{x})\right\| \left\|\overrightarrow{x_a} - \vec{x}\right\| \cos(\theta) \quad \text{（公式 2.3）}$$

当 $\cos(\theta)$ 为最小值−1 时，$f(\vec{x})$ 能最大程度地减小。此时 $\theta = \pi$ ，这意味着 $\overrightarrow{x_a} - \vec{x}$ 指向梯度向量 ∇f 的反方向。这是最陡的下降方向：$-\nabla f$ 或者**最陡梯度下降**方向。具体说明如图 2.16 所示。

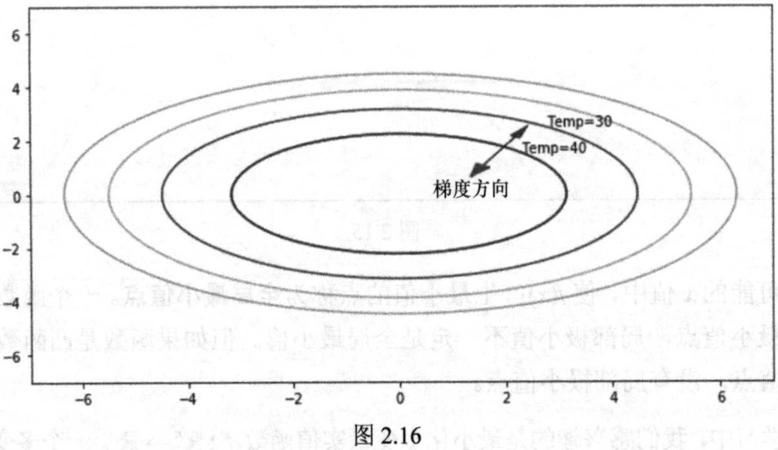

图 2.16

图 2.16 所示的热板的例子：给定坐标点(x, y)处的温度的函数为 $f(x,y) = 50 - y^2 - 2x^2$ 。平板中心(0, 0)处温度最高，值为 50。坐标点(x, y)处的梯度向量为 $\nabla f = (-4x, -2y)$ 。平板上坐标点$(\sqrt{3}, 2)$的温度为 40，该点位于恒温等高线上。如果朝着梯度的反方向移动步长 ε ，如图 2.16 所示的红色箭头，温度将降低到 30。

我们可以用 TensorFlow 框架来实现热板温度函数的梯度下降优化。我们需要将梯度下降初始化，先从 $x=y=2$ 开始，如代码片段 2.19 所示。

代码片段 2.19

```
import tensorflow as tf
#Initialize Gradient Descent at x,y =(2, 2)
x = tf.Variable(2, name='x', dtype=tf.float32)
y = tf.Variable(2, name='y', dtype=tf.float32)

temperature = 50 - tf.square(y) - 2*tf.square(x)

#Initialize Gradient Descent Optimizer
optimizer = tf.train.GradientDescentOptimizer(0.1) #0.1 is the learning
rate
train = optimizer.minimize(temperature)
grad = tf.gradients(temperature, [x,y]) #Lets calculate the gradient vector

init = tf.global_variables_initializer()
with tf.Session() as session:
    session.run(init)
    print("Starting at coordinate x={}, y={} and temperature there is
            {}".format(
                    session.run(x),session.run(y),session.run(temperature)))
    grad_norms = []
    for step in range(10):
        session.run(train)
        g = session.run(grad)
        print("step ({}) x={},y={}, T={}, Gradient={}".format(step,
                    session.run(x), session.run(y),
session.run(temperature), g))
        grad_norms.append(np.linalg.norm(g))

plt.plot(grad_norms)
```

代码片段 2.20 是代码片段 2.19 的输出结果。在每一步中，会通过梯度向量计算出 x 和 y 的新值，使整体温度最大程序地下降。注意，算出的梯度值与前面的公式完全吻合。我们还计算了每一步后的梯度范数。以下是 10 次迭代中梯度的变化情况，如代码片段 2.20 所示。

代码片段 2.20

```
Starting at coordinate x=2.0, y=2.0 and temperature there is 38.0
step (0)  x=2.79,y=2.40000, T=28.55, Gradient=[-11.2, -4.8000002]
step (1)  x=3.92,y=2.88000, T=10.97, Gradient=[-15.68, -5.7600002]
```

```
......
step (9)  x=57.85,y=12.38347, T=-6796.81, Gradient=[-231.40375, -24.766947]
```

2.5.3　雅可比矩阵和海森矩阵

有时我们需要优化输入和输出都是向量的函数。因此对于输出向量的每个分量，我们需要计算梯度向量。$f:\mathbb{R}^n \to \mathbb{R}^m$ 有 m 个梯度向量。通过将它们排列成矩阵的形式，我们得到 $n \times m$ 的偏导数 $J_{i,j} = \dfrac{\partial f(\vec{x})_i}{\partial x_j}$ 矩阵，称为**雅可比矩阵**。

对于一个单变量实值函数，如果我们想计算函数曲线在某一点的曲率，那么我们首先需要计算当改变输入时导数会如何变化，这就是**二阶导数**。二阶导数为 0 的函数没有曲率，是一条平线。多变量函数有很多二阶导数。这些导数可以排列成一个矩阵，称为**海森矩阵**。由于二阶偏导数是对称的，即 $\dfrac{\partial^2 f(\vec{x})}{\partial x_i \partial x_j} = \dfrac{\partial^2 f(\vec{x})}{\partial x_j \partial x_i}$，因此海森矩阵是实对称的，并具有实特征值。对应的特征向量表示不同的曲率方向。最大特征值和最小特征值的量级比率称为海森**条件数**，它衡量的是每个特征维度上的曲率的差别。当海森条件数较差时，梯度下降效果较差。这是因为在一个方向上，导数增长快速；而在另一个方向上，导数增长缓慢。梯度下降并不知道这种变化，因此可能需要很长的时间来收敛。

在前面提到的温度的例子中，海森矩阵为 $\begin{bmatrix} -2 & 0 \\ 0 & -4 \end{bmatrix}$。大多数曲率的方向是最小曲率方向的 2 倍。所以沿着 y 方向能更快地到达最小值点，这也可以从图 2.16 所示的温度等值线图中明显看出。

我们可以利用二阶导数的曲率信息来检验一个最优点是最小值点还是最大值点。对于单变量函数，$f'(x)=0$ 并且 $f''(x)>0$ 表示 x 是 f 的一个局部极小值点；$f'(x)=0$ 并且 $f''(x)<0$ 表示 x 是一个局部极大值点，该方法被称为**二阶导数检验**（如图 2.17 所示）。类似地，对于多变量函数，如果在 $\vec{x}$ 处海森矩阵是正定的（即所有特征值都是正值），则 f 在 $\vec{x}$ 处可以取一个局部极小值；如果在 $\vec{x}$ 处海森矩阵是负定的，则 f 在 $\vec{x}$ 处可以取一个局部极大值；如果海森矩阵的特征值有正有负，则 $\vec{x}$ 为 f 的鞍点；否则检验是不确定的，如图 2.17 所示。

一些基于二阶导数的优化算法用到了曲率信息。牛顿法就是其中之一，它可以在一个步骤内到达凸函数的最优点。

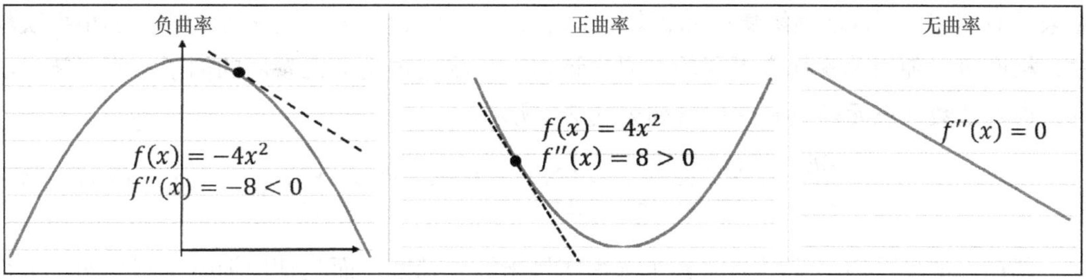

图 2.17

2.5.4 导数的链式法则

令函数 f 和 g 都是单变量实值函数。假设有 $y = g(x)$ 且 $z = f(g(x)) = f(y)$。

链式法则可以表示为公式 2.4。

$$\frac{\mathrm{d}z}{\mathrm{d}x} = \frac{\mathrm{d}z}{\mathrm{d}y}\frac{\mathrm{d}y}{\mathrm{d}x} \qquad \text{（公式 2.4）}$$

类似地，对于多变量函数，令 $\vec{x} \in \mathbb{R}^m$、$\vec{y} \in \mathbb{R}^n$，且 $g: \mathbb{R}^m \to \mathbb{R}^n, f: \mathbb{R}^n \to \mathbb{R}, \vec{y} = g(\vec{x})$, $z = f(\vec{y})$，那么 $\frac{\partial z}{\partial x_i} = \sum_j \frac{\partial z}{\partial y_j}\frac{\partial y_j}{\partial x_i}$。

z 相对于 $\vec{x}$ 的梯度 $\nabla_x(z) = \frac{\partial z}{\partial \vec{x}}$ 表示为雅克比矩阵 $\frac{\partial \vec{y}}{\partial \vec{x}}$ 和梯度向量 $\nabla_y(z) = \frac{\partial z}{\partial \vec{y}}$ 的乘积。因此多变量函数的导数链式法则如公式 2.5 所示。

$$\nabla_x(z) = \frac{\partial \vec{y}}{\partial \vec{x}} \nabla_y(z) \qquad \text{（公式 2.5）}$$

神经网络学习算法由几个这样的雅可比矩阵梯度乘法组成。

2.5.5 随机梯度下降法

几乎所有的神经网络学习都由一个非常重要的算法驱动，即随机梯度下降法，也就是 SGD。SGD 是对普通梯度下降算法的扩展。在机器学习中，损失函数通常表示为每个实例损失函数的和，例如前面餐厅的例子中的平方误差 E。如此一来，如果我们有 m 个训练实例，那么梯度函数也会有 m 个加法项。

梯度的计算成本随 m 的增加而线性增加。对于一个十亿数量级的训练集，前面的梯度计算时间会很长，同时梯度下降算法收敛速度会非常慢，这使得机器学习算法在实践中几乎不可行。

SGD 基于一个简单的论点，即梯度实际上是一个期望。我们可以通过在小样本集上计算来近似期望。可以从训练集中随机均匀地抽取一个数量为 m'（比 m 小得多）的**小批次样本**，梯度可以使用单次梯度下降的结果来近似。让我们再次考虑餐厅的例子，应用链式法则，误差函数（三元函数）的梯度如公式 2.6 所示。

$$\nabla E_i = \frac{\partial E}{\partial w_i} = \frac{1}{2}\sum_n \frac{\partial y^n}{\partial w_i}\frac{\partial E^n}{\partial y^n} = \frac{1}{2}\sum_n -2x_i^n(t^n - y^n) = -\sum_n x_i^n(t^n - y^n) \quad \text{（公式 2.6）}$$

现在，如果我们不使用全部 n 个训练实例来计算梯度，而是使用训练实例集的一个小型随机抽样，我们依然可以合理地近似出梯度值。

∇E 梯度给出了一个权重更新的估计值。我们可以通过乘以一个常数 ε 来控制它的大小，该常数被称为**学习速率**。采用非常高的学习速率会增大优化目标的函数值，而不是使其最小化。

在 SGD 中，每次向算法提交小批次样本之后，权重都会被更新。需要经过样本点总量÷小批次样本总量个步骤之后，全部训练数据才会首次提交给算法。周期（epoch）则用于描述算法遍历完整数据集的次数。

代码片段 2.21 是使用 Keras 框架解决餐厅问题的代码示例。令炸鱼的真实价格为 150 美分，薯条的真实价格为 50 美分，番茄酱的真实价格为 100 美分。我们随机生成了餐食中的样本。令重量÷价格的初始猜测为每份 50 美分。经过 30 个周期之后，我们可以对每种食物的价格做出非常接近真实值的估计。

代码片段 2.21

```
#The true prices used by the cashier
p_fish = 150; p_chips = 50; p_ketchup = 100
#sample meal prices: generate data meal prices for 10 days.
np.random.seed(100)
portions = np.random.randint(low=1, high=10, size=3 )
X = []; y = []; days = 10
for i in range(days):
    portions = np.random.randint(low=1, high=10, size=3 )
    price = p_fish * portions[0] + p_chips * portions[1] + p_ketchup *
    portions[2]
    X.append(portions)
    y.append(price)
X = np.array(X)
y = np.array(y)

#Create a linear model
from keras.layers import Input, Dense
from keras.models import Model
from keras.optimizers import SGD
```

```
price_guess = [np.array([[ 50 ], [ 50],[ 50 ]]) ] #initial guess of the
price
model_input = Input(shape=(3,), dtype='float32')
model_output = Dense(1, activation='linear', use_bias=False,
     name='LinearNeuron',
     weights=price_guess)(model_input)
     sgd = SGD(lr=0.01)
model = Model(model_input, model_output)

#define the squared error loss E stochastic gradient descent (SGD)

optimizer
model.compile(loss="mean_squared_error", optimizer=sgd)
model.summary()
_________________________________________________________________
Layer (type) Output Shape Param #
=================================================================
input_4 (InputLayer) (None, 3) 0
_________________________________________________________________
LinearNeuron (Dense) (None, 1) 3
=================================================================
Total params: 3
Trainable params: 3
Non-trainable params: 0
_________________________________________________________________

#train model by iterative optimization: SGD with mini-batch of size 5.

history = model.fit(X, y, batch_size=5, epochs=30,verbose=2)
```

图 2.18 所示为学习速率对迭代随机梯度下降算法收敛速度的影响。

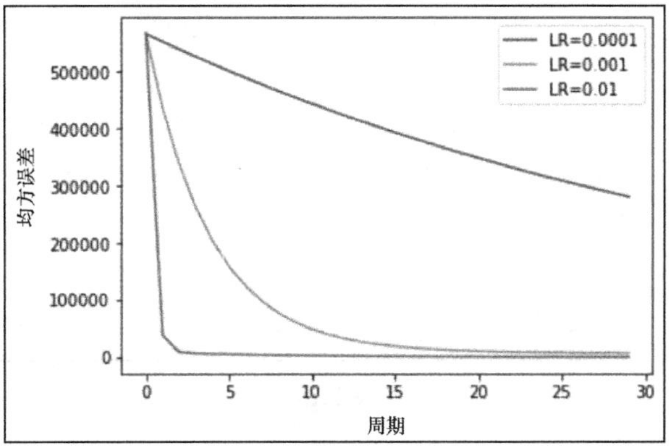

图 2.18

表 2.1 所示为食物价格在 LR = 0.01 时随机梯度下降算法连续周期内的更新情况。

表 2.1

周期	w_fish	w_chips	w_ketchup
0（初始值）	50	50	50
1	124.5	96.3	127.4
5	120.6	81.7	107.48
10	128.4	74.7	104.6
15	133.8	68.9	103.18
30	143.07	58.2	101.3
50	148.1	52.6	100.4

2.5.6 非线性神经单元

线性神经元很简单，但计算能力有限。即使使用多层线性单元的深层堆栈，我们依然会得到一个只能学习线性转换的线性网络。为了设计能够学习更丰富的变换集（非线性）的网络，我们需要一种可以在神经网络设计中引入非线性的方法。将输入通过一个非线性函数再求线性权重和，我们可以在神经单元中引入非线性。

虽然非线性函数是固定的，但是它可以通过线性单位的权值来适应数据，这些权值也是该函数的参数。这个非线性函数被称为非线性神经元的**激活函数**。一个简单的激活函数的例子是二元阈值激活函数，其对应的非线性单元称为**麦卡洛克-皮特斯（McCulloch-Pitts）单元**。这是一个阶跃函数，在 0 点处不可微分；而在非 0 点处，它的导数为 0。其他常用的激活函数有 Sigmoid 函数、Tanh 函数和 ReLu 函数。这些函数的图形和定义如图 2.19 和表 2.2 所示。

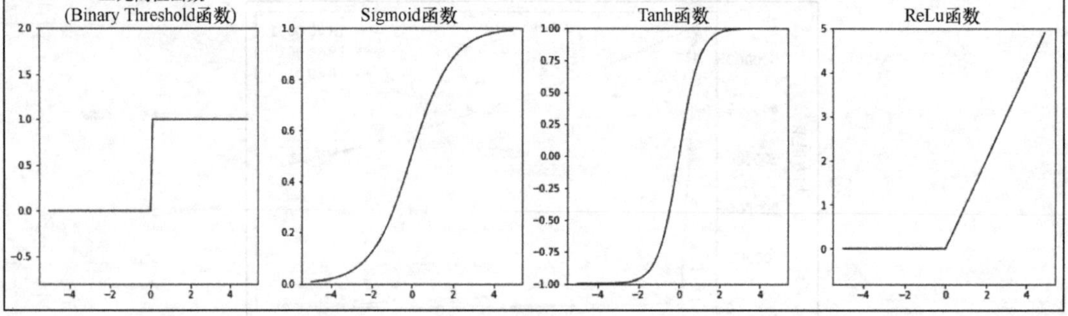

图 2.19

表 2.2

函数名	定义
二元阈值函数	$f(x)=\begin{cases}1 & ,x>0 \\ 0 & ,\text{其他}\end{cases}$
Sigmoid 函数	$f(x)=\dfrac{1}{1+\mathrm{e}^{-x}}$
Tanh 函数	$f(x)=\dfrac{\mathrm{e}^{x}-\mathrm{e}^{-x}}{\mathrm{e}^{x}+\mathrm{e}^{-x}}$
ReLu 函数	$f(x)=\begin{cases}x & ,x>0 \\ 0 & ,\text{其他或者}\max\{0,x\}\end{cases}$

如果我们有一个 k 类（$k>2$）分类问题，基本上需要学习条件概率分布 $P(y|x)$。因此输出层应该包含 k 个神经元，它们的输出值的和为 1。为了让网络知道全部 k 个单元的输出总和为 1，可以使用 **softmax 激活函数**。它是 sigmoid 激活函数的一种泛化形式。和 sigmoid 函数一样，softmax 函数也会将每个单元的输出值压缩到 0～1。

同时 softmax 函数会在每个输出值上做除法，以便使全部输出值的总和等于 1，如图 2.20 所示。

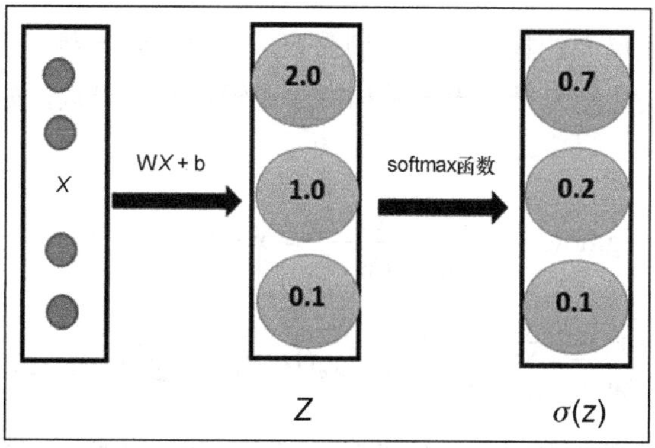

图 2.20

softmax 函数的数学表达式如公式 2.7 所示，其中 z 是向量（如果有 10 个输出单元，那么 z 中就有 10 个元素）。此外，j 是输出单元的下标，因此 $j=1,2,\cdots,K$ 。

$$\sigma(z_j)=\frac{\mathrm{e}^{z_j}}{\sum_k \mathrm{e}^{z_k}} \qquad \text{（公式 2.7）}$$

2.5.7 学习一个简单的非线性单元——逻辑单元

假设我们有一些二元分类问题，需要预测一个二元输出变量 y 的值。使用概率的说法，输出 y 是在特征 x 条件下的伯努利分布。神经网络需要预测概率 $P(y=1|x)$。为了使神经网络的输出是一个有效的概率，输出应该位于[0,1]区间内。对于这个问题，我们可以使用 sigmoid 激活函数构造一个非线性逻辑单元。

为了学习逻辑单元的权重，首先需要一个成本函数并求出成本函数的导数。从概率的角度来看，如果我们想要将输入数据的似然最大化，那么交叉熵损失函数是很适合该场景的成本函数。假设我们有一个训练数据集 $X=\{x_n,t_n\}, n=1,\cdots,N$，则似然函数可以表示为公式 2.8。

$$p(\vec{t}\mid\vec{w})=\prod_{n=1}^{N} y_n^{t_n}\{1-y_n\}^{1-t_n} \quad \text{（公式 2.8）}$$

公式 2.8 中的 y_n 是将 x_n 作为输入数据传递给逻辑单元后的 sigmoid 单元的输出。注意 $\vec{t}$ 和 $\vec{w}$ 分别代表目标向量（训练集中的全部 N 个向量）和 sigmoid 单元的权重向量（权重的集合）。误差函数可以用负似然算法定义，由此可得到交叉熵成本函数，如公式 2.9 所示。

$$E(\vec{w})=-\ln p(\vec{t}\mid\vec{w})=-\sum_{n=1}^{N}\{t_n\ln(y_n)+(1-t_n)\ln(1-y_n)\} \quad \text{（公式 2.9）}$$

为了学习逻辑神经单元的权重值，我们需要求出输出结果相对于每个权重值的导数。我们将使用导数的链式法则来推导出误差相对于逻辑单元的导数，如公式 2.10 和公式 2.11 所示。

$$\text{令 } z=\sum_{k=1}^{d} w_i x_i,\ \ y=\text{sigmoid}(z),\ \frac{\partial y}{\partial w_i}=\frac{\partial z}{\partial w_i}\frac{\partial y}{\partial z}=x_i y(1-y) \quad \text{（公式 2.10）}$$

$$\text{则有 } \frac{\partial E}{\partial w_i}=\sum_{n=1}^{N}\frac{\partial E}{\partial y_n}\frac{\partial y_n}{\partial w_i}=-\sum_{n=1}^{N}\frac{t_n-y_n}{y_n(1-y_n)}x_i^n y_n(1-y_n)=-\sum_{n=1}^{N}x_i^n(t_n-y_n) \quad \text{（公式 2.11）}$$

公式 2.11 求出的导数看起来很像线性单元平方差损失函数的导数，但二者并不相同。接下来我们会仔细研究交叉熵损失函数，并研究其与平方误差损失函数的区别。我们可以将交叉熵损失函数重写，如公式 2.12 所示。

$$E(\vec{w})=\begin{cases}-\ln(y_n)\ ,\ t_n=1\\ -\ln(1-y_n),\ t_n=0\end{cases} \quad \text{（公式 2.12）}$$

- 因此，对于 $t_n=1, y_n=1\Rightarrow E(\vec{w})=0$， $y_n=0\Rightarrow E(\vec{w})=\infty$；

- 对于$t_n = 0, y_n = 1 \Rightarrow E(\vec{w}) = \infty$， $y_n = 0 \Rightarrow E(\vec{w}) = 0$；
- 也就是说，如果类别标签的预测值和真实值不同，算法将会被惩罚。

现在我们来尝试使用逻辑输出的平方误差损失。我们的代价函数如公式 2.13 所示。

$$E(\vec{w}) = \frac{1}{2}\sum_n (t_n - y_n)^2 \qquad \text{（公式 2.13）}$$

因此 $$\frac{\partial E}{\partial w_i} = \sum_{n=1}^{N} \frac{\partial E}{\partial y_n} \frac{\partial y_n}{\partial w_i} = -\sum_{n=1}^{N}(t_n - y_n) x_i^n y_n (1 - y_n) = -\sum_{n=1}^{N} x_i^n (t_n - y_n) \sigma'(y_n) \qquad \text{（公式 2.14）}$$

该误差导数直接依赖于 sigmoid 函数的导数$\sigma'(y_n)$。当y_n趋近负向时，sigmoid 函数趋于 0；当y_n趋近正向时，sigmoid 函数趋于 1。从 sigmoid 函数曲线平坦的水平区域可以清楚地看出，对于这样的y_n值，梯度值会收缩到一个很小的值。因此即使t_n和y_n之间的差值很大，平方误差导数对这些数据点的更新也会很小。也就是说，它们被网络严重地错误分类。这种现象被称为**梯度消失问题**。基于最大似然的交叉熵损失函数几乎总是训练逻辑单元的首选损失函数。

2.5.8 损失函数

损失函数能够将神经网络的输出与训练中的目标值进行比较，并产生一个损失值或分数来衡量网络的预测与期望值匹配的程度。在 2.5.7 小节中，我们知道不同的任务（例如回归和二元分类）需要使用不同类型的损失函数。下面是一些其他流行的损失函数。

- **二元交叉熵**。2.5.7 小节中讨论的用于二元分类问题的 log 损失或者交叉熵损失。
- **分类交叉熵**。如果我们有一个 K 类分类问题，那么我们可以对 K 个类别使用泛化交叉熵。
- **均方误差**。这是我们已经讨论过很多次的均方误差，它被广泛用于各种回归任务。
- **平均绝对误差**。测量一组预测中误差的平均大小，不考虑它们的方向。它是预测值和实际观测值之间的绝对差异在测试样本上的平均值。因为对误差进行了平方，所以**平均绝对误差（Mean Absolute Error，MAE）**对较大的误差给予的权重相对较高。
- **平均绝对百分比误差**。以百分比表示误差的大小。它的值为无符号百分比误差的平均值。使用**平均绝对百分比误差（Mean Absolute Percentage Error，MAPE）**是因为百分比易于解释。
- **铰链损失或平方铰链损失**。支持在向量机中使用铰链损失。它们用不同的方式惩罚轻微分类错误的点。它们是交叉熵损失的很好的替代方案，同时也可以加快神经网络的训练。高阶铰链损失，如平方铰链损失，对某些分类任务的效果更好。

- **Kullback-Leibler（KL）散度**。KL 散度用来衡量一个概率分布与第二个期望概率分布相比的发散程度。

2.5.9　数据表示

神经网络训练集中的所有输入和目标必须表示为张量（或多维数组）。张量实际上是二维矩阵在任意维数上的扩展。通常来说，张量是浮点数型张量或整数型张量。无论原始输入数据是什么类型（如图像、声音、文本），都应该先转换成适当的张量表示形式，这个步骤被称为**数据向量化**。以下是本书中经常用到的不同维度的张量。

- **零维张量或标量**。包含一个数字的张量称为零维张量或标量。
- **一维张量或向量**。包含一组数字的张量称为向量或一维张量。张量的维数也叫作张量的**轴**，一维张量只有一个轴。
- **矩阵（二维张量）**。一个包含向量数组的张量就是一个矩阵，或者是一个二维张量。矩阵有两个轴（分别用行和列表示）。
- **三维张量**。将一组（相同维数的）矩阵叠加到一个数组中可以得到一个三维张量。

将三维张量放入一个数组中可以创建四维张量，以此类推。在深度学习中，我们通常使用零维到四维的张量。

张量有 3 个关键属性：

- 轴的尺寸或数量；
- 张量的形状，即该张量沿着每个轴包含多少个元素；
- 数据类型是整数型张量还是浮点数型张量。

1. 张量示例

下面是一些我们在讨论迁移学习用例时经常使用的张量示例。

- **时间序列数据**。典型的时间序列数据具有时间维度，该维度对应每个时间步长的特征。例如一天中每小时的温、湿度测量值是一个时间序列数据，可以用一个形状为(24, 2)的二维张量来表示。一个数据批处理可以表示为一个三维张量。
- **图像数据**。图像一般有 3 个维度，分别为宽度、高度和颜色通道，它可以用一个三维张量来表示。图像批处理由一个四维张量表示，如图 2.21 所示。

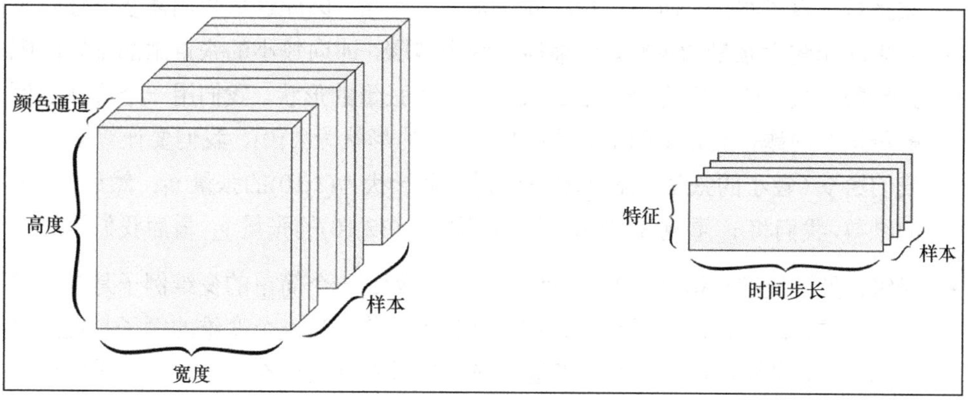

图 2.21

- **视频数据**。视频由图像帧组成，为了表示一个视频，我们还需要一个维度。视频的一帧是一个彩色图像，因此需要 3 个维度来表示一帧。图 2.21 所示的视频是由一个四维张量的形状（帧、宽度、高度、颜色通道）来表示的。
- **数据批处理为张量**。一张像 MNIST 数据的二进制图像可以用二维张量表示；对于一个包含 10 个图像的批次，可以用一个三维张量来表示。这个三维张量的第一个轴（axis = 0）称为**批处理维数**。

2. 张量运算

训练或测试深度神经网络的所有计算都可以用一系列张量运算来表示，例如张量的加、乘、减等。以下是一些本书常用的张量运算。

- **元素操作**。将一个函数独立地应用于一个张量的所有元素是深度学习中非常常用的方法，例如将激活函数应用于一个层中的所有单元。其他的元素操作包括对形状相同的两个张量应用基本的数学运算符，如+、−和*。
- **张量点积**。两个张量的点积不同于两个张量的元素积。两个向量的点积是一个标量，它等于这两个向量的元素积的和。一个矩阵和一个形状相容的向量的点积是一个向量，两个形状相容的矩阵的点积是另一个矩阵。对于两个形状相容的矩阵 x、y，其点积 $dot(x, y)$应该满足 $x.shape[1] = y.shape[0]$ 。
- **广播**。假设我们将两个形状不同的张量相加，这样的操作通常发生在神经网络的每一层。让我们以 ReLU 层为例，ReLU 层用张量运算表示为 $output = relu(dot(W, input) + b)$，此处我们计算权重矩阵与输入向量 x 的点积，得到一个向量，然后加上一个标量偏项。实际上，我们想对点积输出向量的每个元素加上偏项。但是偏差张量是零维张量，而点积输出向量是一维张量。因此这里我们需要广播较小的张量来匹配较大张量的形状。广播涉及两个步骤，即向较小的张量添加轴以匹配较大张量的维数，然后重复较小张量以匹配较大张量的形状。我们用一个具体的例子来解释这个问题，假设 x 的形状为(32,10)，y 的形状为(,10)，我们要计算 $x+y$。首先我们给 y（较小的张量）增加轴，得到一个形状为(1,10)的张量 y_1；然后为了匹配 x 的维数，我们将 y_1 重复 32 次得到一个形状为(32,10)的张量 y_2；最后我们计算 $x+y_2$。

- **变维**。张量变维是指张量的元素沿轴重新排列。一个简单的变维例子是对二维张量进行转置，即在矩阵的转置运算中，行和列交换。另一个变维的例子是使张量扁平化，即一个多维张量可以通过把这个张量的所有元素放在一个轴上被重塑成一个向量或者一维张量。代码片段 2.22 是在 TensorFlow 框架中实现张量运算的几个例子。

代码片段 2.22

```
#EXAMPLE of Tensor Operations using tensorflow.
import tensorflow as tf

# Initialize 3 constants: 2 vectors, a scalar and a 2D tensor
x1 = tf.constant([1,2,3,4])
x2 = tf.constant([5,6,7,8])
b = tf.constant(10)
W = tf.constant(-1, shape=[4, 2])
# Elementwise Multiply/subtract
res_elem_wise_mult = tf.multiply(x1, x2)
res_elem_wise_sub = tf.subtract(x1, x2)

#dot product of two tensors of compatable shapes
res_dot_product = tf.tensordot(x1, x2, axes=1)

#broadcasting : add scalar 10 to all elements of the vector
res_broadcast = tf.add(x1, b)

#Calculating Wtx
res_matrix_vector_dot = tf.multiply(tf.transpose(W), x1)

#scalar multiplication
scal_mult_matrix = tf.scalar_mul(scalar=10, x=W)

# Initialize Session and execute
with tf.Session() as sess:
    output = sess.run([res_elem_wise_mult,res_elem_wise_sub,
```

```
                        res_dot_product,
                        res_broadcast,res_matrix_vector_dot,
                        scal_mult_matrix])
    print(output)
```

2.5.10 多层神经网络

一个单层非线性单元的输入输出转换能力仍然有限，这可以用 XOR 问题来解释。在 XOR 问题中，我们需要一个神经网络模型来学习 XOR 函数。XOR 函数接收两个布尔输入，如果它们不同，则输出 1；如果两个布尔型输入相同，则输出 0。

我们可以把它看作输入模式为 $X=(0,0),(0,1),(1,0),(1,1)$的模式分类问题。第一个和第四个属于类别 0，其他的属于类别 1。让我们把这个问题当作一个回归问题，然后使用**平均绝对误差**损失，并尝试用一个线性单元来建模。通过分析求解，我们得到了期望的权重 $\vec{w}=(0,0)$ 和偏项 $b=\frac{1}{2}$，该模型为所有输入值输出 0.5。因此一个简单的线性神经元无法学习 XOR 函数。

解决 XOR 问题的一种方法是使用不同的输入表示形式，以便线性模型能够找到解决方案。这可以通过向网络中添加非线性隐层来实现。我们将使用包含两个隐单元的 ReLU 层，由于输出是布尔型的值，因此最合适的输出神经元是逻辑单元。我们可以用二元交叉熵损失来学习权值，如图 2.22 所示。

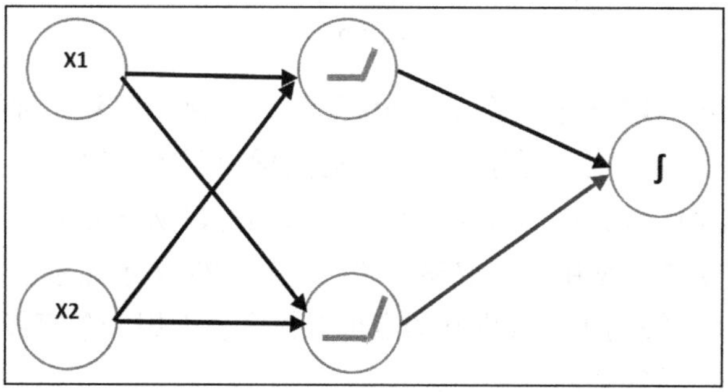

图 2.22

让我们用 SGD 来学习这个网络的权值。代码片段 2.23 是 XOR 函数学习问题的 Keras 框架实现。

代码片段 2.23

```
model_input = Input(shape=(2,), dtype='float32')
z = Dense(2,name='HiddenLayer', kernel_initializer='ones')(model_input)
```

```
z = Activation('relu')(z) #hidden activation ReLu
z = Dense(1, name='OutputLayer')(z)
model_output = Activation('sigmoid')(z) #Output activation
model = Model(model_input, model_output)
model.summary()

#Compile model with SGD optimization, with learning rate = 0.5
sgd = SGD(lr=0.5)
model.compile(loss="binary_crossentropy", optimizer=sgd)
#The data set is very small - will use full batch - setting batch size = 4
model.fit(X, y, batch_size=4, epochs=300,verbose=0)
#Output of model
preds = np.round(model.predict(X),decimals=3)
pd.DataFrame({'Y_actual':list(y), 'Predictions':list(preds)})
```

以上代码的输出结果如图 2.23 所示。

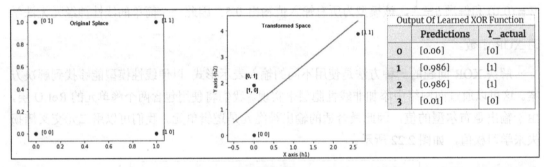

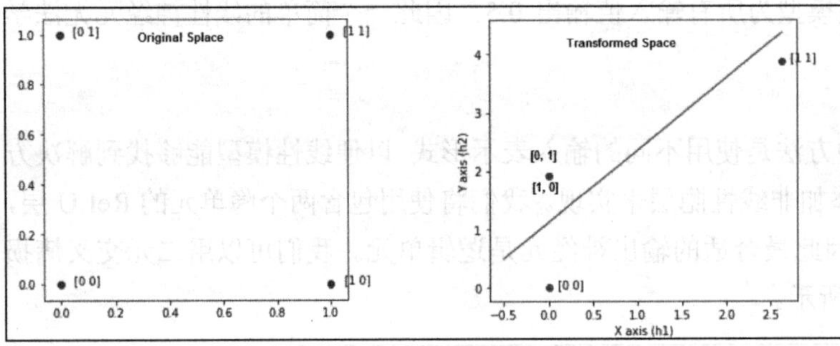

Output Of Learned XOR Function

	Predictions	Y_actual
0	[0.06]	[0]
1	[0.986]	[1]
2	[0.986]	[1]
3	[0.01]	[0]

图 2.23

具有一个隐层的神经网络能够学习 XOR 函数。这个例子解释了神经网络需要非线性隐层来做一些有意义的事情。我们更仔细地观察隐层学习了哪些输入转换，从而使输出逻辑神经元有可能学习这个函数。在 Keras 框架中，我们可以从学习的模型中提取一个中间隐层，并在传递到输出层之前使用它提取输入转换。图 2.23 所示显示了 4 个点的输入空间是如何转换的；在变换后，类别 1 和类别 0 的点可以很容易地用一条直线分开。代码片段 2.24 生成了原始空间和转换后的空间。

代码片段 2.24

```
import matplotlib.pyplot as plt

#Extract intermediate Layer function from Model
hidden_layer_output = Model(inputs=model.input,
outputs=model.get_layer('HiddenLayer').output)
projection = hidden_layer_output.predict(X) #use predict function to
```

```
                                    extract the transformations
#Plotting the transformed input

fig = plt.figure(figsize=(5,10))
ax = fig.add_subplot(211)
plt.scatter(x=projection[:, 0], y=projection[:, 1], c=('g'))
```

通过叠加多个非线性隐层，我们可以构建能够学习非常复杂的非线性输入输出转换的网络。

2.5.11 反向传播——训练深度神经网络

对于训练深度多层神经网络，我们仍然可以使用梯度下降法或 SGD，但是 SGD 需要计算损失函数对网络中所有权重的导数。我们已经了解到如何应用导数的链式法则来计算逻辑单元的导数。

对于更深层的网络，我们可以递归地逐层应用相同的链式法则，以得到损失函数相对于网络中不同深度层所对应的权值的导数，这叫作反向传播算法。

反向传播是 20 世纪 70 年代发明的一种通用优化方法，用于执行复杂嵌套函数或函数的自动微分。然而直到 1986 年，Rumelhart、Hinton 和 Williams 发表了一篇题为 *Learning representations by back-propagating errors* 的论文，该算法的重要性才被更大的机器学习社区认可。反向传播是最早能够证明人工神经网络能够学习较好的内部表示的方法之一，也就是说，它们的隐层可以学习重要的特征。

反向传播算法是一种计算单个训练实例中每个权值的误差导数 $\frac{\mathrm{d}E}{\mathrm{d}\theta}$ 的有效方法。为了理解反向传播算法，我们可以先用计算图符号表示神经网络。神经网络的计算图包含节点和有向边，其中节点表示变量（或张量），而有向边表示连接到下一个变量的变量运算。对于某个函数 f，如果 $y=f(x)$，则变量 x 通过有向边与 y 相连。逻辑单元如图 2.24 所示。

我们用 $u^1, u^2, \cdots, u^n$ 来表示计算节点。同时我们将节点按顺序排列，这样它们就可以依次进行计算。此处 u^n 是一个标量——损失函数，我们用节点 θ_k 表示网络的参数或权值。应用梯度下降法，我们需要计算所有的导数 $\frac{\partial u^n}{\partial \theta_k}$，该图的正向计算可通过计算图中从输入节点到最终节点 u^n 的有向路径进行，该过程称为**向前传播**。

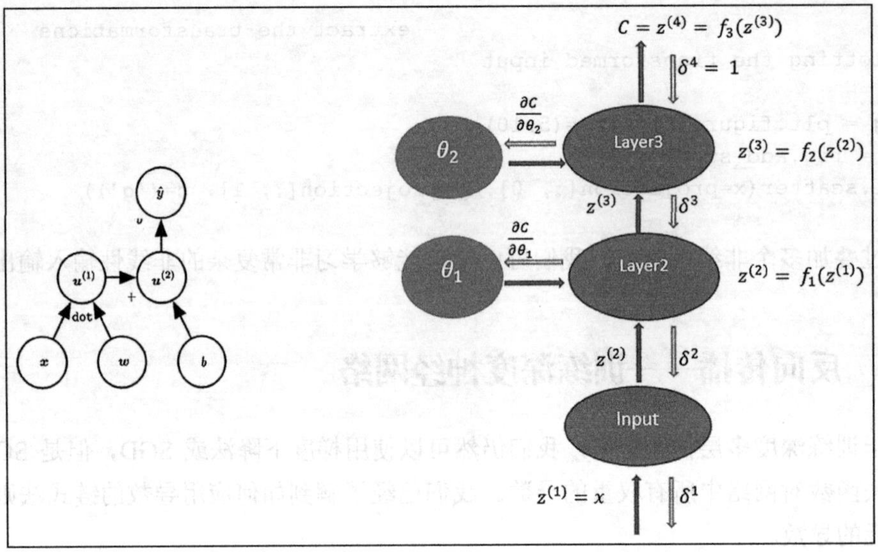

图 2.24

由于图 2.24 所示的右侧的节点是张量，为了计算偏导数$\dfrac{\partial u^n}{\partial \theta_k}$，可以使用多元函数导数的链式法则，它可以表示为雅可比矩阵与梯度的乘积。反向传播算法包括一系列这样的雅可比矩阵与梯度的乘积。

反向传播算法的过程可以表示为如下几个步骤。

- 给定输入向量 $X=\{\overrightarrow{x_n}\}$、目标向量 $Y=\{\overrightarrow{t_n}\}$、测量网络误差的代价函数 C，以及一组网络的初始权值，然后计算一次网络的向前传播和损失 C。
- 向后传播——对每一个训练实例$\left(\overrightarrow{x_n},t_n\right)$计算损失 C 相对于每一层变量或权重的导数，该步骤可以分为以下过程：

通过对全部输入目标对或小批次输入目标对的所有梯度取均值来组合单个梯度；

更新每个参数值 $\Delta\theta_l=-\alpha\dfrac{\partial C}{\partial \theta_l}$，其中 α 表示学习速率。

我们用一个三层全连接神经网络来解释向后传播，其计算图如图 2.24 所示。用 $z^{(i)}$表示图中的一个计算节点，为了执行反向传播，计算导数$\dfrac{\partial C}{\partial z^{(i)}}$的方向和向前传播的方向相反，在图中用向下的箭头表示。令代价函数相对于 l 层的输入 $z^{(l)}$的导数为 $\delta^{(l)}$。对于最顶层，令 $\delta^{(4)}=1$。为了进行递归计算，先考虑一个单层。一个单层的输入为 $z^{(l)}$，输出为 $z^{(l+1)}$。此外，

该层也接收输入 $\delta^{(l+1)}$、输出 $\delta^{(l)}$和 $\frac{\partial C}{\partial \theta_l}$。

对于 l 层，有 $\delta_i^l = \frac{\partial C}{\partial z_i^l} = \sum_j \frac{\partial C}{\partial z_{l+1}^j} \frac{\partial z_{l+1}^j}{\partial z_i^l} = \sum_j \delta_i^{l+1} \frac{\partial z_{l+1}^j}{\partial z_i^l}$ （公式 2.15）

在公式 2.15 中，i 表示梯度 δ_i^l 的第 i 个元素。

因此我们得到了一个递归公式来计算反向传播消息。利用该公式，我们还可以计算代价函数对模型参数的导数，如公式 2.16 所示。

$$\frac{\partial C}{\partial \theta_l} = \sum_j \frac{\partial C}{\partial z_j^{l+1}} \frac{\partial z_j^{l+1}}{\partial \theta_l} = \sum_j \delta_j^{l+1} \frac{\partial z_j^{l+1}}{\partial \theta_l} \quad （公式 2.16）$$

反向传播算法计算在计算图中标量代价函数 z 相对于其祖先 x 的梯度。该算法会先计算代价函数 z 对自身的导数 $\frac{\partial z}{\partial z}=1$。相对于 z 的父结点的梯度可以通过将当前的梯度与生成 z 的运算的雅可比矩阵相乘而计算出。持续反向遍历计算图，求与雅可比矩阵的乘积，直到到达输入 x。

2.5.12 神经网络学习中的挑战

通常来说，优化是一项非常困难的任务。在本小节中，我们将讨论一些在训练深度模型的优化方法中涉及的常见挑战。理解这些挑战对于评估神经网络模型的训练性能以及采取纠正措施以缓解问题来说至关重要。

1. 病态条件

矩阵的条件数是最大奇异值与最小奇异值之比。如果条件数很大，则矩阵是病态的。这种情况通常说明矩阵的最小奇异值比最大奇异值小几个数量级，且矩阵的行之间具有很强的相关性。在优化中，这是一个非常普遍的问题。事实上，它甚至使凸优化问题变得难以求解。一般来说，神经网络存在这个问题的话将导致 SGD 卡死，也就是说即使存在很强的梯度，学习也会变得非常慢。对于条件数较好（条件数接近 1）的数据集，误差轮廓近似为圆形，梯度的复制始终指向误差曲面的最小值。对于条件较差的数据集，误差面在一个或多个方向上是相对平坦的，而在其他方向上则有强烈的弯曲。对于复杂的神经网络，我们几乎不可能靠分析找出海森矩阵和其病态条件作用，但是可以通过绘制训练周期内的平方梯度范数和 $g^{\mathrm{T}}H_g$ 来监测病态条件的效果。

考虑我们想要优化的函数 $f(x)$ 的二阶泰勒级数近似。在 x_0 处的二阶泰勒级数如公式 2.17

所示。

$$f(x)=f(x_0)+(x-x_0)^{\mathrm{T}}g+\tfrac{1}{2}(x-x_0)^{\mathrm{T}}H(x-x_0) \qquad \text{（公式 2.17）}$$

公式中的 g 是梯度向量，H 是 $f(x)$ 在 x_0 处的海森矩阵。如果 ε 是我们使用的学习速率，那么根据梯度下降法，新的点是 $x_0-\varepsilon g$。把该结论代入泰勒级数展开式可得公式 2.18：

$$f(x_0-\varepsilon g)\approx f(x_0)-\in g^{T}g+\tfrac{1}{2}\in^{2}g^{\mathrm{T}}Hg \qquad \text{（公式 2.18）}$$

注意，如果 $-\in g^{\mathrm{T}}g+\frac{1}{2}\varepsilon^{2}g^{\mathrm{T}}H_g>0$，则新点处的函数值相比 x_0 处的函数值将会增大。同样地，在存在强梯度的情况下，我们会有一个很高的平方梯度范数 $\|g\|^2=g^{\mathrm{T}}g$，但如果同时另一个项 $g^{\mathrm{T}}H_g$ 也以同样量级增长，$f(x)$将以非常慢的速度减小。然而，如果我们可以在这一点上减小学习速率 ε，因为 $g^{\mathrm{T}}Hg$ 乘以 ε^2，那么这种效果可以在某种程度上被无效化。绘制训练周期内的平方梯度范数和 $g^{\mathrm{T}}Hg$ 可以监测病态条件作用的效果。我们已经在热板的例子中了解了如何计算梯度范数。

2．局部极小值和鞍点

深度神经网络模型本质上保证有大量的局部极小值。如果与全局最小值比，局部极小值的成本高，那么这可能是有问题的。长期以来，由于存在局部极小值，神经网络训练会被认为有很大的问题。这仍然是一个活跃的研究领域，但是目前研究人员怀疑由于深度神经网络模型的大多数局部极小值已经有很低的代价值，所以无须找到一个全局最小值，而是在权重空间中有一个能使代价函数有足够低的值的点即可。对梯度范数进行监测可以发现强局部极小值的存在。如果梯度范数降至一个不显著的小阶数，则表明存在局部极小值。

鞍点是既不是极大值也不是极小值的点。鞍点被一个平坦区域包围，该区域的一侧目标函数值增大，另一侧目标函数值减小。因为这个平坦的区域，梯度变得很小。然而在这些区域中梯度下降经验将不起作用。

3．悬崖和梯度爆炸

高度非线性深度神经网络的目标函数具有非常陡峭的、类似悬崖的区域，如图 2.25 所示。在一个极度陡峭的悬崖结构的负梯度方向上移动，会将权重移动非常远的距离，就如同“跳下悬崖”。因此，当我们非常接近极小值时候，就会错过极小值。

也就是说，为了到达当前的点需要将已经完成的许多工作无效化。

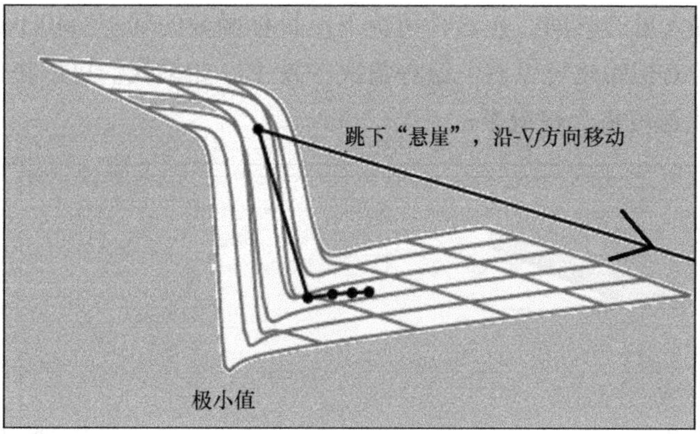

图 2.25

在梯度下降过程中，我们可以通过剪切梯度来避免这种糟糕的移动，也就是设置梯度大小的上限。回顾一下，梯度下降是基于函数的一阶泰勒近似，这种近似在计算梯度的点周围的无限小区域内适用。如果跳出这个区域，代价函数可能会开始增加，或者向上弯曲。因此我们需要限制移动的长度，这样梯度才仍然可以给出近似正确的方向。必须选择足够小的更新，以避免过度向上弯曲。其中一种实现方法是通过设置范数上限的阈值来**裁剪梯度的范数**，如公式 2.19 所示。

$$\text{若}\,\|g\| > v, g \leftarrow \frac{gv}{\|g\|} \qquad \text{（公式 2.19）}$$

在 Keras 框架中，可以使用代码片段 2.25 实现。

代码片段 2.25

```
#The parameters clipnorm and clipvalue can be used with all optimizers #to
control gradient clipping:

from keras import optimizers

# All parameter gradients will be clipped to max norm of 1.0
sgd = optimizers.SGD(lr=0.01, clipnorm=1.)
#Similarly for ADAM optmizer
adam = optimizers.Adam(clipnorm=1.)
```

4. 初始化——目标函数的局部结构和全局结构不匹配

为了开始一个数值优化算法，例如 SGD，需要初始化权值。如果我们有一个目标函数，如图 2.26 所示，如果从真正的极小值所在的山的另一侧开始按照 SGD 的建议进行较小的局部移动，将浪费大量的时间。在这种情况下，目标函数的局部结构不会给出关于最小值位置的线索。适当的初始化可以避免这种情况的发生。如果我们可以在山的另一侧的某个点开始 SGD，优化速度将会快得多。

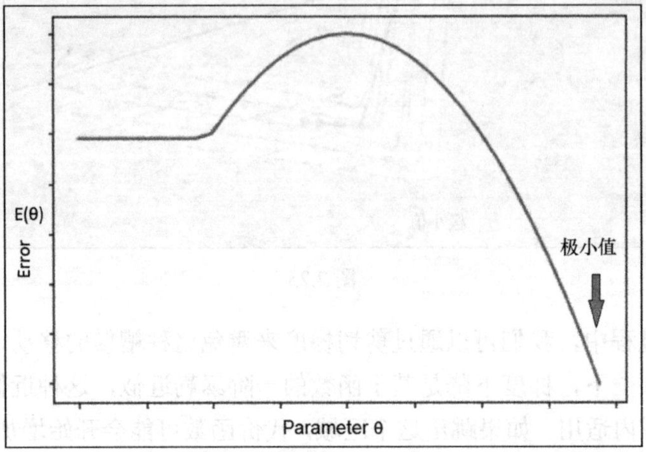

图 2.26

5. 不精确梯度

大多数优化算法都是基于能获得给定点精确梯度的假设的算法，实际上我们只有梯度的估计值。这个估计值有多好？在 SGD 中，批次大小对随机优化算法的行为有显著影响，因为它决定了梯度估计的方差。

综上所述，神经网络训练中所面临的不同问题可以通过以下 4 个技巧来解决：

- 选择合适的学习速率——可能是每个参数的自适应学习速率；
- 选择一个好的批次大小——梯度估计值依赖于此；
- 选择一个好的权重初始值；
- 为隐层选择合适的激活函数。

接下来让我们简单地讨论一下使学习深度神经网络切实可行和使深度学习取得巨大成功的各种启发或策略。

2.5.13 模型参数初始化

对于深度神经网络，下列几点说明了初始点的选择是如何影响迭代算法的性能的：

- 初始点可以决定学习是否收敛；

- 即使学习收敛，收敛速度取决于初始点；
- 可比较代价的初始点可能有不同的泛化误差。

初始化算法主要是启发式算法，一个好的初始化的关键在于可以加快学习速度。初始化的一个重要功能是打破初始权值集对隐层单元的对称性。如果初始化权值相等，那么在网络的同一层具有相同激活函数的两个单元将被同样地更新。隐层中存在多个单元的原因是它们需要学习不同的功能，因此相同的更新并不会导致不同的函数学习。

打破对称性的一种简单方法是使用随机初始化——从高斯分布或均匀分布中采样。模型中的偏参数可以是启发式选择的常数。权重的大小取决于优化和正则化之间的权衡。正则化要求权重不能太大，否则会导致泛化性能很差。优化则需要权重足够大，以便能成功地通过网络传播信息。

启发式初始化

考虑一个有 m 个输入和 n 个输出单元的密集层。

- 从均匀分布$\left[\frac{-1}{\sqrt{m}},\frac{1}{\sqrt{m}}\right]$中为每个权重采样。
- Glorot 和 Bengio 提出了均匀分布初始化的规范化版本：$\left[-\sqrt{\frac{6}{m+n}},\sqrt{\frac{6}{m+n}}\right]$。该设计能保证每一层的梯度有相同的方差，称为 **Glorot 均匀分布**。
- 从均值为 0、方差为$\sqrt{2/(m+n)}$的正态分布中为每个权重采样，类似 Glorot 均匀分布的设计，称为 **Glorot 正态分布**。
- 对于非常大的层，单个的权重值将变得非常小。为了解决这个问题，另一种方法是仅初始化 k 个非零权值，称为**稀疏初始化**。
- 初始化权重为随机正交矩阵。格拉姆–施密特（Gram-Schmidt）正交化可用于初始权值矩阵。

在神经网络训练中，初始化方案也可以看作一个超参数。如果有足够的计算资源，那么我们可以评估不同的初始化方案，从而选择一个泛化性能最好、收敛速度更快的初始化方案。

2.5.14 提升 SGD

近年来，人们提出了不同的优化算法，并利用不同的方程来更新模型的参数。

1．动量法

代价函数可能具有高曲率和小但一致的梯度区域，这是随机梯度中的海森矩阵和方差条件不佳造成的。在这些区域中，SGD 可能会大幅放缓。动量法累加了之前梯度的**指数加权移动平均（Exponentially Weighted Moving-Average，EWMA）**，并向该方向移动，而不是按照 SGD 建议的局部梯度方向移动。指数权重由超参数 $\alpha\in[0,1)$控制，它决定了之前的梯度效果衰减的速度。动量法通过结合相反符号的梯度来抑制高曲率方向上的振动。

2．Nesterov 动量

Nesterov 动量是动量法的一种变体，它与动量法只在计算梯度点时有区别，标准动量法会首先在当前位置计算梯度，然后在累积梯度的方向上有一个大的跳跃；而 Nesterov 动量会首先沿之前累积梯度的方向做一个大跳跃，然后在新的点计算梯度，如图 2.27 所示。新梯度通过对之前所有梯度的 EWMA 进行修正来获得。

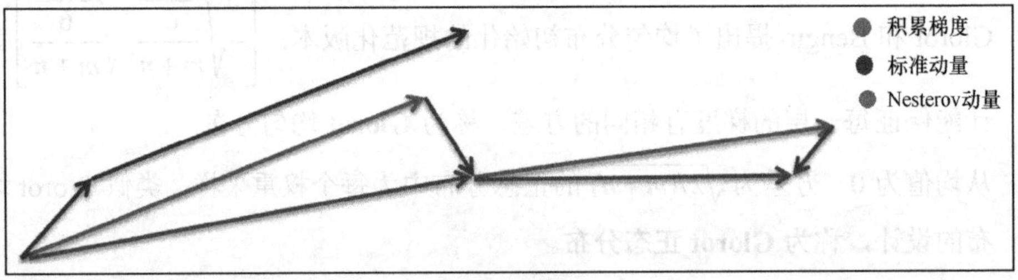

图 2.27

3．自适应学习速率——每个连接各不相同

前面提到的方法会对所有参数更新应用相同的学习率。对于稀疏数据，我们可能希望在不同程度上更新参数自适应梯度下降算法，如 AdaGrad、AdaDelta、RMSprop 和 Adam 通过保持每个参数的学习速率，提供了替代传统 SGD 的方法。

（1）AdaGrad

AdaGrad 算法用之前所有梯度平方和的平方根成反比来调整自适应学习速率。因此较大的移动发生在误差表面较平缓的倾斜方向。如果从训练的一开始就使用这个技巧可能会导致一些学习速率急剧下降。但 AdaGrad 算法在一些深度学习任务上仍然有很好的表现。

（2）RMSprop

RMSprop 算法利用之前的平方梯度的 EWMA 对 AdaGrad 算法进行了修改。它用移动平均线参数 ρ 控制移动平均线的长度和规模。它是深度神经网络训练中最成功的算法之一。

（3）Adam

Adaptive Moments（Adam）算法综合了基于动量和自适应学习速率两种算法的优点。在 Adam 算法中，动量算法被应用于由 RMSprop 计算的梯度的缩放。

2.5.15 神经网络的过拟合和欠拟合

与任何机器学习训练一样，用于训练深度学习模型的数据集分为训练集、测试集和验证集。在模型的迭代训练过程中，验证集误差通常略大于训练集误差。如果测试集误差和验证集误差之间的差距随着迭代的增加而增大，那么就是**过拟合**。如果训练集误差停止下降到一个足够低的值，那么可以推断该模型**欠拟合**。

1. 模型容量

模型的容量描述了它所能建模的输入输出关系的复杂性，即模型的假设空间允许的函数集的大小。例如一个线性回归模型可以被扩展到包含多项式而不仅仅是线性函数。这可以通过在构建模型时，将 x 的 n 次整数幂与 x 一起作为输入来实现。模型的容量也可以通过在网络中添加多个隐藏的非线性层来控制，因此可以使神经网络模型变得更宽或更深，或两者兼而有之，以此增加模型的容量。

然而，模型容量与模型泛化误差之间存在权衡关系，如图 2.28 所示。

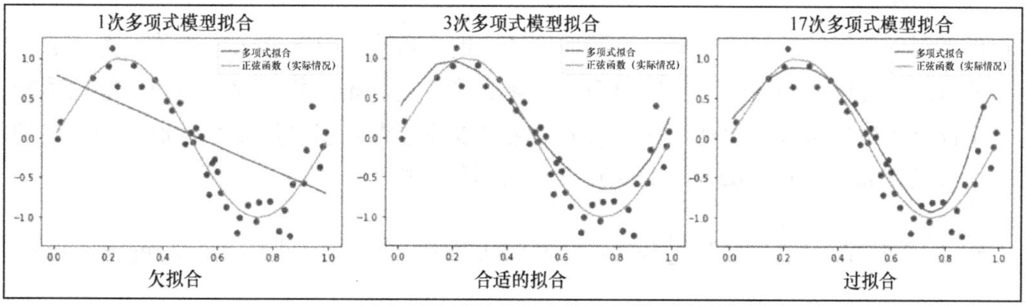

图 2.28

学习训练集中的模式可能在未见过的测试集中无法很好地泛化，因此大容量的模型可能会过拟合训练集，但这样的模型会很好地拟合少量训练数据。另一方面，低容量的模型可能难以拟合训练集，如图 2.29 所示。

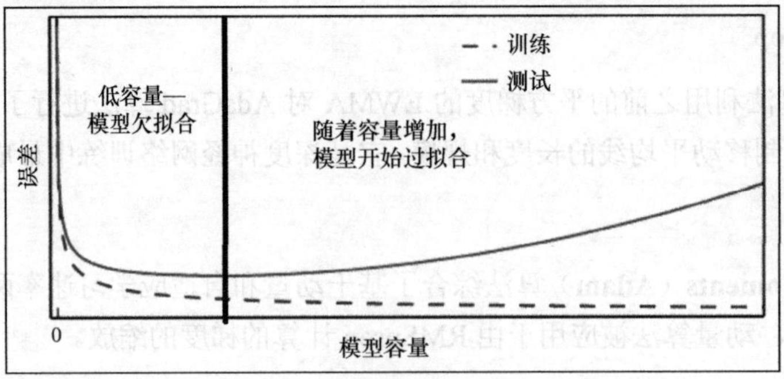

图 2.29

2．如何避免过拟合——正则化

过拟合是机器学习中的一个核心问题。对于神经网络，许多策略已经被开发出来并用于避免过拟合和减少泛化误差，这些策略统称为**正则化**。

（1）权重共享

权重共享意味着相同的权重集在网络的不同层中使用，因此需要优化的参数更少。这种策略可以在一些流行的深度学习架构中看到，例如 Siamese 网络和 RNN。在几个层中使用共享权值时可以通过控制模型容量来帮助模型更好地泛化。反向传播可以很容易地结合线性权重约束，如权重共享。另一种类型的权值共享在 CNN 中使用，与全连接的隐层不同，一个卷积层具有局部区域之间的连接。在 CNN 中，假设网络要处理的输入（如图像或文本）可以分解成一系列具有相同性质的局部区域，那么每一个区域都可以通过一组相同的转换进行处理，即共享权值。一个 RNN 可以看作一个连续层共享相同权重集合的前馈网络。

（2）权重衰减

通过观察可知，过拟合模型，如前面例子中的多项式具有非常大的权值。为了避免出现这种情况，可以添加一个惩罚项 Ω 到目标函数中，这将推动权重靠近原点。惩罚项应该是一个权重范数的函数。此外，惩罚项的效果可以通过乘以超参数 α 来控制，因此我们的目标函数就变成了 $E(w)+\alpha\Omega(w)$。常用的惩罚项如下所示。

- **L^2 正则化**：惩罚项 $\Omega=\frac{1}{2}\|w\|^2$，在回归文献中，称为岭回归（**ridge regression**）。

- **L^1 正则化**：惩罚项 $\Omega=\|w\|_1=\sum_i w_i$，称为**套索回归**（**lasso regression**）。

L^1 正则化会得到稀疏解。也就是说，它会将许多权重设置为零，因此对于回归问题来说，它是一种很好的特征选择方法。

（3）早停法

随着大型神经网络的训练，训练误差会随着时间的推移逐渐减小，但验证集误差在某些迭代之后会开始增大，如图 2.30 所示。

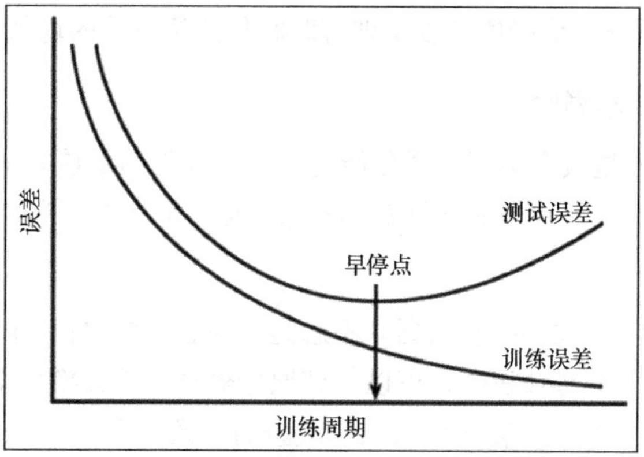

图 2.30

如果在验证集误差开始增加的时候停止训练，那么我们就可以得到一个泛化性能更好的模型，这被称为**早停法**。它由一个忍耐超参数控制，该参数用于设置在终止训练之前观察到的不断增加的验证集错误的次数。早停法可以单独使用，也可以与其他正则化策略结合使用。

（4）丢弃

在深度神经网络中，丢弃（dropout）是一种计算成本低并且功能强大的正则化方法。它可以单独应用于输入层和隐层。在向前传播的过程中，丢弃通过随机设置节点的输出为零来屏蔽一个层中部分节点的输出。这等同于从一个层中删除一些节点，并创建一个节点更少的新神经网络。通常来说，输入层会丢弃 20%的节点，隐层最多可以丢弃 50%的节点。

模型平均（集成方法）是机器学习中常用的一种方法，它通过组合多个模型的输出来减少泛化误差。套袋法（Bagging）是一种集成方法，它利用训练集中的随机抽样和替换来构造 k 个不同的数据集，并对每个数据集分别训练 k 个模型。特别地，对于一个回归问题，模型的最终输出是 k 个模型输出的平均值。另外还存在其他的组合策略。

丢弃也可以认为是一种模型平均方法，它通过在应用的基础模型的一些层上改变激活节点的个数来创造出多个模型。

（5）批量归一化

在机器学习中，在将输入的训练数据提供给模型进行训练之前对其进行缩放和标准化是一种常见的做法。对于神经网络来说，缩放也是预处理的一个步骤，并且能在一定程度上提高模型性能。将数据传递给一个隐层之前也能应用同样的技巧吗？批量归一化就是基于这种思想。它将上一层的激活输出减去激活项的小批次均值 μ，再除以小批次的标准差 σ，从而对上一层的输出进行归一化。在预测阶段，可能一次只有一个实例，因此无法计算批量均值 μ 和批量标准差 σ。这些值可以用训练时收集的所有值的均值代替。

（6）我们需要更多数据吗

让一个神经网络模型具有更好的泛化能力或测试性能的最佳方法是用更多的数据对其进行训练。但是在实践中，我们的训练数据非常有限。以下是一些常用的获取更多训练数据的策略。

- **合成训练实例**。生成训练假数据并不总是一件容易的事情。但是对于某些类型的数据，例如图像、视频或语音，可以对其原始数据应用转换来生成新数据。例如，可以对图像进行平移、旋转或缩放以生成新的图像样本。
- **噪声训练**。在训练数据中加入受控随机噪声是另一种常用的数据增强策略。噪声也可以添加到神经网络的隐层中。

2.5.16　神经网络的超参数

神经网络的架构级参数，如隐层数量、每个隐层的单元数，以及与训练相关的参数（学习速率、优化算法、优化参数——动量、L^1 和 L^2 正则化、丢弃），统称为神经网络的**超参数**。神经网络的权值称为神经网络的**参数**。一些超参数会影响算法训练的时间和代价，以及模型的泛化性能。

自动超参数微调

许多方法被开发出来用于超参数微调。但是其中大多数方法需要为每个超参数指定一个特定的值范围。大多数超参数可以通过理解它们对模型容量的影响来进行设置。

网格搜索

网格搜索是通过超参数空间的人工指定子集进行的穷举搜索。网格搜索算法需要一个性能指标，例如交叉验证误差或验证集误差，以评估可能的最佳参数。通常，网格搜索涉及在对数尺度上对参数进行选择。例如学习速率可以从集合{0.1,0.01,0.001,0.0001}中选取，隐单元的数量可以从集合{50,100,200,500,1000,…}中选取。网格搜索的计算成本会随着超参数的数量的增加呈指数增长。另一种流行的技术是随机网格搜索，它能够从所有指定的参数范围内抽取固定数量的参数样本。当我们有高维超参数空间时，随机网格搜索比穷举搜索更好。

2.6 总结

本章讨论了很多关于深度学习的基础知识。本章的主旨是向读者介绍与深度学习相关的核心概念和术语。本章首先简要介绍了深度学习，然后研究了当今深度学习领域中流行的框架。同时本章也包含设置你自己的深度学习环境来基于 GPU 开发和训练深度学习模型的详细步骤。

最后本章讨论了神经网络的基本概念，包括线性和非线性神经元、数据表示、链式法则、损失函数、多层网络和 SGD。本章内容也包含神经网络学习中的挑战，包括对常见的局部极小值和梯度爆炸问题进行预警。我们研究了神经网络中的过拟合和欠拟合问题，以及处理这些问题的策略；然后讨论了神经网络单元常用的初始化启发式算法；最后探索了一些新的优化技术，它们是对普通 SGD 的改进，包括 RMSprop 和 Adam 等常用算法。

在第 3 章中，我们将探索围绕深度学习模型的不同架构，这些模型可用于解决不同类型的问题。

第 3 章
理解深度学习架构

本章将着重理解当今深度学习中的各种架构。神经网络的成功在很大程度上取决于精心设计的神经网络体系结构。自 20 世纪 60 年代传统的**人工神经网络**（**Artificial Neural Network，ANN**）以来，我们已经走了很长一段路。本书内容将覆盖基本的模型架构，如全连接深度神经网络、**卷积神经网络**、**递归神经网络**、**长短时记忆网络**，同时也会包含最新的胶囊网络的相关内容。

本章我们将讨论以下主题：

- 为什么神经网络体系结构设计很重要；
- 各种流行的架构设计和应用。

3.1 神经网络架构

架构这个词指的是神经网络的总体结构，包括它可以有多少层，层中的单元应该如何相互连接（例如跨连续层的神经单元可以全连接、部分连接，或者完全跳过下一层与网络中一个更高层级的层连接）。随着模块化深度学习框架（如 Caffe、Torch 和 TensorFlow 框架）的出现，复杂的神经网络设计发生了革命性的变化。我们可以将神经网络设计比作搭建乐高积木，在其中你几乎可以构建任何你能想象到的结构。然而这些设计并不是随机的猜测，其背后的灵感通常是由设计师对问题的领域知识驱动的，同时还要经过一些尝试和试错来对最终的设计进行调优。

为什么需要不同的架构

一个前馈多层神经网络具有学习一个大假设空间和提取每一个非线性隐层复杂特征的

能力。那么为什么我们需要不同的架构呢？让我们试着去理解这一点。

特征工程是**机器学习**的一个重要方面。如果特征太少或不相关，可能会发生欠拟合；如果特征太多，可能会产生过拟合。创建一个良好的、手动制作的特征集是一项单调、耗时和迭代的任务。

深度学习承诺在提供足够数量的数据的情况下，深度学习模型能够自动找出正确的特征集，即一个复杂性递增的特征层次结构。深度学习的承诺是真实的，但也有一点误导性。深度学习确实在许多场景中简化了特征工程，但它肯定没有完全消除对特征工程的需求。随着人工特征工程的减少，神经网络模型体系结构自身也变得越来越复杂，从而特定的架构被设计出来解决特定的问题。架构工程是一种比手动特征工程更通用的方法。与特征工程不同，在架构工程中，领域知识不是硬编码为特定的特征，而是仅在抽象层级中使用。例如如果我们处理图像数据，那么关于数据的一个非常高层级的信息是对象像素的二维局部性，另一个是平移不变性。换言之，将猫的图像移动几个像素仍然可以保持猫的形象。

在特征工程方法中，我们必须使用非常特别的特征，例如边缘检测器、边角检测器，以及各种平滑滤波器来为所有图像处理或计算机视觉任务构建一个分类器。对于神经网络，我们如何才能编码二维局部性和平移不变性信息呢？如果在输入数据层之前放置一个密集的全连接层，则图像中的每个像素都会连接到密集层中的每个单元。但是来自两个空间遥远的物体的像素不需要连接到同一个隐藏单元。这可能是一个经过长时间的大量数据训练后，能够使权值稀疏化的 L1 正则化较强的神经网络。我们可以将架构设计为限制到只能和下一层进行局部连接。一小组相邻的像素（例如一个 10×10 子图像的像素）可能和隐层的一个单元连接。由于平移不变性，这些连接中使用的权重可以复用。卷积神经网络就是这么做的。这种权重复用策略还有其他好处，例如能够显著降低模型参数的数量，这有助于模型的泛化。

我们再举一个抽象领域知识如何硬编码到神经网络的例子。假设我们拥有时间数据或序列数据，一个正常的前馈网络会将每个输入示例视为独立于前一个的输入。因此所有学习的隐藏特征表示也应该依赖于数据的历史，而不仅仅是当前数据。因此神经网络应该有一些后馈循环或记忆。这一关键思想产生了递归神经网络架构及其现代鲁棒变体，如 LSTM 网络。

其他高级的机器学习问题，如语音翻译、问答系统和关系建模，都要求开发各种各样的深度学习架构。

3.2 各种神经网络架构

现在我们来看看一些流行的神经网络架构及其应用。我们将从**多层感知机**网络开始。我们已经介绍过了单层感知机网络，它是最基本的神经网络结构。

3.2.1 多层感知机和深度神经网络

多层感知机或简单**深度神经网络**是神经网络架构的最基本形式。神经单元层层排列，相邻网络层之间完全连接。这在第 2 章中已经详细讨论过，如图 3.1 所示。

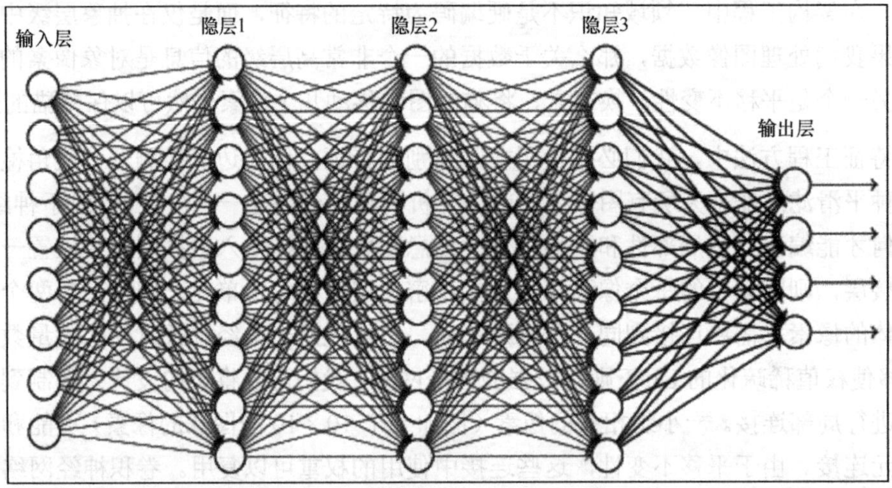

图 3.1

3.2.2 自编码神经网络

自编码通常用于降低神经网络中数据的维数。自编码器也适用于异常检测和新异类检测问题。**自编码神经网络**属于无监督学习类别，其中目标值被设置为等于输入值。换句话说，我们要学习恒等函数，以获得一个数据的紧凑表示。

神经网络通过最小化输入和输出之间的差值来对网络进行训练。一个典型的自编码器架构是深度神经网络架构的一个微小变体，其中每个隐层的单元数逐渐减少，直到某一点才逐渐增加，最终层的维数等于输入层的维数。这背后的关键思想是引入网络中的瓶颈，并迫使它学习有意义的紧凑表示。隐单元的中间层（瓶颈）基本上是输入的降维编码，前半部分的隐层被称为**编码器**，后半部分的隐层被称为**解码器**。图 3.2 所示描述了一个简单的自编码器架构，被命名为 **z** 的图层是表示层。

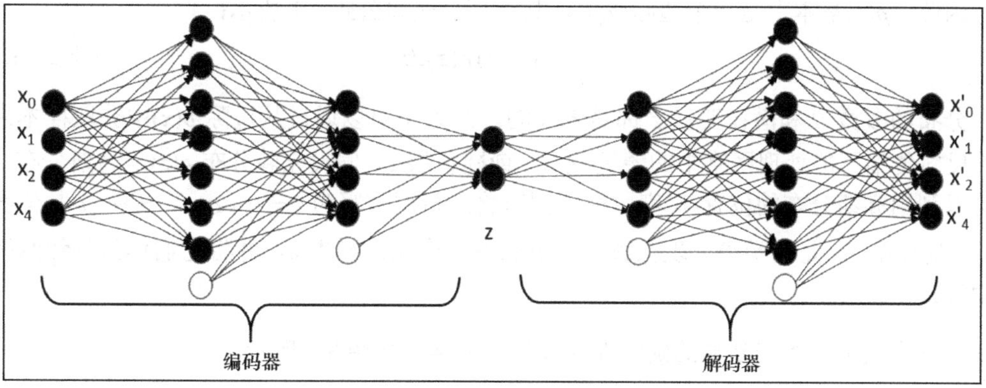

图 3.2

3.2.3 变分自编码器

非常深的自编码器很难训练，而且容易过拟合。改善自编码器的训练方式已经得到了很好的发展，例如使用**限制性玻尔兹曼机**（**Restricted Boltzmann Machine，RBM**）进行生成预训练。**变分自编码器**（**Variational Auto-Encoder，VAE**）也是生成模型，与其他深度生成模型相比，VAE 计算简单且稳定，并且可以通过有效的反向传播算法进行估计。它们受到贝叶斯分析中变分推理思想的启发。

变分推理的思想是：给定输入分布 x、输出 y 的后验概率分布过于复杂且难以处理，因此我们用一个更简单的分布 $q(y)$来近似这个复杂的后验函数 $p(y|x)$。此处的 q 是从一系列最接近的后验分布 Q 中选取的。例如这项技术被用于训练**潜在狄利克雷分布模型**（**Latent Dirichlet Auocation，LDA**）。该模型能够对文本进行主题建模，并且是贝叶斯生成模型。然而经典变分推理的一个关键限制是需要似然和先验是共轭的，以便进行可跟踪优化。VAE 引入了使用神经网络来输出条件后验（Kingma 和 Welling，2013），从而允许使用 **SGD** 和反向传播对变分推理目标进行优化，这种方法被称为**再参数化技巧**。

给定一个数据集 X，VAE 可以生成类似的新样本，但新样本不一定和 X 中的样本相等。X 有 N 个**独立同分布**（**Independent and Identically Distributed，IID**）样本的连续或离散随机变量 x。我们假设数据由一些随机过程生成，并且涉及一个未被观察到的连续随机变量 z。在这个简单的自编码器例子中，变量 z 是一个确定的随机变量。数据生成分为以下两个步骤：

- 一个 z 的值由一个先验分布 $\rho_\theta(z)$生成；

- 一个 x 的值由条件分布 $\rho_\theta(x|z)$生成。

因此，$\rho(x)$基本上是一个边际概率，其计算公式如公式 3.1 所示：

$$\int p_\theta(x\,|\,z)p(z)dz \qquad \text{（公式 3.1）}$$

分布的参数 θ 和潜在变量 z 都是未知的。此处 x 可以通过从边际 $p(x)$中获取样本来生成。反向传播不能处理网络中的随机变量 z 或随机层 z。假设先验分布 $p(z)$是高斯分布，我们可以利用高斯分布的位置-尺度属性，同时将随机层重写为 $z=\mu+\sigma\varepsilon$，其中 μ 是位置参数，σ 是尺度，ε 是白噪声。现在我们可以获取多个噪声样本 ε，并将它们作为神经网络的确定输入。

接下来模型变为端到端的确定性深度神经网络，如图 3.3 所示。

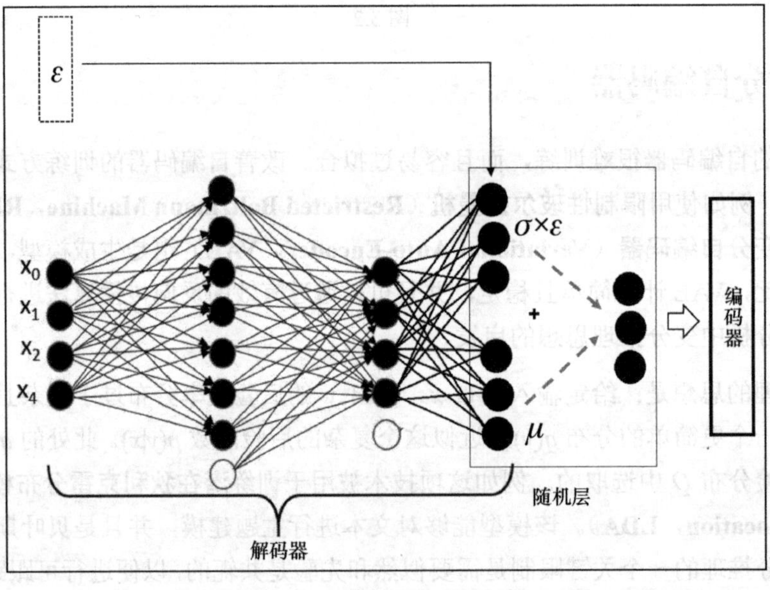

图 3.3

此处的解码器部分与我们前面看到的简单自编码器的情况相同。那么用于训练这个网络的损失函数是什么？由于这是一个概率模型，最直接的方法是通过边际 $p(x)$的最大似然来推导损失函数。然而这个函数将变得很难计算出来。因此我们可以将一项变分推理技术应用到下界 L。边际似然是派生的，那么损失函数是通过最大化下界 L 派生的。相关理论细节可以在 Kingma 和其合著者的论文 *Auto-Encoding Variational Bayes* 中找到。VAE 被成功地应用于各个领域。例如文本的深层语义哈希由 VAE 完成，此时一个文本文档被转换为二进制代码。相似的文档具有相似的二进制地址，因此这些代码可以用于更快更有效的检索，同样也可用于文档的聚类和分类。

3.2.4 生成式对抗网络

自 Ian Goodfellow 和他的合著者在 2014 年的 NIPS 论文中首次提出**生成式对抗网络**（**Generative Adversarial Network，GAN**）以来，这种网络架构受到了广泛的欢迎，现在我们可以看到生成式对抗网络在各个领域的应用。来自 Insilicon Medicine 公司的研究人员提出了一种利用生成式对抗网络进行人工药物开发的方法，他们还发现了其在图像处理和视频处理方面的应用，如图像风格迁移和**深度卷积生成式对抗网络**（**Deep Convolutional Generative Adversarial Network，DCGAN**）。

顾名思义，这是另一种使用神经网络的生成模型。生成式对抗网络有两个主要的组成部分：一个生成器神经网络和一个鉴别器神经网络。生成器网络接收随机噪声输入并尝试生成数据样本。鉴别器网络将生成的数据与真实数据进行比较，并利用 S 形曲线函数输出激活，来解决生成数据是否为假的二元分类问题。生成器和鉴别器不断竞争并尝试欺骗对方，这就是生成式对抗网络（也被称为**对抗网络**）的原因。这种竞争促使两个网络提高各自的权重，直到鉴别器开始输出的概率为 0.5，即生成器开始生成真实的图像。两个网络通过反向传播法同时训练，图 3.4 所示为一个生成式对抗网络的高层结构。

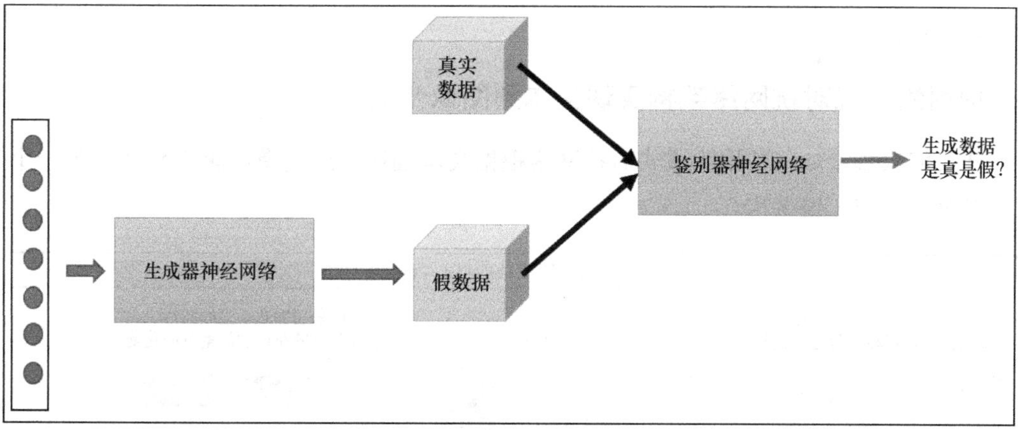

图 3.4

训练这些网络的损失函数如公式 3.2 所示。设 p_{data} 为数据的概率分布，p_g 为生成器分布，$D(x)$表示 x 来自 p_{data} 而不是 p_g 的概率。训练 D 的目的是使训练实例和 G 的样本分配到正确标签的概率最大化，训练 G 的目的是使 $\log(1-D(G(z)))$ 最小化。因此 D 和 G 在玩一个值函数为 $V(D,G)$的二人极大极小值游戏：

$$\min_G \max_D V(D,G) = E_{x\sim p_{data}(x)}[\log(D(x))] + E_{x\sim p_g(x)}[\log(1-D(G(x)))] \quad （公式 3.2）$$

可以证明当 $p_g = p_{data}$ 时，极小极大值游戏有全局最优解。

伪代码片段 3.1 展示了使用向后传播法训练一个生成式对抗网络来获得目标值的算法：

代码片段 3.1

```
for N epochs do:

# 首先更新鉴别器网络
      for k steps do:

            来自噪声分布 pg(z)的 m 个小批次噪声样本{z(1),…,z(m)}
            来自数据生成分布 pdata(x)的 m 个小批次实例{x(1),…,x(m)}
            使用以下公式更新鉴别器：
```

$$\nabla_{\theta_d}\left[\frac{1}{m}\sum_{i=1}^{m}[\log(D(x^i)) + \log(1 - D(G(z^i)))]\right]$$

```
      end for
            来自噪声分布 pg(z)的 m 个小批次噪声样本{z(1),…,z(m)}
            通过降低随机梯度来更新生成器的公式如下：
```

$$\nabla_{\theta_g}\frac{1}{m}\sum_{i=1}^{m}[\log(1 - D(G(z^i)))]$$

```
end for
```

使用生成式对抗网络架构实现文本到图像合成

让我们来查看如何使用生成式对抗网络根据文本描述生成图像，图 3.5 所示为一个生成式对抗网络的完整架构。

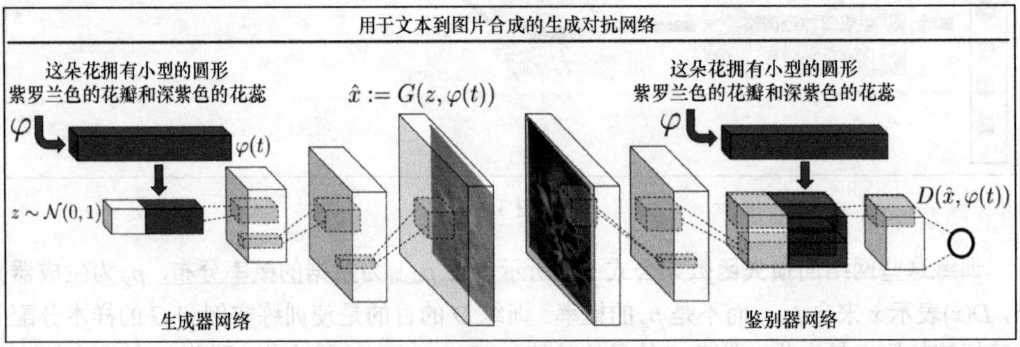

图 3.5

这是条件生成式对抗网络的一种。其中的生成器网络接收带有噪声向量的输入文本来生成图像，生成的图像取决于输入的文本。图像描述通过使用一个嵌入层 $\varphi(t)$来转换为密集向量。它使用一个全连接层进行压缩，然后与噪声向量连接。鉴别器网络是一个卷积神经网络，同时生成器网络的结构使用的反卷积层与卷积神经网络中使用的反卷积层有相同的过滤器。反卷积可以说是一个转置卷积，我们在后续的内容中将会对其进行讨论。

3.2.5 卷积神经网络

卷积神经网络是一种多层神经网络，专门用于识别二维图像数据中对平移、缩放和旋转具有高度不变性的形状模式。这种网络需要用监督算法进行训练。通常来说，一组有标记的对象类（如 MNIST 数据集或 ImageNet 数据集）会被提供作为训练集。任何卷积神经网络模型的关键都是卷积层和子采样或池化层。下面让我们来详细了解在这些层中执行的操作。

1. 卷积运算

卷积神经网络的核心思想是**卷积**数学运算，卷积是一种特殊的线性运算。它被广泛应用于许多领域，包括物理、统计、计算机视觉、图像和信号处理。为了理解这一点，让我们从一个例子开始。一个有噪声的激光传感器正在跟踪宇宙飞船的位置，为了更好地估计宇宙飞船的位置，我们可以取几个读数的均值，其中越靠近的观测值，其权重越高。设 $x(t)$ 表示宇宙飞船在时间 t 时的位置，而 $w(t)$为权重函数。

位置的估计可以由公式 3.3 表示如下：

$$s(t)=\sum_{a=-\infty}^{\infty}x(a)w(t-a) \qquad \text{（公式 3.3）}$$

在公式中，权重函数 $w(t)$被称为卷积的**核**。我们可以用卷积计算位置传感器数据的**简单移动均值（Simple Moving Average，SMA）**。设 m 为 SMA 的窗口大小。

权重函数可以用公式 3.4 定义如下：

$$w(t)=\begin{cases}1/m & ,0\leqslant t\leqslant m\\ 0 & ,\text{其他}\end{cases} \qquad \text{（公式 3.4）}$$

代码片段 3.2 使用了 NumPy 类库实现的卷积 SMA：

代码片段 3.2

```
x = [1, 2, 3, 4, 5, 6, 7]
m = 3 #moving average window size
sma = np.convolve(x, np.ones((m,))/m, mode='valid')
#Outputs
#array([ 2., 3., 4., 5., 6.])
```

在深度学习中，输入通常是多维数据数组，而核通常是由训练算法学习的多维参数数组。虽然我们在卷积公式中有一个无穷求和，但在实际实现中，权重函数的值仅在有限子集处的值非零，与在 SMA 中的情况一样。因此公式中的求和变成了有限求和。卷积可以应用于多个轴。如果我们有一个二维图像 I 和一个二维光滑核 K，那么卷积图像的计算公式如公式 3.5 所示：

$$S(i,j)=\sum_{m}\sum_{n}I(m,n)K(i-m,j-n) \qquad \text{（公式 3.5）}$$

同样地，计算公式也可以如公式 3.6 所示：

$$S(i,j)=\sum_{m}\sum_{n}I(i-m,j-n)K(m,n) \qquad \text{（公式 3.6）}$$

图 3.6 所示解释了当核尺寸为 2、步长为 1 时，卷积层输出是如何计算的。

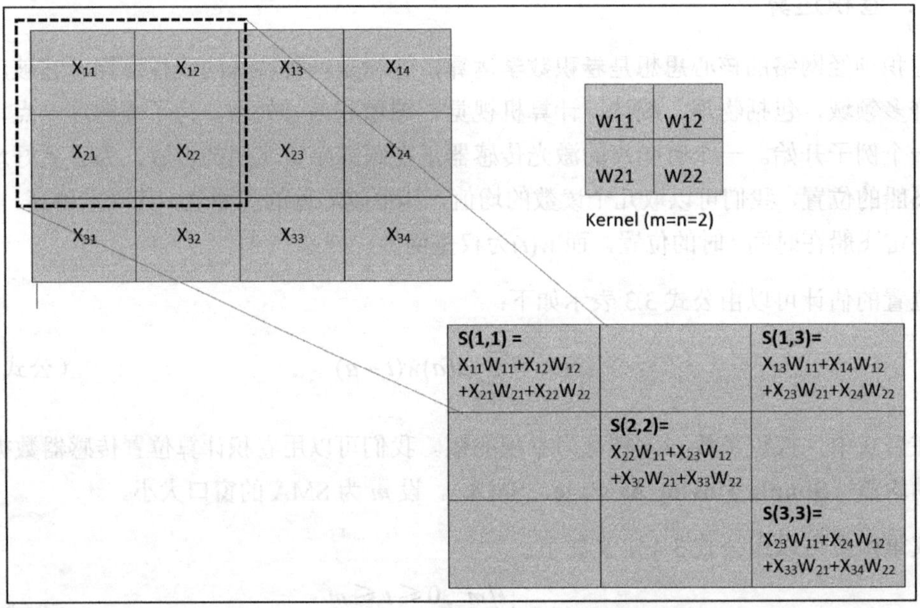

图 3.6

2．卷积的步长和填充模式

卷积核通过每次在输入体积上移动一列或一行来进行卷积。过滤器每次移动的量被称为**步长**。在前面的场景中，步长被默认设置为 1。如果我们以步长为 2（两行或者两列）来移动过滤器，输出单元的数量将会减少，如图 3.7 所示。

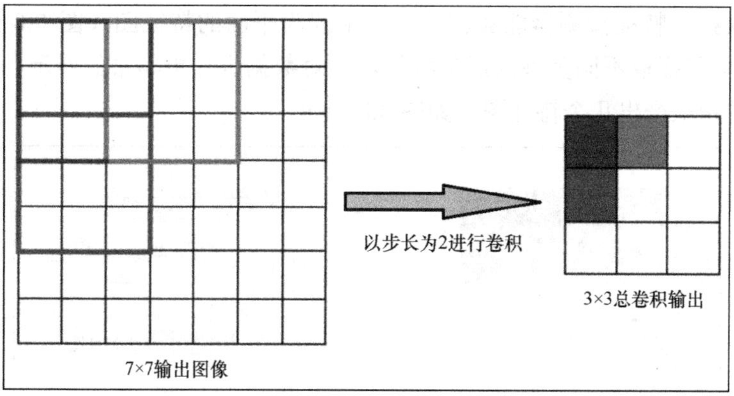

图 3.7

卷积运算会减小输入的大小。如果我们想要保持输入的大小，我们需要在输入的周围填充一圈 0。对于一张二维图片来说，这意味着围绕图片的四周增加一个 0 像素的边框。边框的厚度（即增加的像素行的数量）依赖于运用的核大小。任何卷积运算的实现通常来说都会接收一个 mode 参数来指明填充的类型，填充的类型有以下两种。

- SAME。标明输出大小和输入大小一致。这需要过滤器窗口滑出输入映射，因此需要填充。
- VALID。标明过滤器窗口保留在输入映射的有效位置内，因此输出大小会缩小（filter_size 减 1），无须填充。

在前面的一维卷积代码中，我们将模式设置为了 VALID，因此没有进行填充。读者也可以尝试进行 SAME 填充。

3. 卷积层

一个卷积层包含以下 3 个主要阶段，每个阶段都会对一个多层网络施加一些结构性限制。

- **特征提取**。每个单元和上一层的本地接收域进行连接，从而迫使网络提取局部特性。如果我们有一个 32×32 的图像，接收域的大小为 4×4，那么一个隐层将连接到前一层的 16 个单元，我们总共将有 28×28 个隐单元。因此输入层与隐层之间有 28×28×16 个连接，这是这两层之间参数（每个连接的权重）的数量。如果它是一个全连接的密集隐层，则将有 32×32×28×28 个参数。在这个架构的约束下，我们可以显著减少参数的数量。这个局部线性激活的输出是通过一个非线性激活函数来运行的，如 ReLU 函数。这个阶段有时被称为**检测器阶段**。一旦学习了特征检测器，只要特征相对于其他特征的位置被保留，那么在从未见过的图像中，特征的准确位置就不重要了。与隐神经元接收域相关的突触权重是卷积的核。

- **特征映射**。特征检测器能够创建一个形式为平面的特征图（图 3.8 所示的绿色平面），为了提取不同类型的局部特征，并对数据进行更丰富的展示，需要并行进行几次卷积来产出几个特征图，如图 3.8 所示。

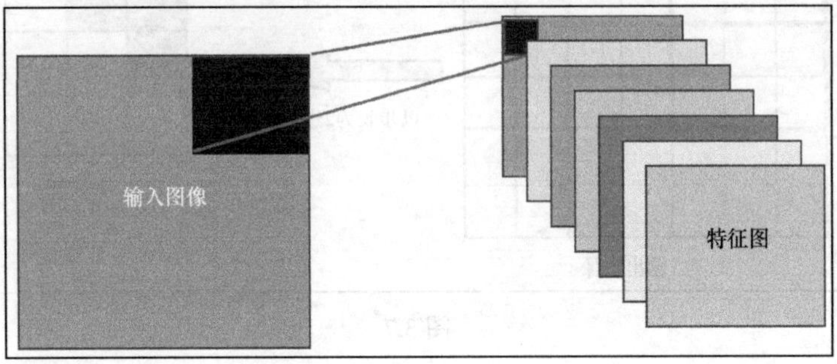

图 3.8

- **池化子采样**。该阶段由一个计算层完成，该计算层通过用附近单元的汇总统计信息来替换特定位置的特征检测器单元，对特征检测器的输出进行子采样。摘要统计数据可以是最大值，也可以是均值。这种操作降低了特征映射输出到简单畸变（例如线性移位和旋转）的敏感度，池化引入了不变性，如图 3.9 所示。

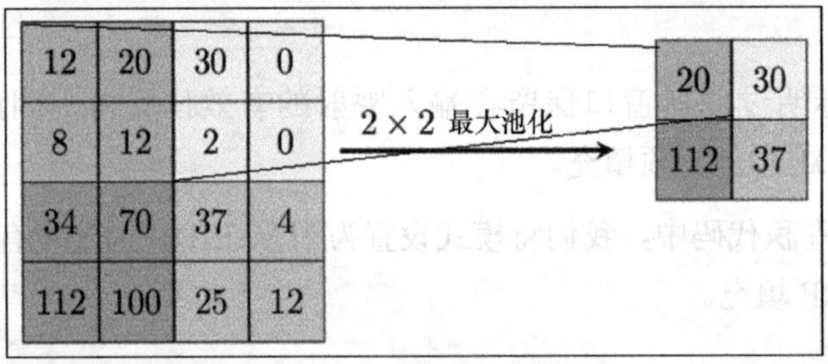

图 3.9

综合这 3 个阶段，我们就得到了卷积神经网络中的一个复杂层，这 3 个阶段中的每一个阶段都是独立的简单层，如图 3.10 所示。

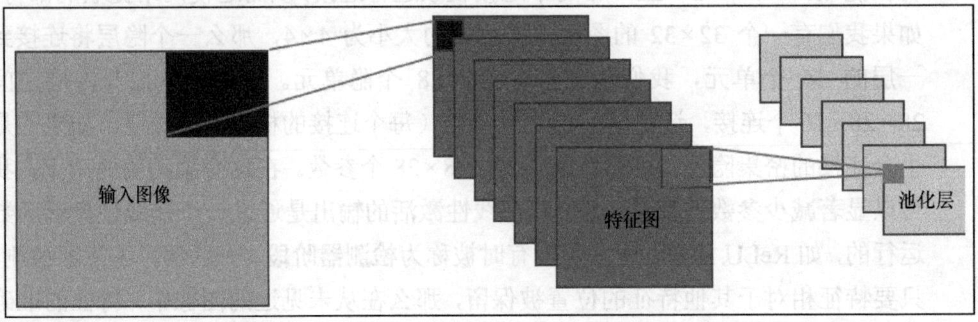

图 3.10

池化后的特征映射可以通过将其并排堆叠在一起放入一个卷中来实现，如图 3.11 所示，接着我们可以对其应用下一层卷积。现在单个特征图中隐单元的接收域将是一个神经单元卷，然而同样的一组二维权重将在深度上被使用。深度维度通常由通道组成。如果我们有一个 RGB 输入图像，那么我们的输入本身将有 3 个通道。但是卷积是在二维上使用，并且所有通道共享权值。

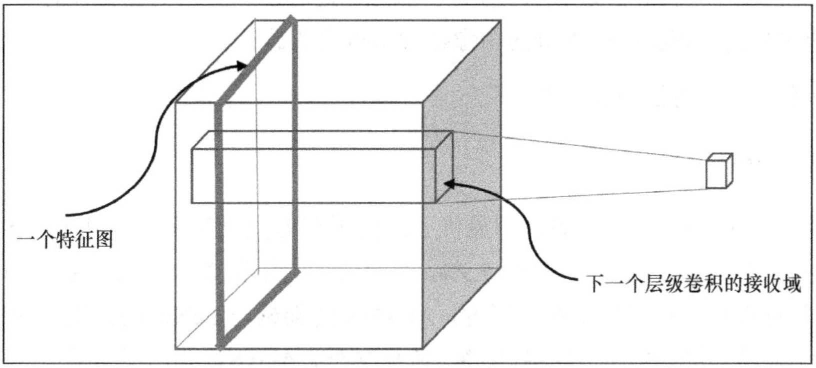

图 3.11

4. LeNet 网络架构

LeNet 网络架构是一个开创性的 7 层卷积网络，由 LeCun 和他的合作者于 1998 年设计，被用于数字分类，后来它被几家银行用于识别支票上的手写数字。网络的低层由交替卷积层和最大池化层组成。

上层是完全连接的、密集的多层感知机（由隐层和逻辑回归构成）。第一个全连通层的输入是前一层所有特征图的集合，如图 3.12 所示。

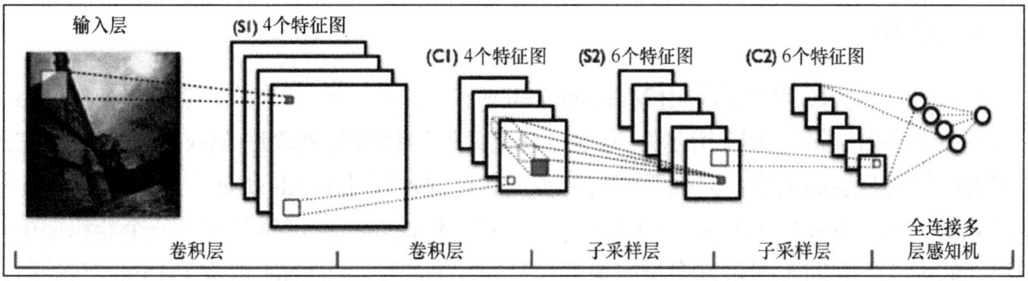

图 3.12

在卷积神经网络成功应用于数字分类之后，研究者们致力于构建能够对来自 ImageNet 的图像进行分类的更复杂的架构。ImageNet 是一个根据 WordNet 层级结构（目前仅包括名词）组织的图像数据库，其中层级结构的每个节点都由数百或数千个图像描述。ImageNet 项目每年都会举办一场名为 **ImageNet 大规模视觉识别挑战赛**（**ImageNet Large Scale Visual Recognition Challenge**，**ILSVRC**）的软件竞赛，竞赛会评价大规模目标检测和图像分类的算法。评价标准为最高得分 ÷ 前 5 名得分，这些得分是通过从最后一个密集的 softmax 层中获取的卷积神经网络的预测得出的。如果目标标签是前 5 个预测（概率最高的 5 个预测）之一，就被认为是预测成功的。前 5 名的得分是通过计算预测标签（前 5 名）与目标标签匹配的次数，并将其除以评价的图像数量来得出的。

最高得分的计算方法与此类似。

5．AlexNet

2012 年，AlexNet 模型的表现明显优于之前所有的竞争对手，同时在 ILSVRC 中，AlexNet 将排名前 5 的错误率降低到 15.3%，而第二名的错误率为 26%。这项工作大大提升了 CNN 在计算机视觉领域的受欢迎程度。AlexNet 的架构与 LeNet 的架构非常相似，但是前者每层有更多的过滤器，而且层数更深。除此之外，AlexNet 引入了堆叠卷积的使用，而不是总是使用交替卷积池化。由于引入了更多的非线性和更少的参数，因此堆叠的小型卷积比一个大型的卷积层接收域要好。

假设我们有 3 个相互重叠的 3×3 卷积层（它们之间包含非线性或池化层）。第一个卷积层上的每个神经元都有一个 3×3 大小的输入体积视图；第二个卷积层上的神经元具有第一个卷积层的 3×3 大小的视图，因此具有 5×5 大小的输入体积视图；类似地，第三个卷积层上的神经元有第二个卷积层的一个 3×3 大小的视图，因此具有一个 7×7 大小的输入体积视图。显然一个 7×7 接收域的参数数量是 49，而 3 个堆叠的 3×3 卷积的参数数量是 $3\times(3\times3)=27$。

6．ZFNet

2013 年 ILSVRC 获胜的是由 Matthew Zeiler 和 Rob Fergus 带来的一个卷积神经网络，它被称为 **ZFNet**（如图 3.13 所示）。它通过调整架构的超参数来改进 AlexNet，特别是它通过扩大中间卷积层的大小，来使第一层的步长和过滤器尺寸从 AlexNet 中的尺寸 11×11 和步长 4 缩小到 ZFNet 中的尺寸 7×7 和步长 2。这些修改背后的灵感是在第一个卷积层中较小尺寸的过滤器有助于保留许多原始像素信息。除此之外，AlexNet 训练了 1500 万张图片，而 ZFNet 只训练了 130 万张图片。

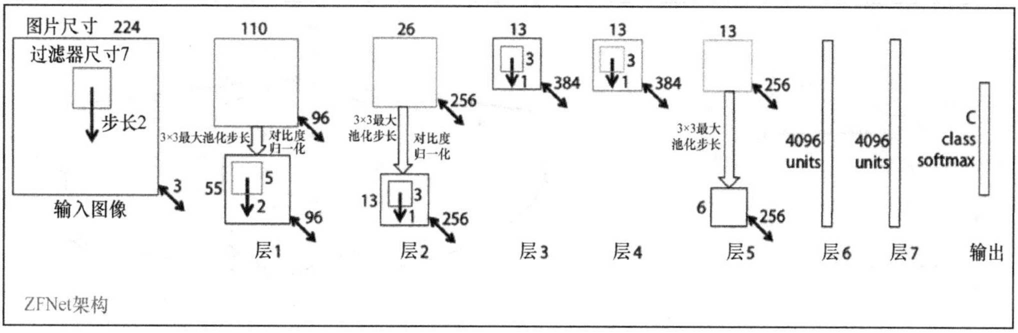

图 3.13

7. GoogLeNet（inception 网络）

2014 年的 ILSVRC 获胜的是来自谷歌公司的一个名为 **GoogLeNet** 的卷积网络，它将前 5 名错误率降低到 6.67%，这是非常接近人类水平的数据。亚军是由 Karen Simonyan 和 Andrew Zisserman 带来的 **VGGNet** 网络。GoogLeNet 使用 CNN 引入了一个新的架构组件——**inception 层**。inception 层背后的灵感是使用更大的卷积，但同时也为图像上更小的信息保持一个良好的分辨率。

因此我们可以使用不同大小的内核并行卷积，从 1×1 开始，然后到更大的卷积尺寸，例如 5×5，输出被连接起来产生下一层，如图 3.14 所示。

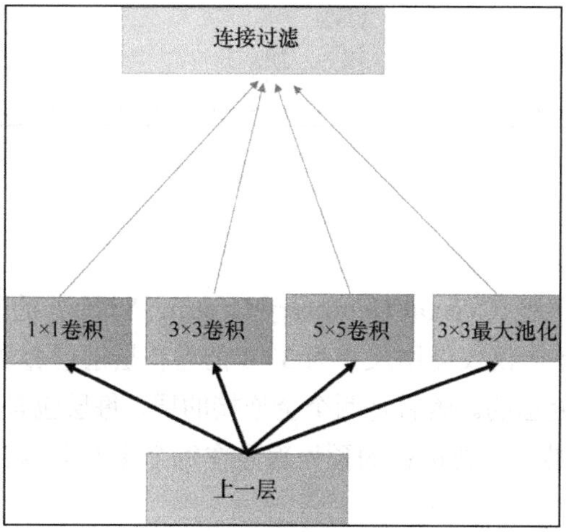

图 3.14

显然，添加更多层会使参数空间膨胀爆炸。为了控制这一点，需要使用一个降维技巧。需要注意的是，1×1 卷积基本上不会减少图像的空间维度。但是我们可以使用 1×1 过滤器来减少特征图的数量，并减少卷积层的深度，如图 3.15 所示。

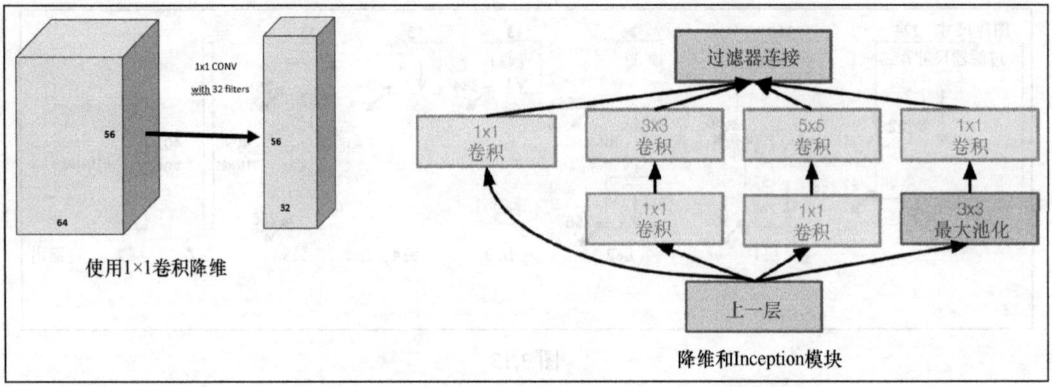

图 3.15

图 3.16 所示描述了完整的 GoogLeNet 架构。

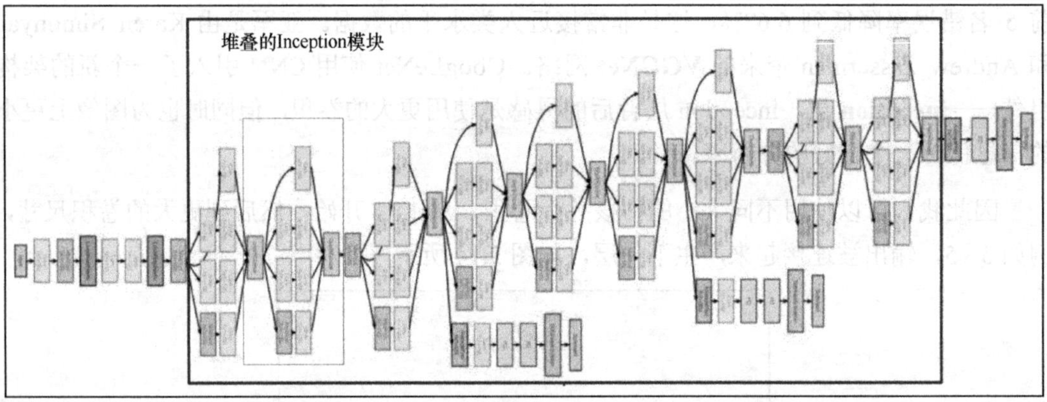

图 3.16

8．VGG

牛津大学视觉几何小组（**Visual Geometry Group**，**VGG**）的研究人员开发了 VGG 网络。该网络的特点是简单，仅仅使用尺寸为 3×3 的卷积层层层叠加来增加深度。减少卷大小是通过最大池化层来处理的。然后是两个全连接的层，每层包含 4096 个节点，最后是一个 softmax 层。对输入唯一需要进行的预处理是在每个像素上减去从训练集上计算得到的 RGB 均值。

池化是通过最大池化层来实现的，它位于一些卷积层之后，但并不是所有的卷积层之后都有最大池化层。最大池化操作是在一个 2 像素×2 像素的窗口上执行的，步长为 2。每个隐藏层都使用 ReLU 激活函数。在大多数 VGG 变体中，过滤器的数量随深度增加而增加。图 3.17 所示为 16 层架构 VGG-16。接下来我们将展示具有一致 3×3 卷积的 19 层架构

(VGG-19)以及 ResNet。VGG 模型的成功证实了图像表示中深度的重要性。

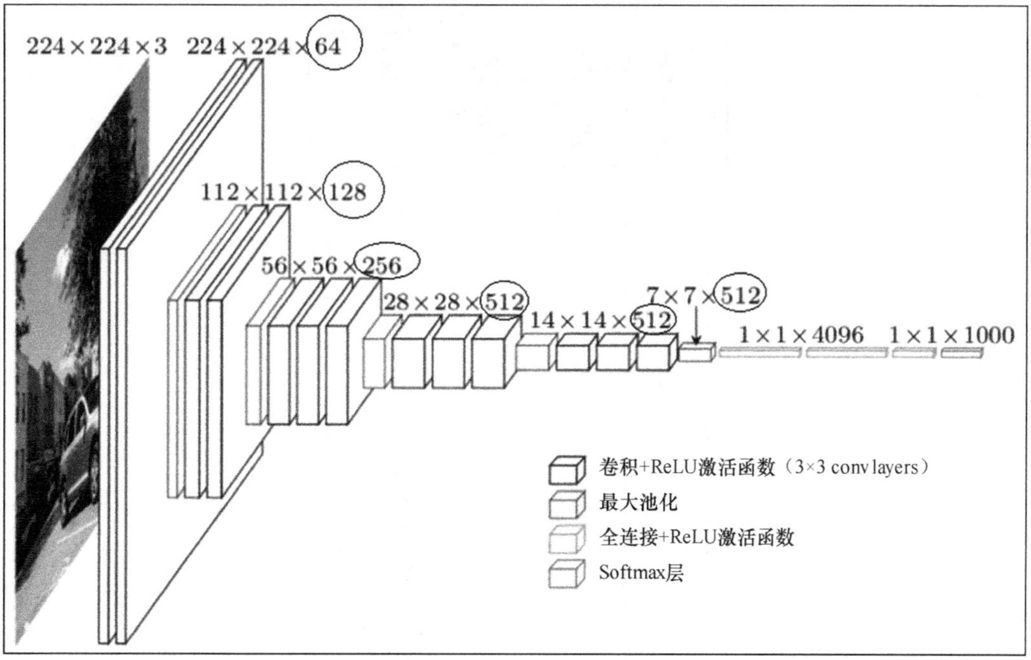

图 3.17

9. 残差神经网络

在 2015 年的 ILSVRC 中,何凯明和来自微软亚洲研究院的合作者们介绍了一种具有跳跃连接和批量归一化的新型 CNN 架构,被称为**残差神经网络(Residual Neural Network,ResNet)**。使用该架构,他们能够训练一个 152 层的神经网络(比 VGG 网络深 8 倍),同时比 VGG 网络的复杂度低。它的前 5 名错误率达到了 3.57%,超过了该数据集上人类水平的数据。

该架构的主要思想如图 3.18 所示。他们并没有期望一组堆叠的层能够直接拟合一个期望的底层映射 $H(x)$,而是尝试拟合一个残差映射。更准确地说,他们让堆叠的层集合学习残差 $R(x)=H(x)-x$,然后通过跳过连接来获得真正的映射,最后将输入和学习到的残差相加 $R(x)+x$。

此外,批量归一化在每个卷积之后、激活之前进行运用。

图 3.19 所示为完整的残差网络和 VGG-19 网络的对比。虚线跳跃连接展示了维度的增加,为了使维度有效增加,因此不需要填充。维度的增加也可以通过颜色的变化来表示。

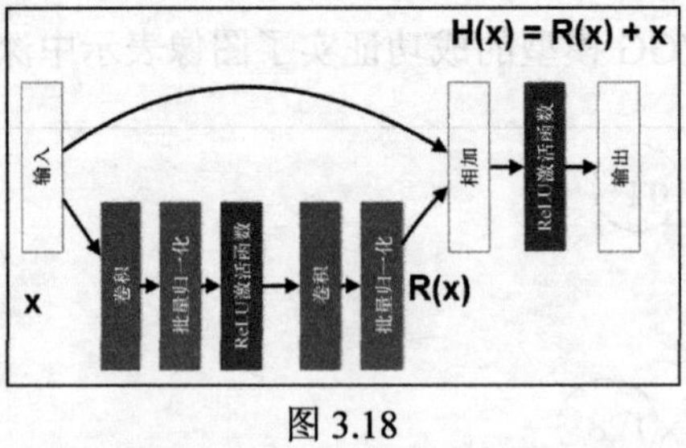
H(x) = R(x) + x
输入
x
卷积
批量归一化
ReLU激活函数
卷积
批量归一化
R(x)
相加
ReLU激活函数
输出

图 3.18

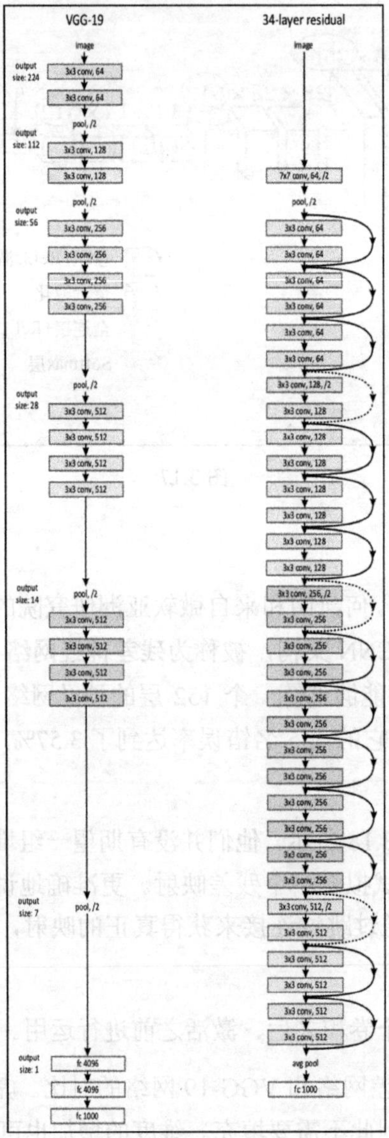
VGG-19
image
output size: 224
3x3 conv, 64
3x3 conv, 64
pool, /2
output size: 112
3x3 conv, 128
3x3 conv, 128
pool, /2
output size: 56
3x3 conv, 256
3x3 conv, 256
3x3 conv, 256
3x3 conv, 256
pool, /2
output size: 28
3x3 conv, 512
3x3 conv, 512
3x3 conv, 512
3x3 conv, 512
output size: 14
pool, /2
3x3 conv, 512
3x3 conv, 512
3x3 conv, 512
3x3 conv, 512
output size: 7
pool, /2
output size: 1
fc 4096
fc 4096
fc 1000
34-layer residual
image
7x7 conv, 64, /2
pool, /2
3x3 conv, 64
3x3 conv, 64
3x3 conv, 64
3x3 conv, 64
3x3 conv, 64
3x3 conv, 64
3x3 conv, 128, /2
3x3 conv, 128
3x3 conv, 128
3x3 conv, 128
3x3 conv, 128
3x3 conv, 128
3x3 conv, 128
3x3 conv, 128
3x3 conv, 256, /2
3x3 conv, 256
3x3 conv, 256
3x3 conv, 256
3x3 conv, 256
3x3 conv, 256
3x3 conv, 256
3x3 conv, 256
3x3 conv, 256
3x3 conv, 256
3x3 conv, 256
3x3 conv, 256
3x3 conv, 512, /2
3x3 conv, 512
3x3 conv, 512
3x3 conv, 512
3x3 conv, 512
3x3 conv, 512
avg pool
fc 1000

图 3.19

到目前为止，我们讨论过的所有 CNN 模型的变体都可以在 Keras 和 TensorFlow 框架中作为预训练模型来使用。我们将在我们的迁移学习应用中大量使用它们。代码片段 3.3 展示了在 Keras 框架中加载各种 VGG 模型。

代码片段 3.3

```
from keras.applications.vgg16 import VGG16
model = VGG16()
print(model.summary())
```

3.2.6 胶囊网络

我们已经讨论了各种 CNN 架构是如何演变的，也看到了它们的不断改进。我们现在可以将 CNN 应用于更高级的应用吗？例如**高级驾驶员辅助系统**（**Advanced Driver Assistance System，ADAS**）和自动驾驶汽车。我们能在真实场景中实时检测道路上的障碍物、行人和其他重叠的物体吗？并不能，我们还没到那一步。尽管卷积神经网络在 ImageNet 竞赛中取得了巨大的成功，但仍然存在一些严重的局限性，限制了它们在更高级的、现实世界的问题中的应用。卷积神经网络的平移不变性差，并缺乏定位（或姿态）信息。

姿态信息指的是相对于观察者的三维方位，包括灯光和颜色。当物体旋转或光线条件改变时，卷积神经网络确实存在一些问题。Hinton 认为，卷积神经网络根本无法进行偏手性检测。例如它们不能分辨左脚的鞋和右脚的鞋，即使对两种物体都进行过训练。造成卷积神经网络的这些局限性的原因之一是最大池化的使用，这是一种引入不变性的粗糙方法。粗糙不变性意味着如果图像稍微移动或旋转，最大池化的输出不会改变很多。实际上我们需要的不仅仅是不变性，还需要**同变性**，即图像**对称变换**下的不变性。

边缘探测器是卷积神经网络的第一层，其功能与人脑的视觉皮层系统基本相同。大脑和卷积神经网络之间的区别出现在更高的层次。人们相信将低层次的视觉信息有效地传送到更高层次的信息，如各种姿态和颜色的物体或各种尺寸和速度的物体是由皮层微柱完成的——Hinton 将其命名为**胶囊**。这种路由机制使得人类的视觉系统比卷积神经网络更强大。

胶囊网络（**Capsule Networks，CapsNets**）对卷积神经网络的架构做出了两个根本性的改变：首先，将卷积神经网络的尺度输出特征检测器替换为向量输出胶囊；其次，使用最大池化协议路由。图 3.20 所示为一个简单的 CapsNet 架构。

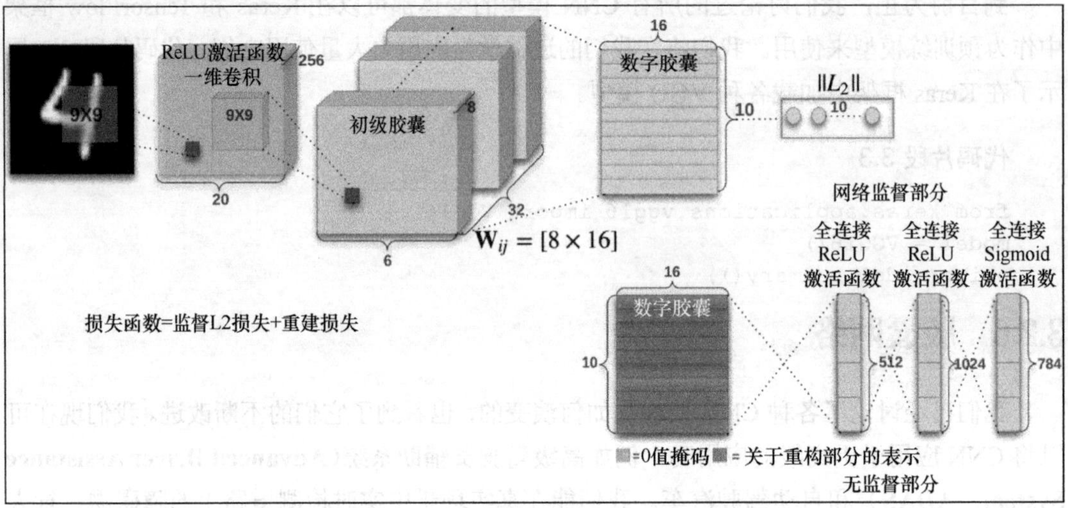

图 3.20

这是一个在 MNIST 数据（28×28 手写数字图像）上进行训练的浅层架构。它包含两个卷积层。第一个卷积层有 256 张特征图，包含尺寸为 9×9 的内核（步长为 1）和 ReLu 激活函数，因此每张特征图的尺寸为(28−9+1)×(28−9+1)或 20×20。第二个卷积层有 256 张特征图，包含尺寸为 9×9 的内核（步长为 2）和 ReLu 激活函数，此处每张特征图的尺寸为 6×6，6=((20−9)/2+1)。这一层被重塑，或者更确切地说，特征图被重新分为 32 个组，每组有 8 张特征图（256=8×32），分组过程的目的是创建每组大小为 8 的特征向量。用向量表示姿态是一种更自然的表示方式。来自第二层的分组特征图被称为**初级胶囊层**，我们有 32×6×6 个 8 维卷积向量，每个卷积向量包含 8 个卷积单元（核函数尺寸为 9×9，步长为 2）。最后一个胶囊层（**DigitCaps**）对每一数字类（10 类）有一个 16 维胶囊，每个胶囊接收来自初级胶囊层的所有胶囊的输入。

胶囊输出向量的长度表示胶囊所代表的实体出现在当前输入中的概率。胶囊向量的长度被标准化并保持在 0～1 内。此外，在向量的范数上使用了一个挤压函数，这使得短向量的长度缩小到几乎为 0，而长向量的长度缩小到略小于 1。

这个挤压函数的定义如公式 3.7 所示：

$$f(x)=\frac{x}{1+x^2} \qquad \text{（公式 3.7）}$$

公式中的 x 是向量的范数，因此 $x>0$，如图 3.21 所示。

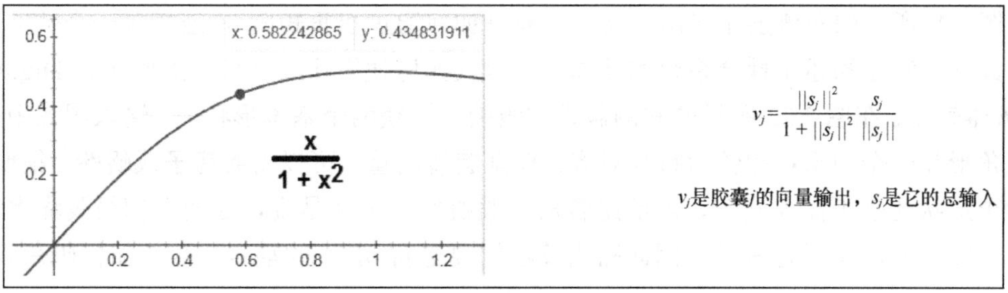

图 3.21

W_{ij}是一个权重矩阵，其中的每个u_i，$i\in(1,32\times6\times6)$位于初级胶囊中；每个v_j，$j\in(1,10)$位于 DigitCaps 中。此处$\hat{u}_{j|i}=W_{ij}u_i$被称为预测向量，它类似于一个经过旋转或转换的输入胶囊向量u_i。胶囊的总输入s_j是下面一层胶囊中所有预测向量的加权总和，这些权重c_{ij}相加的和等于 1，Hinton 把它们称为**耦合系数**。一开始假定对于所有的i、j，胶囊i应该与父胶囊j耦合的对数先验概率是相同的，用b_{ij}表示。因此耦合系数可以通过著名的 softmax 变换来计算，如公式 3.8 所示：

$$c_{ij}=\frac{\exp(b_{ij})}{\sum_k\exp(b_{ik})} \quad （公式 3.8）$$

这些耦合系数随着网络的权重被一种称为**协议路由**的算法迭代更新。简单来说，它进行了下列操作：如果主胶囊i的预测向量与可能的父胶囊j的输出有一个较大的标量积，则该父胶囊的耦合系数b_{ij}增大，而其他父胶囊的耦合系数则减小。

完整的路由算法如图 3.22 所示。

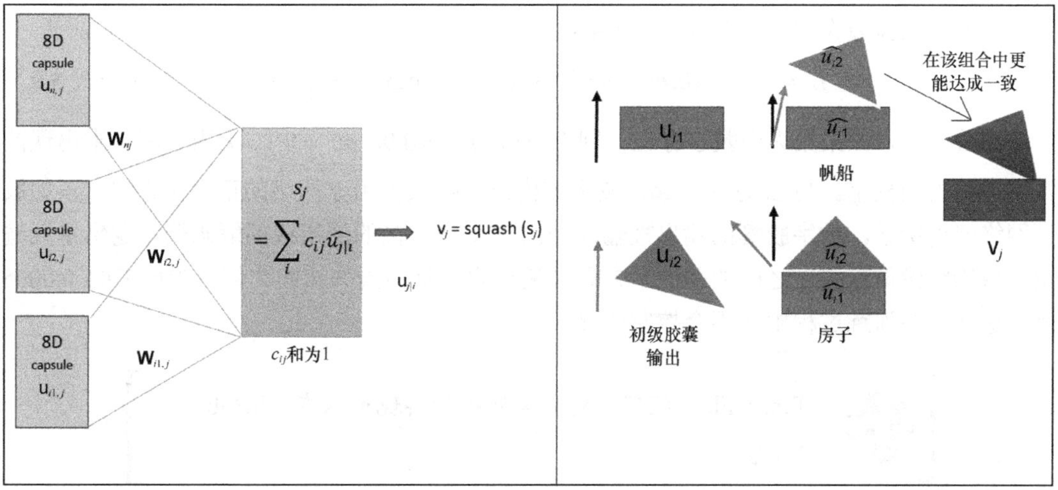

图 3.22

图3.22所示的左侧展示了所有初级胶囊是如何通过权重矩阵 W_{ij} 连接到一个数字胶囊的。此外，它还描述了耦合系数的计算方法以及如何使用非线性挤压函数计算 DigitCaps 的16维输出。在图3.22所示的右侧假设初级胶囊捕获两个基本形状——输入图像中的一个三角形和一个矩形；旋转后将其对齐，根据旋转的量，可以得到**房子**或**帆船**。很明显，这两个形状几乎不需要旋转，就能组合成一艘帆船。也就是说，这两个初级胶囊更容易形成一艘帆船，而不是房子。因此路由算法需要更新 $b_{i,boat}$ 的耦合系数，如代码片段3.4所示。

代码片段3.4

```
procedure routing (û_j|i , r, l):
  for all capsule i in layer l and capsule j in layer (l + 1): bij <- 0
for r iterations do:
  for all capsule i in layer l: ci <- softmax (bi)
  for all capsule j in layer (l + 1): s_j ← Σ_i c_ij û_j|i
  for all capsule j in layer (l + 1): vj <- squash (sj)
  for all capsule i in layer l and capsule j in layer (l + 1):
 b_ij ← b_ij + û_j|i • v_j
return vj
```

最后，我们需要一个适当的损失函数来训练这个网络。这里数字存在边界损失被用作损失函数，它还考虑了数字重叠的情况。对于每个数字胶囊 k，单独的边界损失 L_k 用来检测多个重叠的数字。L_k 查看 k 类数字的胶囊向量的长度，与其他向量相比，第 k 个胶囊向量的长度应该为最大值，如公式3.9所示：

$$L_k = T_k \max(0, m^+ - \|v_k\|)^2 + \lambda(1 - T_k)\max(0, \|v_k\| - m^-)^2 \quad \text{（公式 3.9）}$$

在公式中，如果第 k 个数字存在，则 $T_k = 1$。$m^+ = 0.9$，$m^- = 0.1$。λ 用于减少未出现的数字类损失的权重。与 L_k 方法一起，图像重构误差损失被用作网络的正则化方法。正如胶囊网络架构所述，数字胶囊的输出被输入到由3个全连接的层组成的解码器。逻辑单元输出与原始图像像素强度之间的差的平方和被最小化。重构损失按照比例变为原来的0.0005倍，这样它在训练过程中就不会控制边界损失。

> TensorFlow 框架中对胶囊网络的实现可以在 GitHub 上找到。

3.2.7 递归神经网络

一个**递归神经网络**专门用于处理序列值，如 $x(1),\cdots,x(t)$ 。如果我们在给定序列当前历史的前提下想要预测序列中的下一项，或者想要将一种语言中的单词序列翻译成另一种语言，那么我们需要进行序列建模。递归神经网络与前馈网络的区别在于其架构中存在反馈回路。人们常说递归神经网络有记忆，顺序信息存储在递归神经网络的隐藏状态中。因此，递归神经网络的隐层是网络的记忆。从理论上来说，递归神经网络可以在任意长的序列中使用信息，但在实践中它们只能回顾几步。

我们将在后续内容中对图 3.23 所示的内容进行解释。

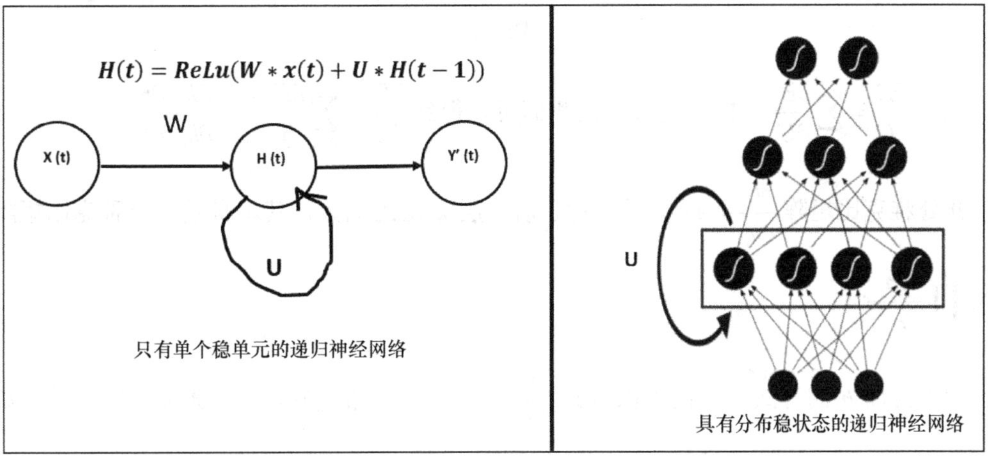

图 3.23

通过在网络中展开反馈环，我们可以得到一个前馈网络。例如如果我们的输入序列长度为 4，那么可以按图 3.24 所示的方式将网络展开。展开相同的权重集合之后，U、V 和 W 将在所有步骤中共享，这与传统的 DNN 不同，因为传统的 DNN 在每一层会使用不同的参数。因此实际上我们每一步是在执行相同的任务，仅仅只是输入不同，这大大减少了我们需要学习的参数总数。现在为了学习这些共享权重，我们需要一个损失函数。在每一个时间步骤，我们可以将网络输出 $y(t)$ 与目标序列 $s(t)$ 进行比较，得到一个误差 $E(t)$。因此总误差 $E=\sum_s E_s$ 。

让我们来看看我们需要用的基于梯度的优化算法学习权重的总的误差导数。我们有 $h_t = U\phi(h_{t-1}) + Wx_t$ ，其中 Φ 为非线性激活函数，同时 $y_t = V\phi(h_t)$ 。

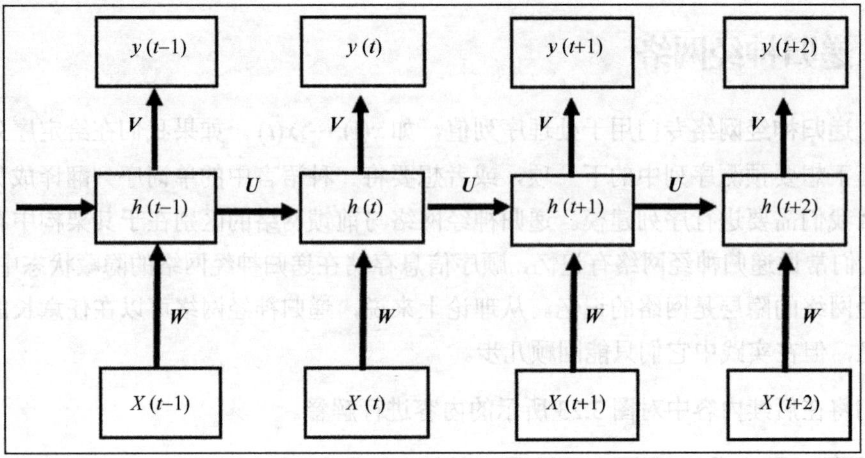

图 3.24

现在 $\frac{\partial E}{\partial U}=\sum_{t=1}^{S}\frac{\partial E_t}{\partial U}$，根据链式法则我们可以得到 $\frac{\partial E_t}{\partial U}=\sum_{k=1}^{t}\frac{\partial E_t}{\partial y_t}\frac{\partial y_t}{\partial h_t}\frac{\partial h_t}{\partial h_k}\frac{\partial h_k}{\partial U}$。

此处雅克比矩阵 $\frac{\partial h_t}{\partial h_k}$，即 t 层相对于前一层 k 层的倒数，其本身是一个雅克比矩阵的乘积 $\prod_{s=k+1}^{t}\frac{\partial h_s}{\partial h_{s-1}}$。

使用前面 h_t 的等式，我们可以得到 $\frac{\partial h_s}{\partial h_{s-1}}=U^T diag(\phi'(h_{s-1}))$。因此雅克比矩阵的范数由乘积 $\prod_{s=k+1}^{t}\left\|\frac{\partial h_s}{\partial h_{s-1}}\right\|$ 求出。如果 $\left\|\frac{\partial h_s}{\partial h_{s-1}}\right\|$ 的值小于 1，那么对于一个很长的序列（例如 100 步），范数的乘积将趋近于 0。类似地，如果范数大于 1，那么在长序列上的乘积将会呈指数增长。以上两个问题分别被称为递归神经网络中的**梯度消失**和**梯度爆炸**。因此在实践中，递归神经网络不能拥有长序列的记忆。

1. LSTM

随着序列中时间的推移，递归神经网络会开始丢失历史上下文，因此在实际中难以进行训练。这就到了 LSTM 可以发挥作用的地方了，LSTM 由 Hochreiter 和 Schmidhuber 在 1997 年提出，它可以从非常长的基于序列的数据中记住信息，并防止梯度消失这样的问题的出现。LSTM 通常由 3 或 4 个门组成，包括输入门、输出门和遗忘门等。

图 3.25 所示为一个 LSTM 单元的高层级表示。

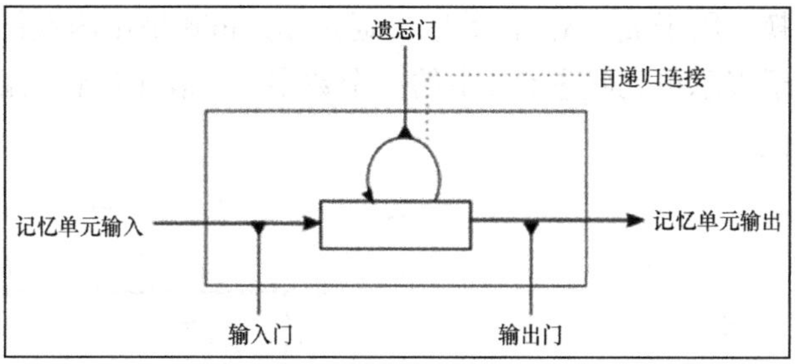

图 3.25

输入门通常允许或拒绝输入信号或输入来改变记忆单元的状态。输出门通常在必要时会将值传播给其他神经元。遗忘门控制记忆单元的自递归连接，在必要时会记忆或遗忘之前的状态。在深度学习网络中，通常都会用多个 LSTM 单元堆叠来解决实际问题，例如序列预测。我们比较了递归神经网络和 LSTM 的基本结构，如图 3.26 所示。

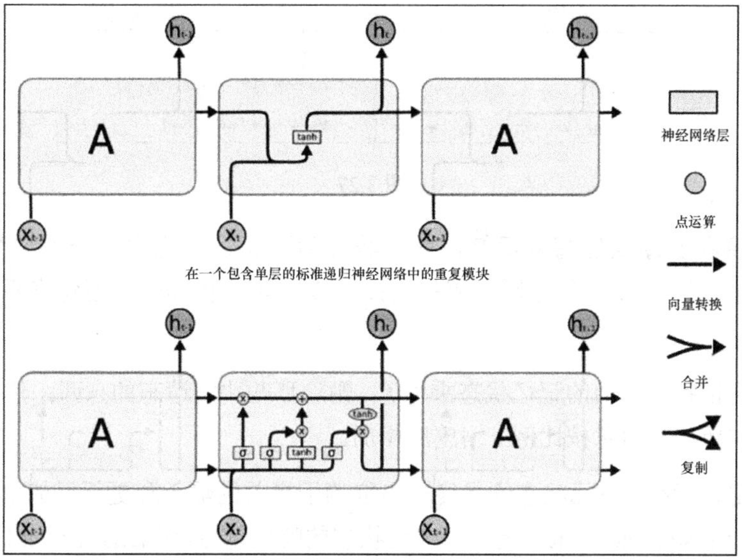

图 3.26

一个 LSTM 单元和信息流的详细架构如图 3.27 所示。t 表示时间步长，C 表示单元状态，h 表示隐状态。LSTM 单元能够通过被称为“门”的结构向单元状态中删除或添加信息。i、f、o 分别表示输入门、遗忘门和输出门，它们都由 sigmoid 层调控，输出的数值为从 0～1，用于控制这些门应该通过多少输出。这有助于保护和控制单元状态。

通过 LSTM 的信息需要经过以下 4 个步骤。

- **决定从单元状态中丢弃什么信息**。这由一个被称为**遗忘门层**的 sigmoid 层决定。将一个仿射变换应用于 h_t、x_{t-1}，其输出通过 sigmoid 挤压函数传递，获得一个 0～1 内的数字用于表示单元状态 C_{t-1} 中的一个数字。1 表示应该保留记忆，0 表示应该完全清除记忆。

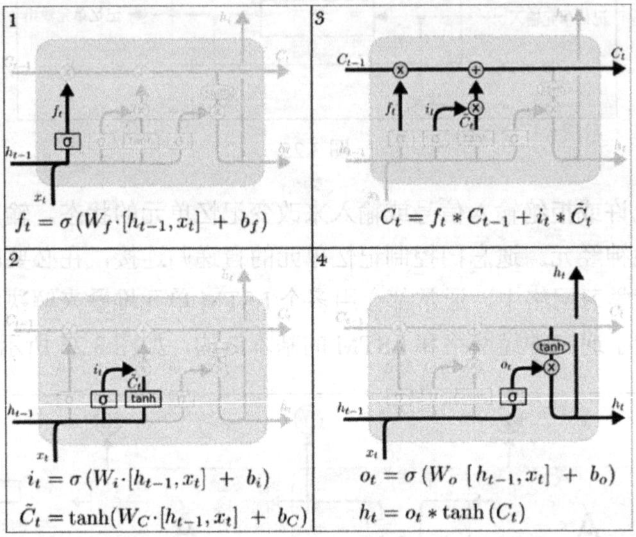

图 3.27

- **决定将哪些新信息写入记忆**。此步骤分为两步，首先用一个被称为**输入门层**的 sigmoid 层 i_t 决定将信息写入哪些位置；其次用一个 tanh 层创建将要被写入的新候选信息。
- **更新记忆状态**。旧的记忆状态乘以 f_t，删除那些决定遗忘的东西；然后将第 2 步中计算的新状态信息按比例 i_t 缩放后相加。
- **输出记忆状态**。单元状态的最终输出依赖于当前的输入和更新后的单元启动。首先使用一个 sigmoid 层来决定输出单元状态的哪些部分，然后通过 tanh 传递单元状态，并乘以 sigmoid 门的输出。

你可以 GitHub 上查看 Christophers 的博客来获取 LSTM 步骤的详细解释。我们之前看到的大部分图片都取自这篇文章。

LSTM 可用于序列预测，也可以用于序列分类。例如我们可以预测未来的股票价格。此外，我们还可以使用 LSTM 来构建分类器，它可以预测来自某个健康监控系统的输入信号是致命信号还是非致命信号——一个二元分类器。我们甚至可以用 LSTM 来构建一个文本文档分类器，将单词序列输入到 LSTM 层，同时将 LSTM 的隐状态连接到一个稠密的

softmax 层作为分类器。

2. 堆叠 LSTM

如果我们想了解序列数据的层级表示，可以使用 LSTM 层的堆栈。每个 LSTM 层会输出一个向量序列而非序列中每个项目的单个向量，这个向量序列将用作后续 LSTM 层的输入。隐层的这种层次结构使序列数据的表示变得更加复杂。堆叠 LSTM 模型可用于对复杂多元时间序列数据进行建模。

3. 编码器-解码器——神经机器翻译

机器翻译是计算语言学的一个子领域，是将一种语言的文本或语音翻译为另一种语言。传统的机器翻译系统通常依赖于基于文本统计属性的复杂特征工程。最近，通过一种被称为**神经机器翻译（Neural Machine Translation，NMT）**的方法，可以使用深度学习来解决这个问题。一个 NMT 系统通常由两个模块组成：编码器和解码器。

首先它使用编码器读取源句子来构建一个思想矢量，即一个表示句子含义的数字序列。然后解码器对句子向量进行处理，将其翻译为其他目标语言。这被称为编码器-解码器架构。编码器和解码器是典型的 RNN。图 3.28 所示为使用堆叠 LSTM 的编码器-解码器架构。此处的第一层是一个嵌入层，用于通过密集的实数向量表示源语言中的单词。源语言和目标

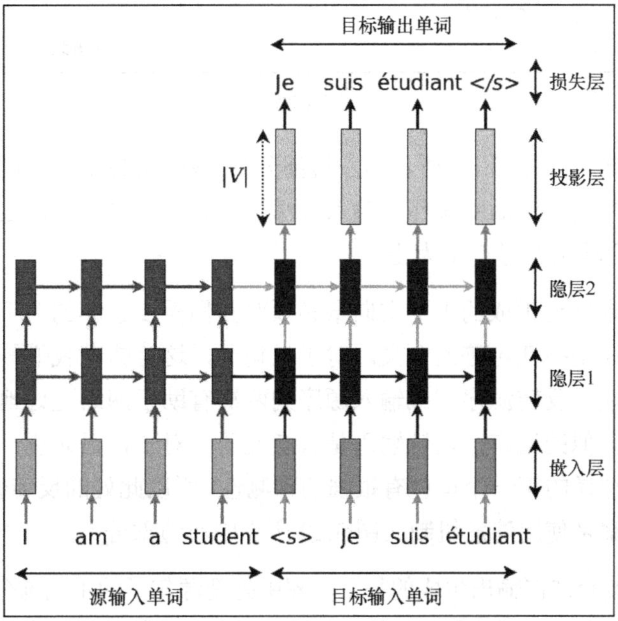

图 3.28

语言的词汇表是预定义的，词汇表中没有的单词用固定的单词表示，并表示为固定的嵌入向量。网络的输入首先是源句子，然后是句子结束标记，该标记用于表示从编码到解码模式的转换，最后输入目标句子。

输入嵌入层之后是两个堆叠的LSTM层。然后，投影层将顶部隐状态转换为维度为 V（目标语言的词汇数量）的逻辑向量。这里使用交叉熵损失来训练反向传播网络。我们可以看到，训练模式中的源句子和目标句子都被输入到网络中。在推断模式中，我们只有源句子。在这个例子中，解码可以使用多种方法，例如贪心解码、注意机制结合贪心解码、集束搜索解码等。在此我们将介绍前两种方法，如图3.29所示。

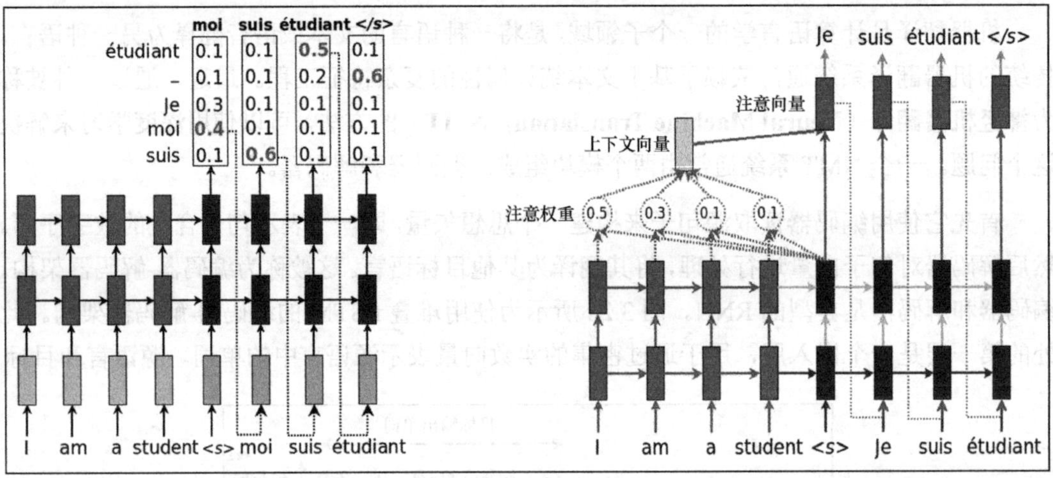

图3.29

在贪心解码方案中（图3.29所示的左边部分），我们选择最有可能的单词，用最大逻辑值表示为发出的单词，然后将其作为输入反馈到解码器。这个解码过程一直持续到句子的结束标记</s>作为输出符号产生为止。

由源句子的句末标记生成的上下文向量必须对我们需要了解的关于源句子的所有信息进行编码，它必须完全捕获足迹的含义。对于长句子，这意味着我们需要储存非常长期的记忆。研究人员发现，反转源序列或输入源序列两次有助于网络更好地记忆。对于法语和德语这些与英语很相似的语言，反转输入是有意义的。对于日语来说，一个句子的最后一个单词可能对英语翻译的第一个单词有很强的预测性。所以此处的反转会降低翻译的质量。因此另一种解决方案是使用**注意机制**（图3.29所示的右边部分）。

现在，解码器被允许在输出生成的每个步骤中处理源句子的不同部分，而非尝试将完整的源句子编码为定长向量。因此我们将第 t 个目标语言单词的基于注意的上下文向量 c_t 表示为之前所有源隐藏状态的加权和：$c_t = \sum_s \alpha_{ts} h_s$。注意权重为 $\alpha_{ts} = \dfrac{\exp(score(h_t, h_s))}{\sum_{s'=1}^{S} \exp(score(h_t, h_{s'}))}$，

分数的计算公式为 $score(h_t, h_s) = h_t W h_s$。

这里的 W 是一个与 RNN 权重联合学习的权值矩阵。这个分数函数被称为 **Luong** 的乘法风格分数函数，它还有一些其他的变体。最后，**注意向量** a_t 由上下文向量结合当前目标的隐藏状态结合计算：$a_t = f(c_t, h_t) = \tanh(W_c[c_t; h_t])$。

注意机制类似只读存储器，它将源之前的所有隐藏状态进行存储，然后在解码时进行读取。TensorFlow 框架中 NMT 的源代码可以在 GitHub 上找到。

4. 门控递归单元

门控递归单元（**Gated Recurrent Unit，GRU**）与 LSTM 相关，它们都利用不同的门控信息方式来防止梯度消失问题的出现和存储长期记忆。一个 GRU 有两个门：复位门 r 和更新门 z，如图 3.30 所示。复位门决定如何将新输入与前一个隐藏状态 h_{t-1} 结合，更新门定义要保留多少前一个状态信息。如果我们把所有的复位设置为 1，所有的更新设置为 0，那么我们将得到一个简单的 RNN 模型。

初始，令 $t = 0$，输出向量 $h_0 = 0$.
$$z_t = \sigma_g(W_z x_t + U_z h_{t-1} + b_z)$$
$$r_t = \sigma_g(W_r x_t + U_r h_{t-1} + b_r)$$
$$h_t = (1 - z_t) \circ h_{t-1} + z_t \circ \sigma_h(W_h x_t + U_h(r_t \circ h_{t-1}) + b_h)$$

变量

- x_t：输入向量
- h_t：输出向量
- z_t：更新门向量
- r_t：复位门向量
- W、U 和 b：参数向量和矩阵

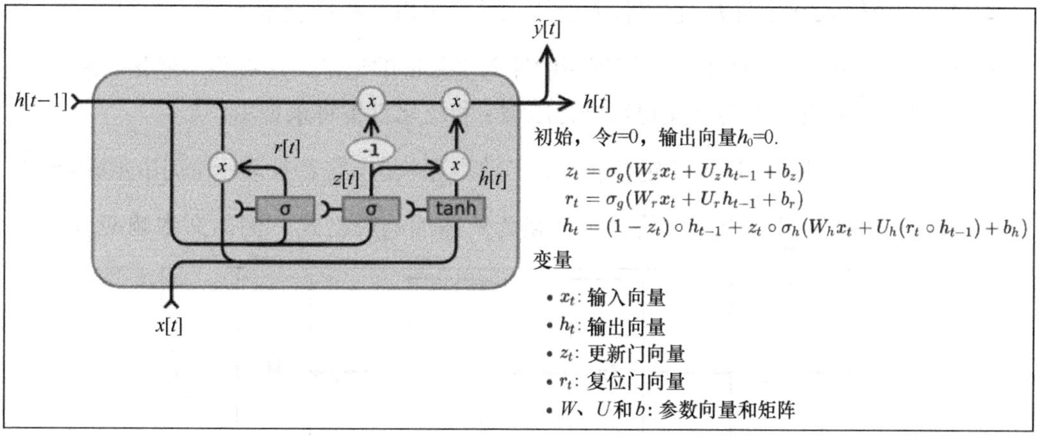

图 3.30

GRU 相对较新，其性能与 LSTM 相当，但由于结构更简单、参数更少，因此计算效率更高。下列是 LSTM 和 GRU 之间的一些结构差异。

- GRU 有两个门，而 LSTM 有 3 个门。GRU 没有 LSTM 中存在的输出门。

- 除了隐藏状态，GRU 没有额外的内部记忆 C_t。

- 在 GRU 中，在计算输出时不应用非线性（tanh）函数。

如果有足够多的数据可用，建议使用 LSTM，因为 LSTM 更强的表达力能得到更好的结果。

3.2.8 记忆神经网络

大多数机器学习模型不能读写长期记忆组件，也不能将旧记忆与推断无缝地结合。递归神经网络及它的变体（例如 LSTM）确实有一个记忆组件，然而它们的记忆（由隐藏状态和权重编码）通常都太小，不像我们在现代计算机中发现的大块阵列（以 RAM 的形式），它们尝试将所有过去的知识压缩成一个密集向量，即记忆状态。对于复杂的应用程序，例如虚拟助手或者问答（**Question-Answering，QA**）系统，这可能会有很大的限制。因为在这些应用程序中，长期记忆将有效地充当（动态）知识库，其输出是文本响应。为了解决这个问题，Facebook 公司的人工智能研究小组开发了**记忆神经网络（Memory Neural Network，MemNN）**，它的中心思想是将深度学习文献中成功的学习策略与一个可以像 RAM 一样读写的记忆组件相结合。此外，该模型还被训练用来学习如何有效地操作记忆组件。一个记忆网络由记忆 **m**、一个被索引的对象数组（例如向量或字符串数组），以及 4 个需要学习的组件 **I**、**G**、**O** 和 **R** 组成，如图 3.31 所示。

- **I**。一个输入特征图 *I*，它将传入的输入转换为内部特征表示。
- **G**。一个**泛化的**组件 **G**，它根据新的输入更新旧的记忆，这被称为**泛化**。因为在这个阶段，网络有机会对其记忆进行压缩 s 和泛化以备将来使用。
- **O**。一个输出特征图 **O**，给定新输入和当前内存状态，在特征表示空间中生成新输出。
- **R**。一个响应组件 **R**，它将输出转换为所需的响应格式，例如文本响应或动作。

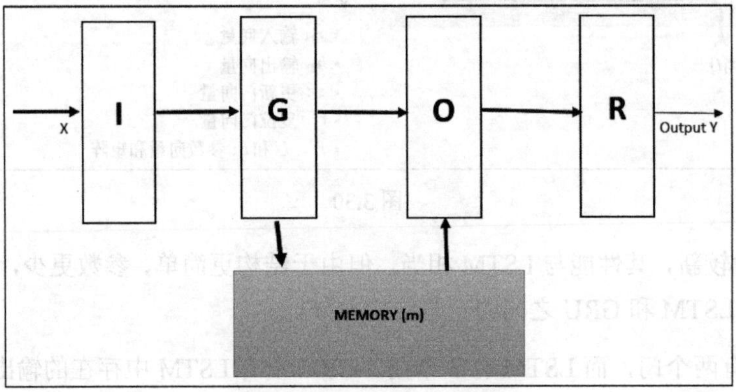

图 3.31

当组件 I、G、O、R 为神经网络时，得到的系统被称为 **MemNN**。我们来通过一个示例 QA 系统来理解这一点，该系统将被给予一组事实和一个问题，它将输出这个问题的答案。我们有一个问题（where is the milk now?）和以下 6 个文本事实。

- Joe went to the kitchen。
- Fred went to the kitchen。
- Joe picked up the milk。
- Joe traveled to the office。
- Joe left the milk。
- Joe went to the bathroom。

需要注意的是，只有一些陈述的子集包含回答所需的信息，而其他基本上是不相关的干扰。我们将用 MemNN 的模块 I、G、O 和 R 来表示这个系统。模块 **I** 是一个简单的嵌入模块，它将文本转换成二元词袋向量。文本以其原始形式存储在下一个可用的记忆插槽中，因此模块 **G** 非常简单。通过给定的事实，移除停用词之后的词汇表 V = {Joe, Fred, travel, pick, left, went, office, bathroom, kitchen, milk}。所有文本被存储后的记忆状态如表 3.1 所示。

表 3.1

记忆插槽#	Joe	Fred	…	Office	bathroom	kitchen	milk
1	1	0	…	0	0	1	0
2	0	1	…	0	0	1	0
3	1	0	…	0	0	0	1
4	1	0	…	1	0	0	0
5	1	0	…	0	0	0	1
6	1	0	…	0	1	0	0
7	…	…	…	…	…	…	…

模块 **O** 通过查找给定问题 q 的 k 个支持记忆来产生输出特征。当 k = 2 时，最高得分支持记忆的计算方法如公式 3.10 所示：

$$o1 = \underbrace{\arg\max}_{i=1,\cdots,N} s_0(q, m_i) \qquad \text{（公式 3.10）}$$

公式中的 s_0 是一个函数，它对输入 q 和 m_i 之间的匹配进行打分。$o1$ 是记忆 m 的最佳匹配索引。现在使用查询和第一个检索到的记忆，我们可以检索下一个记忆 m_{o2}，它们彼此之间都很接近，如公式 3.11 所示：

$$o2 = \underbrace{\arg\max}_{i=1,\cdots,N} s_0([q, m_{o1}], m_i)$$ （公式 3.11）

问题和记忆结果的组合为 $o = [q, m_{o1}, m_{o2}]$ =[where is the milk now, Joe left the milk., Joe traveled to the office.]。最后模块 **R** 需要产出一个文本回应 r。模块 R 可以输出单个单词的答案，或者是由一个 RNN 模块生成的一个完整的句子。对于单个单词的响应，令 s_r 为另一个对[q, m_{o1}, m_{o2}]和一个单词 w 之间的匹配进行评分的函数。因此最终的响应 r 为单词 office，如公式 3.12 所示：

$$r = \underbrace{\arg\max}_{i=1,\cdots,N} s_r([q, m_{o1}, m_{o2}], V)$$ （公式 3.12）

该模型很难使用反向传播进行端到端训练，需要对网络的各个模块进行监督。该模型有一个进行了微小的调整，有效的连续版本的记忆网络被称为**端到端记忆网络**（**End-To-End Memory Network，MemN2N**）。这个网络可以通过反向传播进行训练。

MemN2N

我们从一个问题（where is the milk now?）开始，它使用一个大小为 V 的向量并用词袋进行编码的。在最简单的情况中，我们使用嵌入 B(d x V)将向量转换为大小为 d 的单词嵌入。我们有 ***u*=embeddingB(*q*)**，如图 3.32 所示。

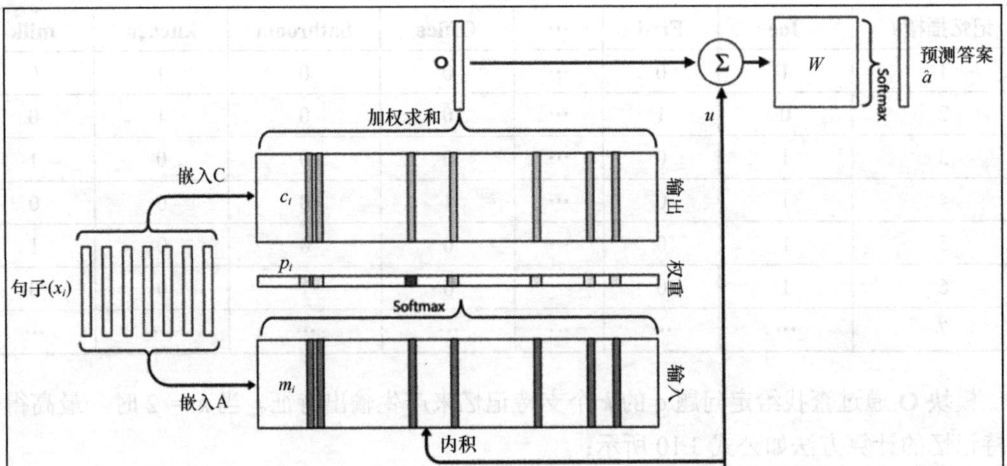

图 3.32

输入的句子 $x_1, x_2, \cdots, x_i$ 通过另一个嵌入矩阵 A(d x $V d$ x V)存储在记忆中，该矩阵和矩阵 B **m_i=embeddingA(x_i)**拥有相同的维数。每个内嵌问题 u 和每个内存 m_i 之间的相似度是通过计算内部乘积的 softmax 产出来计算的，即 $\boldsymbol{p}_i = \mathbf{softmax}(\boldsymbol{u}^T \boldsymbol{m}_i)$。

输出记忆表示如下：每个 x_i 有一个对应的输出向量 c_i，它可以表示为另一个嵌入矩阵 C。来自记忆的响应向量 o 可以表示为对 c_i 的求和，求和的权重来自输入的概率向量，如公式 3.13 所示：

$$o = \sum_i p_i c_i \quad \text{（公式 3.13）}$$

最后，将 o 和 u 的和与一个权重矩阵 W(V x d)相乘，将结果传递给一个 softmax 函数来预测最终的答案，如公式 3.14 所示：

$$\hat{a} = soft\max(W(o+u)) \quad \text{（公式 3.14）}$$

MemNN 的 TensorFlow 框架实现可以在 GitHub 找到。

3.2.9 神经图灵机

神经图灵机（**Neural Turing Machine，NTM**）的灵感来自**图灵机**（**Turing Machine，TM**），它是定义抽象机器的基本数学计算模型。图灵机可以根据一个规则表来操作一条磁带上的符号。对于任何计算机算法，图灵机都能模拟该算法的逻辑。机器将它的头放在一个单元格上，并在那里读写一个符号。之后根据定义的规则，它可以向左或向右移动，甚至停止程序。

一个 NTM 架构包含两个基本组件：一个神经网络控制器和一个记忆模块。图 3.33 所示为 NTM 架构的高级表示。

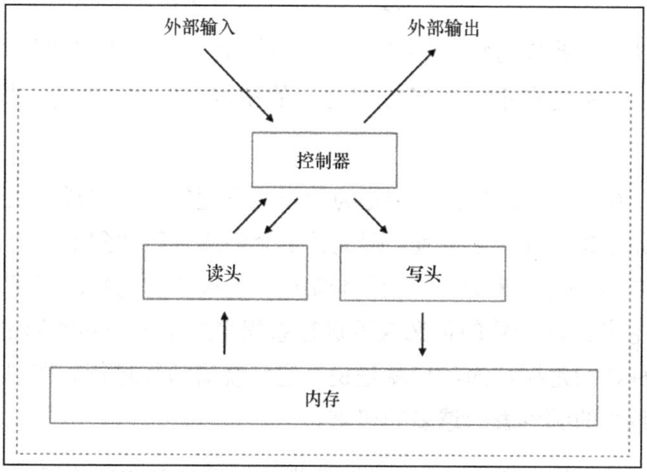

图 3.33

控制器使用输入和输出向量与外部世界进行交互。与标准的神经网络不同，这里的控制器还使用选择性读写操作和记忆矩阵进行交互。记忆模块是一个实值矩阵。记忆交互是端到端可微的，因此可以使用梯度下降来对其进行优化。神经图灵机可以学习简单的算法，例如从输入和输出示例中复制、排序和关联记忆。另外，与图灵机不同的是，神经图灵机是一种可微分的计算机，可以通过梯度下降来进行训练，从而产生一种实用的学习程序机制。

该控制器可以由 LSTM 建模，LSTM 有自己的内部记忆，可以用于补充矩阵中较大的记忆。控制器可以比作计算机的 CPU，而记忆矩阵可以比作计算机的 RAM。

读写头选择要读写的记忆部分。它们可以通过神经网络中的一个隐层（可能是一个 softmax 层）进行建模，如此一来它们就可以作为外部记忆单元上的权重，其总和等于 1。另外，需要注意模型的参数数量是由头控制的，它不随记忆容量的增加而增加。

1. 选择性关注

控制器输出用于确定要读写的记忆位置。这是由分布在所有记忆位置的一组权重定义的，它们加起来等于 1。权重由以下两种机制定义（这里的想法是为控制器提供几种不同的读写记忆模式，以对应不同的数据结构）。

- **基于内容**。将控制器的关键 **k** 输出与所有使用相似度度量（例如余弦相似度 S）的记忆位置进行比较，然后所有的距离都用 softmax 函数进行归一化以得到总和为 1 的权重，如公式 3.15 所示：

$$w_i = \frac{\exp(\beta S(k, M_i))}{\sum_j \exp(\beta S(k, M_j))} \quad \text{（公式 3.15）}$$

公式中的 $\beta(\beta \geqslant 1)$ 被称为锐度参数，并控制集中在一个特定的位置。它同时还为网络提供了一种方法来决定它希望记忆位置访问的精度，类似于模糊 c-均值聚类中的模糊系数。

- **基于位置**。基于位置的寻址机制是为跨记忆位置的简单迭代而设计的。例如，如果当前权重完全集中在一个位置，则旋转 1 会将焦点移动到下一个位置。负的移动会使权重向相反的方向移动。控制器输出一个移动的内核 s（例如[−n,n]上的一个 softmax)，它与之前计算的记忆权重进行卷积来产生一个移动的记忆位置，如图 3.34 所示。这种移动是循环的，也就是说，它环绕着边界进行。图 3.34 所示为记忆的热力图，越深的颜色表示越多的权重。

在应用旋转移动之前，需要将内容寻址得到的权重向量和之前得到的权重向量进行组合，如公式 $w_t^g = g_t w_t^{content} + (1-g_t)w_{t-1}$。此处的 g_t 是一个位于(0,1)的标量插值门，由控制器头发出。如果 $g_t = 1$，则来自前一次迭代的权重会被忽略。

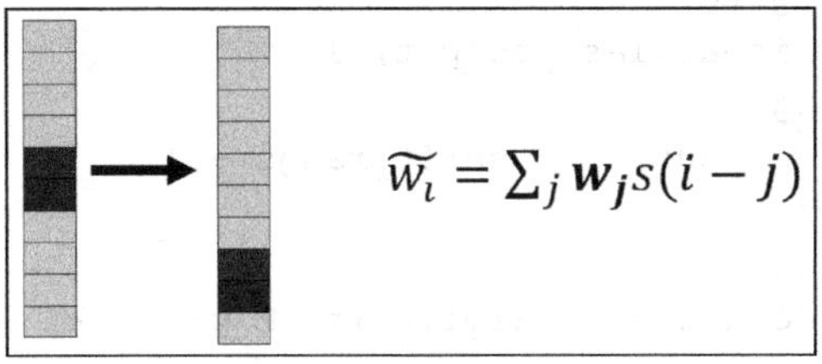

图 3.34

2. 读操作

令 M_t 为 t 时刻的 $N \times M$ 记忆矩阵的内容，其中 N 为记忆位置的数量，M 为每个位置的向量大小。时刻 t 的读头由向量 w_t 表示，如公式 3.16 所示：

$$\sum_{i=1}^{N} w_{ti} = 1 \qquad \text{（公式 3.16）}$$

长度为 M 的读向量 r_t 定义为记忆中行向量 $M_t(i)$ 的凸组合，如公式 3.17 所示：

$$r_t = \sum_i w_{ti} M_{ti} \qquad \text{（公式 3.17）}$$

3. 写操作

每个写头接收一个 擦除向量 e_t 和一个加向量 a_t，用于重置和写入记忆，就像一个 LSTM 单元一样。如公式 3.18 所示：

$$M_t(i) \leftarrow M_t(i)[1 - e_{t(i)} W_t(i)] + w_t(i) a_t(i) \qquad \text{（公式 3.18）}$$

上述操作的伪代码如代码片段 3.5 所示。

代码片段 3.5

```
mem_size = 128 #The size of memory
mem_dim = 16 #The dimensionality for memory
shift_range = 1 # defining shift[-1, 0, 1]

## last output layer from LSTM controller: last_output
## Previous memory state: M_prev
def Linear(input_, output_size, stddev=0.5):
  '''Applies a linear transformation to the input data: input_
  implements dense layer with tf.random_normal_initializer(stddev=stddev)
  as weight initializer
```

```
    ''''
def get_controller_head(M_prev, last_output, is_read=True):
  k = tf.tanh(Linear(last_output, mem_dim))
  # Interpolation gate
  g = tf.sigmoid(Linear(last_output, 1)
  # shift weighting
  w = Linear(last_output, 2 * shift_range + 1)
    s_w = softmax(w)
  # Cosine similarity
  similarity = smooth_cosine_similarity(M_prev, k) # [mem_size x 1]
  # Focusing by content
  content_focused_w = softmax(scalar_mul(similarity, beta))

  # Convolutional shifts
  conv_w = circular_convolution(gated_w, s_w)

  if is_read:
    read = matmul(tf.transpose(M_prev), w)
    return w, read
  else:
    erase = tf.sigmoid(Linear(last_output, mem_dim)
    add = tf.tanh(Linear(last_output, mem_dim))
    return w, add, erase
```

TensorFlow 框架对 NTM 的完整实现可以在 GitHub 找到。NTM 算法可以学习复制——它可以学习一个算法来复制随机数序列。图 3.35 所示的内容为 NTM 是如何使用记忆读写头，并通过对它们进行移动来实现一个复制算法的。

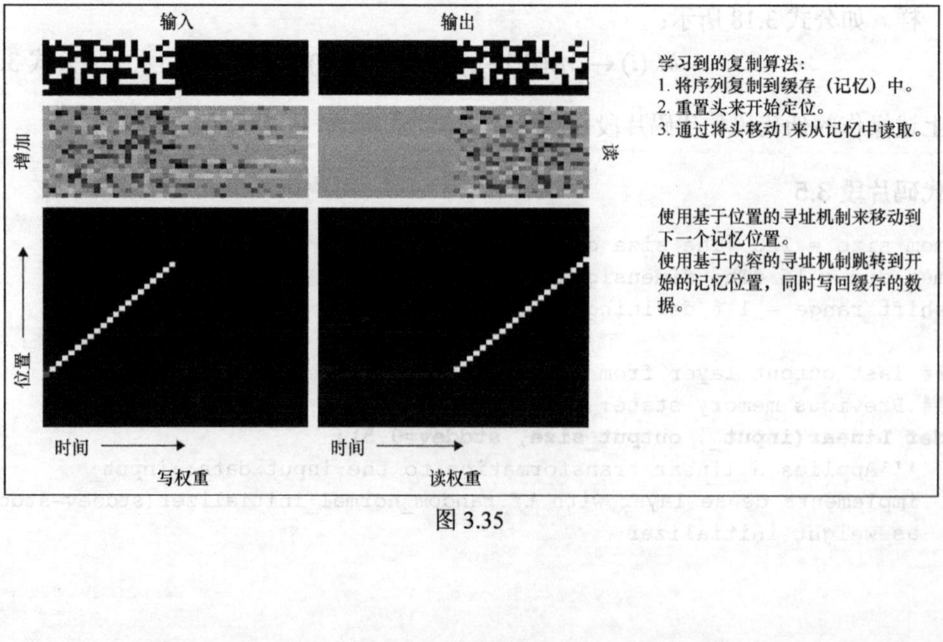

图 3.35

类似地，给定一组随机序列和对应的排序序列，NTM 可以有效地从数据中学习排序算法。

3.2.10 基于注意力的神经网络模型

我们已经讨论了用于机器翻译的基于注意力的模型。基于注意力的模型的好处在于它提供了一种解释模型并理解其工作原理的方法。注意力机制是记忆先前内在状态的一种形式，就像内部记忆一样。与典型的记忆不同，此处的记忆访问机制是软性的，这意味着网络检索所有记忆位置的加权组合，而不是单个离散位置的值。软性记忆访问使得通过反向传播来训练网络成为可能。基于注意力的架构还被用于机器翻译之外的图像自动生成描述。

这项研究在发表于 2016 年的论文 *Show, Attend and Tell: Neural Image title Generation with Visual Attention* 中被提出（由 Kelvin Xu 及其合著者编写）。通过查看注意力权重，我们可以看到，当模型生成每个单词时（如图 3.36 所示），它的注意力变化反映了图像的相关部分。这个注意力模型在 TensorFlow 框架中的实现可以在 GitHub 找到。

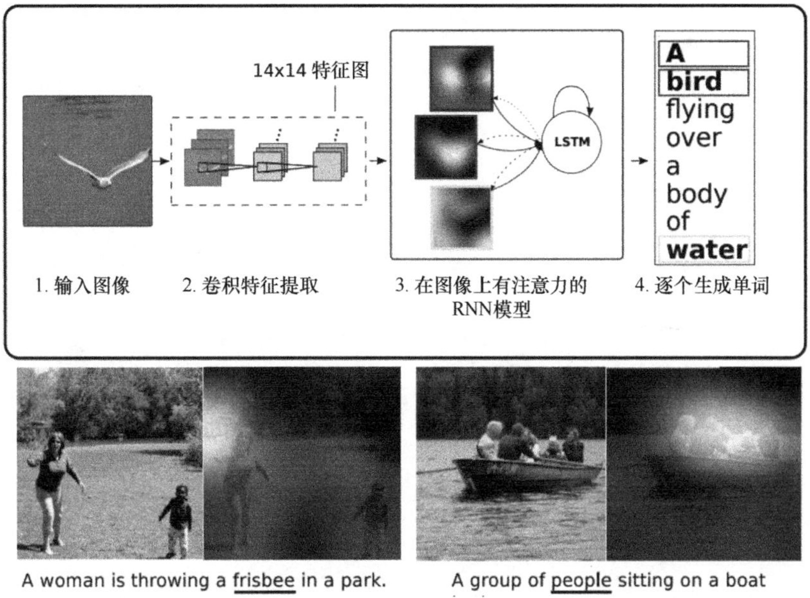

图 3.36

3.3 总结

本章介绍了神经网络架构的各种进展以及它们在各种现实问题中的应用。我们讨论了对这些架构的需求，以及即使具有强大的表达能力和丰富的假设空间，为什么一个简单的多层神经网络不能充分地解决各种问题。在后面的章节中，当涉及迁移学习用例时，我们将会使用到许多本章讨论的架构。本章提供了几乎所有架构的 Python 代码以供参考，并尝试清楚地解释一些最新的架构，例如 CapsNet、MemNN 和 NTM。我们将在介绍迁移学习用例的时候经常回顾本章内容。第 4 章将介绍迁移学习的概念。

第 2 部分

迁移学习精要

第 4 章 迁移学习基础

人类具有跨任务传输知识的固有能力。我们在学习一项任务的过程中获得的知识，可以用来解决相关的任务。任务相关程度越高，我们就越容易迁移或交叉利用知识。到目前为止所讨论的机器学习和深度学习算法，通常都是被设计用于单独运作的。这些算法被训练来解决特定的任务。一旦特征空间分布发生变化，就必须从头开始重新构建模型。迁移学习是一种克服孤立的学习范式，也是一种利用从一项任务中获得的知识来解决相关任务的思想。本章将介绍迁移学习的概念，并重点介绍其在深度学习方面的内容。本章将涵盖以下主题：

- 迁移学习简介；
- 迁移学习策略；
- 通过深度学习进行迁移学习；
- 深度迁移学习的类型；
- 迁移学习的挑战。

4.1 迁移学习简介

学习算法通常被设计用来单独处理任务或问题。根据用例和已有数据的需求，一种算法被应用于为给定的特定任务训练一种模型。传统的**机器学习**根据特定的领域、数据和任务，对每个模型进行单独的训练，如图 4.1 所示。

迁移学习将学习过程向前推进了一步，并且更符合人类跨任务利用知识的思想。因此迁移学习是一种将一种模型或知识重用于其他相关任务的方法。迁移学习有时也被认为是现有机器算法的扩展。在迁移学习领域以及理解知识如何跨任务迁移的课题中，有大量的研究和工作正在进行。1995 年举办的**神经信息处理系统（Neural Information Processing System，NIPS）**研讨会上发布的 *Learning to Learn: Knowledge Consolidation and Transfer in Inductive Systems* 为该领域的研究提供了最初的动力。

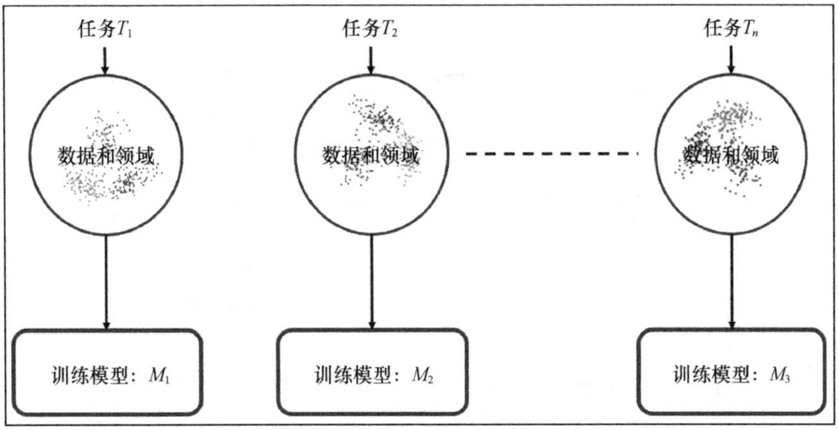

图 4.1

> 1995 年 NIPS 会议的所有研讨会列表可以从网上获取。

从那时起，为学习而学习、知识巩固和归纳迁移等术语就开始与迁移学习交换使用。一直以来，不同的研究人员和学术文献从不同的上下文为迁移学习提供了不同的定义。Goodfellow 等人在他们的著作 *Deep Learning* 中提及了在泛化上下文中的迁移学习。其定义为“迁移学习是这样一种情境：在一种条件下学习到的知识在另一种条件中被用于改进泛人。”

让我们通过一个例子来理解前面的定义。假设我们的任务是在餐馆的限定区域内识别图像中的对象，我们将此任务在其定义的范围内标记为 T_1。给定此任务的数据集，我们将训练一个模型并对其进行调优，使其能够很好地（泛化）处理来自相同领域（餐馆）中未见过数据点。传统的监督机器学习算法在我们没有足够的训练实例来完成给定领域的任务时就会出现问题。假设我们现在必须从来自公园或咖啡馆的图片中识别物体（即任务 T_2）。理想情况下，我们应该能够使用为任务 T_1 训练的模型，但在现实中，我们将面临性能下降和模型泛化较差的问题。发生这种情况的原因有很多，我们可以将其统称为模型对训练数据和领域的偏差。因此迁移学习使我们能够利用以前学到的知识，并将其应用于新的相关任务中。如果我们有更多任务 T_1 的数据，我们可以利用这些数据进行学习，并将其推广用

于任务 T_2（任务 T_2 的数据明显更少）。在图像分类中，特定的底层特征，如边缘、形状和光照，可以在任务之间共享，从而实现任务之间的知识迁移。

图 4.2 所示为迁移学习将已有知识重用在新的相关任务中的原理。

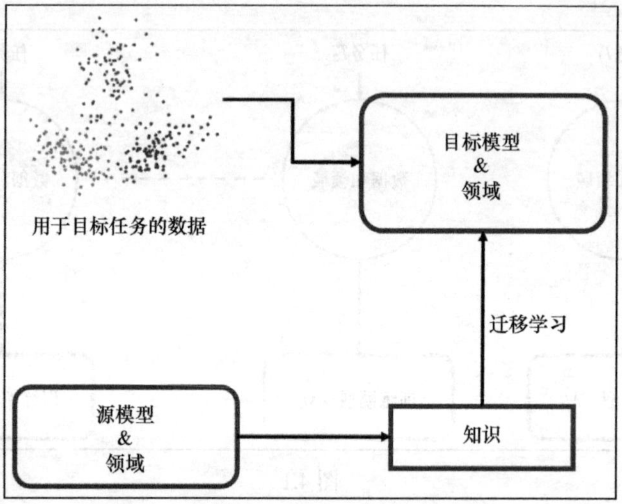

图 4.2

在学习一个目标任务时，已有任务会被当作一项额外输入，如图 4.2 所示。

迁移学习的优点

我们可以利用源模型中的知识来加强目标任务中的学习。除了提供重用已建模型的能力外，迁移学习还可以通过以下几种方式协助完成学习目标任务。

- **提升基线性能**。当我们用源模型中的知识增强孤立学习者（也称为**无知学习者**）的知识时，基线性能可能会由于这种知识转移而得到提升。
- **模型开发时间**。与从零开始学习的目标模型相比，利用来自源模型的知识有助于全面学习目标任务。这反过来将促成开发或学习模型所需的总时长的改进。
- **提升最终性能**。利用迁移学习可以获得更高的最终性能。

我们将在接下来的章节中详细讨论一个或多个收益是有可能的。图 4.3 所示的内容展示了更好的基线性能（**更高的起点**）、效率提升（**更高的斜率**）和更好的最终性能（**更高的渐近线**）。

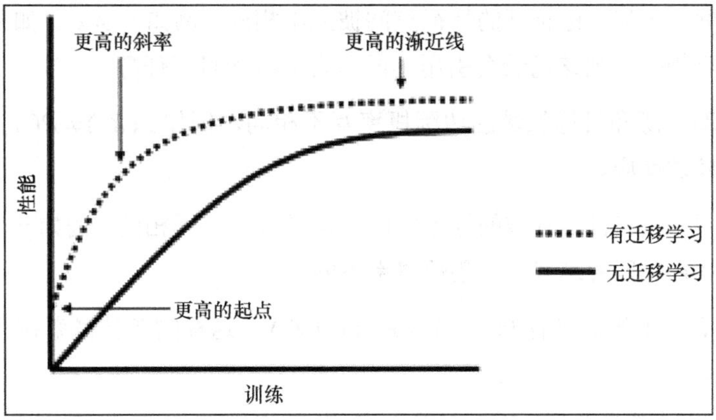

图 4.3

迁移学习已经在归纳学习者的上下文中被应用和研究，如神经网络、贝叶斯网络等。强化学习是另一个正在探索迁移学习可能性的领域，因此迁移学习的概念并不局限于深度学习。

在本章和后面几章的内容中，我们将把迁移学习的应用范围限制在深度学习的上下文中。

4.2 迁移学习策略

首先看一下迁移学习的正式定义，然后利用它来理解迁移学习不同的策略。在论文 *A Survey on Transfer Learning* 中，Pan 和 Yang 使用领域、任务和边际概率来描述一个用于理解迁移学习的框架。该框架的定义为“一个领域 D 可以定义为一个包含两个元素的元组，一个元素为特征空间 x，另一个元素为边际概率 $P(X)$，其中 X 表示一个样本数据点。”

$X=\{x_1,x_2,\cdots,x_n\}$，其中 x_i 表示一个特定向量，而且 $X\in x$。因此有公式 4.1：

$$\mathrm{D}=\{x,P(X)\} \quad \text{（公式 4.1）}$$

另一方面，一项任务 T 可以定义为一个包含两个元素的元组，其中一个元素是特征空间 γ，另一个元素是目标函数 f。目标函数可以从概率的角度表示为 $P(\gamma\,|\,X)$。因此有公式 4.2：

$$\mathrm{T}=\{\gamma,P(\gamma\,|\,X\} \quad \text{（公式 4.2）}$$

使用该框架，我们可以将迁移学习定义为一个过程，目标是利用 $\mathrm{D_S}$ 领域中 $\mathrm{T_S}$ 源任务的知识，提升目标领域 $\mathrm{D_T}$ 中的目标函数 f_T（或者目标任务 $\mathrm{T_T}$）。这导致了以下 4 种场景。

- **特征空间**。源和目标领域的特征空间彼此不相同，例如 $x_s \neq x_t$ 。如果我们的任务与文档分类相关，则该场景会引用不同语言的源和目标任务。
- **边际概率**。源和目标领域的边际概率互不相同，例如 $P(X_s) \neq P(X_t)$ 。这个场景也被称为**领域适应**。
- **标签空间**。源和目标领域的标签空间在该场景下互不相同，例如 $\gamma_s \neq \gamma_t$ 。这通常也意味着存在第四种场景——条件概率不同。
- **条件概率**。在此意味着 $P(\Upsilon_s \mid X_s) \neq P(\Upsilon_t \mid X_t)$ ，这样的条件概率在源和目标领域中互不相同。

正如我们目前所看到的，迁移学习指的是在目标任务中利用来自源学习者的现有知识的能力。在迁移学习过程中，必须回答以下 3 个重要问题。

- **迁移什么**。这是整个过程的第一步，也是最重要的一步。为了提高目标任务的性能，我们应该尝试寻找关于哪些部分的知识可以从源转移到目标。当尝试回答该问题时，我们将试图确定哪些知识是源中特定的，以及哪些部分是源和目标共有的。
- **何时迁移**。在某些场景下，为了迁移而迁移知识会比没有提升更为糟糕（此种情况被称为*负迁移*）。我们的目标是利用迁移学习来提升目标任务的性能或结果，而不是降低它们。我们需要注意什么时候迁移，什么时候不迁移。
- **如何迁移**。一旦“迁移什么”和“何时迁移”这两个问题得到回答，就可以着手确定跨领域或任务实际迁移知识的方法。该步骤涉及对现有算法和不同技术的修改，相关内容将在本章后面的部分中介绍。另外，4.3 节将列出具体的用例，以便更好地理解如何迁移。

分组技术能够帮助我们理解总体特征，并为使用特征提供更好的框架。迁移学习方法可以根据其所涉及的传统机器学习算法的类型进行分类，如下所示。

- **归纳迁移**。在此场景中，源领域和目标领域相同，但是源任务和目标任务不同，该算法尝试使用源领域的归纳偏差来对目标任务进行改进。根据源领域是否包含标记数据，可以进一步将其分为两个子类别，分别类似于*多任务学习*和*自学学习*。
- **无监督迁移**。该设置类似于归纳迁移，同时侧重于目标领域中的无监督任务。源领域和目标领域相似，但是任务不同。在该场景中，标记数据在两个领域中都不可用。
- **直推迁移**。在该场景中，源任务和目标任务之间有相似之处，但是对应的领域不同。

源领域有很多标记数据，而目标领域没有。根据特征空间不同或边际概率不同的设置，该分类可以进一步划分出子类别。

以上 3 个迁移类别概述了迁移学习可以被应用和研究的不同设置。为了回答关于在这些类别分别迁移了什么东西的问题，可以采用以下方法。

- **实例迁移**。将知识从源领域重用到目标任务通常是一个理想化的场景。在大多数情况下，源领域数据不能直接被重用。然而，源领域中的某些实例可以与目标数据一起被重用来改善结果。在归纳迁移的场景中，Dai 和他的合著者对 AdaBoost 算法进行了修改，这有助于利用来自源领域的训练实例来改进目标任务。
- **特征表示迁移**。这种方法的目的是通过识别可以从源领域到目标领域使用的良好特征表示来最小化领域差异和降低错误率。根据标记数据的可用性，监督或无监督算法可用于基于特征表示的迁移。
- **参数迁移**。该方法的运行原理是基于有相关任务的模型共享一些参数或超参数先验分布的假设。与源任务和目标任务同时进行学习的多任务学习不同，对于迁移学习，我们可以对目标领域的损失增加额外的权重来提高整体性能。
- **相关知识迁移**。与前 3 种方法不同，相关知识迁移会尝试处理非独立同分布（Indepently Identically Distribution，IID）数据，例如不独立且分布相同的数据。换句话说，每个数据点都和其他数据点有关联。例如，社交网络数据会利用相关知识转移技术。

本节我们学习了在不同的上下文和设置下以非常泛化的方式执行迁移学习的不同策略。现在让我们利用这些知识来学习如何在深度学习中应用迁移学习。

4.3 迁移学习和深度学习

深度学习模型是**归纳学习**的代表。归纳学习算法的目标是从一组训练实例中推导出一个映射。例如在分类场景中，模型学习输入特征和类别标签之间的映射。为了使模型能对从未见过的数据进行泛化，归纳学习算法使用了一组与训练数据分布相关的假设。这些假设集被称为**归纳偏置**。

归纳偏置或假设可以通过多个因素进行表征，例如其被限制的假设空间和通过假设空间的搜索过程。因此这些偏置会影响模型对给定任务和领域的学习方式和内容。

归纳迁移技术利用源任务的归纳偏置来辅助目标任务。该过程可以通过不同的方式来实现，例如通过限制模型空间、缩小假设空间，或者借助源任务的知识来调整搜索过程本身。该过程如图 4.4 所示。

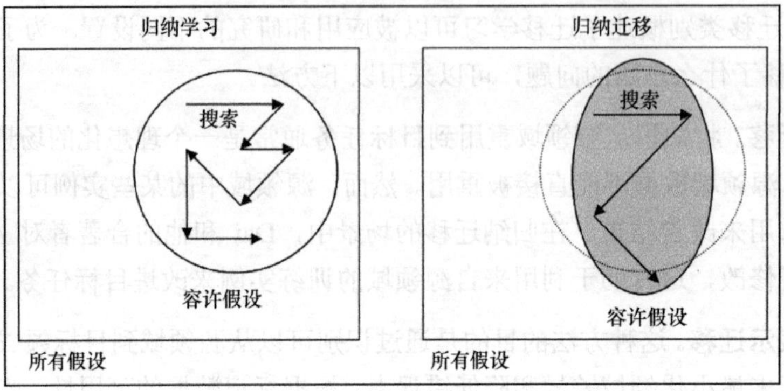

图 4.4

除了归纳迁移，归纳学习算法还利用贝叶斯和层次迁移技术来协助改进目标任务的学习和提升性能。

4.3.1 迁移学习方法论

近些年来，深度学习取得了长足的进步和惊人的成绩。但是此类深度学习系统所需的训练时间和数据量要比传统的机器学习系统高出几个量级。

在计算机视觉和**自然语言处理**等领域，多个具有先进性能的深度学习网络（有些性能与人类相当甚至更好）已经被开发和测试。在大多数情况下，团队或成员会共享这些网络的细节并提供给其他人使用（其中一些流行的网络已经在第 3 章中介绍过了）。这些预训练好的网络或模型构成了深度学习中迁移学习的基础。

1. 特征提取

正如第 3 章中所讨论的，深度学习系统是层级架构，不同层会学习不同的特征，这些层最终连接到一个最终层（在分类的情况下，通常是一个全连接层）来获得最终输出。这种层级架构允许我们利用一个删除最终层的预先训练好的网络（如 Inception V3 或 VGG）来作为其他任务的特征提取器。图 4.5 所示为基于特征提取的迁移学习过程。

例如，如果我们使用一个去除最终分类层的 AlexNet 网络，那么它将帮助我们将来自一个新的领域任务的图像基于其隐藏状态转换为 4096 维向量，以使我们能够利用源领域任务的知识从一个新领域的任务中提取特征。这是利用深度神经网络进行迁移学习的最广泛使用的方法之一。

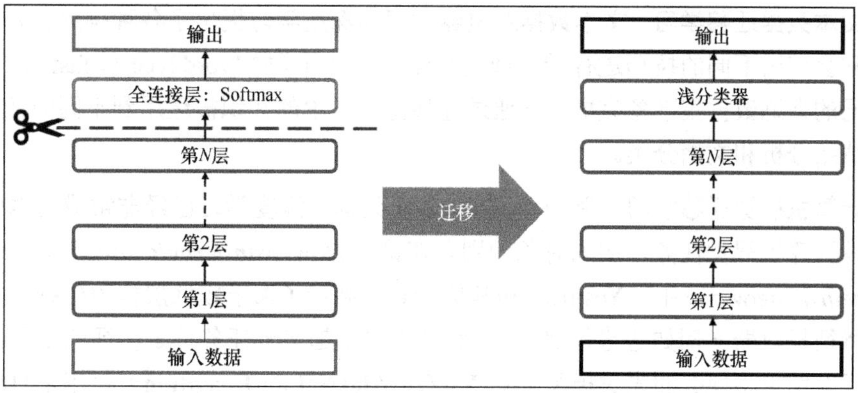

图 4.5

2. 微调

这是一种更为复杂的技巧，在这种情况下不仅会对（用于分类或回归的）最终层进行替换，而且还会选择性地重训练前面的一些层。深度神经网络是具有多种超参数的高度可配置体系架构。正如前面所讨论的，初始层被认为是用来捕获一般特征，而后面的层则更多地关注特定任务。利用这种洞察能力，我们可以在重训练时冻结（固定权重）某些层，或者根据我们的需要对其他层进行微调。在这种情况下，我们可以利用网络总体架构方面的知识，并将其状态作为重训练步骤的起点。这将反过来帮助我们用更少的训练时间来获得更好的性能。

4.3.2 预训练模型

迁移学习的一个基本要求是存在能够很好地运行源任务的模型。幸运的是，深度学习世界相信分享。许多深度学习团队各自公开分享了最先进的深度学习架构，这些模型可以跨越不同的领域，例如计算机视觉和自然语言处理。在第 3 章中，我们研究了一些著名和文档优秀的架构，这些网络背后的团队不仅分享了结果，还分享了他们的预训练模型。预训练模型通常以数百万个参数或权值的形式被共享，这些参数或权值是在模型被训练到稳定状态时获得的。每个人都可以通过不同的方式使用预训练模型。著名的深度学习 Python 库 keras 提供了一个接口来下载各种可用的预训练网络，例如 **XCeption**、**VGG16** 和 **InceptionV3**。同样，预训练模型也可以通过 TensorFlow 和其他深度学习库来获取。伯克利的 Model Zoo 提供了经过多年开发的更广泛的预训练模型集合。

4.3.3 应用

深度学习是一类非常成功的应用迁移学习的算法。以下是一些例子。

- **文本数据迁移学习**。文本数据对机器学习和深度学习提出了各种挑战。文本数据经常会使用不同的技巧进行转换或向量化。词向量（如 Word2vec 和 fastText）使用不同的训练数据集准备完成，它通过迁移源任务中的知识被运用到不同的任务中，如情绪分析和文档分类。
- **计算机视觉迁移学习**。利用不同的 CNN 架构，深度学习已经非常成功地应用于各种计算机视觉任务，例如对象识别。在论文 *How transferable are features in deep neural networks* 中，Yosinski 和其他合著者展示了关于较低层作为传统计算机视觉特征提取器（例如边缘检测器），而最终层则趋向于任务特定特征的发现。这些发现有助于将现有的先进模型（如 **VGG**、**AlexNet** 和 **Inception**）运用于目标任务，例如样式迁移和面部检测，但这些任务的训练模型和源模型并不相同。
- **语音或音频迁移学习**。与文本和计算机视觉领域类似，深度学习已经成功地应用于基于音频数据的任务。例如，为英语开发的**自动语音识别**（**Automatic Speech Pecognition**，**ASR**）模型已经成功地用于提高其他语言（如德语）的语音识别性能。除此之外，自动说话人识别是另一个对于说明迁移学习大有帮助的例子。

4.4 深度迁移学习类型

正如本章开头所提到的，关于迁移学习的文献经历了很多迭代，与迁移学习相关的术语已经被宽松地使用，并且经常可以互换使用。因此有时很难区分迁移学习、领域适应和多任务学习。请放心，这些方法都相互关联并且都可以用于尝试解决类似的问题。为了在本书中保持一致性，当尝试使用源任务-领域的知识解决目标任务时，我们将迁移学习的概念作为一个通用概念。

4.4.1 领域适应

领域适应通常指那些源和目标领域之间的边际概率不同的场景，例如 $P(X_s) \neq P(X_t)$。源领域和目标领域的数据分布存在固有的偏移或漂移，需要进行调整才能迁移学习。例如，标记为正向或负向的电影评论语料库与产品评论情绪语料库不同。根据电影评论情绪训练的分类器如果用于对产品评论进行分类，会看到不同的分布。因此在这些场景下，领域适应技巧被用于迁移学习。

4.4.2 领域混淆

我们学习了不同的迁移学习策略，甚至讨论了迁移什么、何时迁移以及如何迁移 3 个将知识从源转移到目标的问题。特别地，我们讨论了特征表示迁移非常有效。值得重申的是深度学习网络中的不同层会捕获不同的特性集合，我们可以利用这一事实来学习领域不变特征，并提高它们跨领域的可移植性。我们不允许模型学习任何表示，而是推动这两个领域的表示尽可能相似。

该技巧可以通过将某些预处理步骤直接应用于表示本身来实现。其中一些已经由 Baochen Sun、Jiashi Feng 和 Kate Saenko 在他们的论文 *Return of Frustratingly Easy Domain Adaptation* 中讨论过。Ganin 等人在他们的论文 *Domain-Adversarial Training of Neural Networks* 中也提及朝相似的表示进行推进的方法。这种技巧背后的基本思想是通过混淆领域本身向源模型添加另一个目标来鼓励相似性，因此被称为领域混淆。

4.4.3 多任务学习

多任务学习是迁移学习世界中一种风格略微不同的方法。在多任务学习的情况下，多个任务同时被学习，而不区分源任务和目标任务。在多任务学习中，学习者一次接收多个任务的信息；而在迁移学习中，学习者最初对目标任务一无所知。

多任务学习如图 4.6 所示。

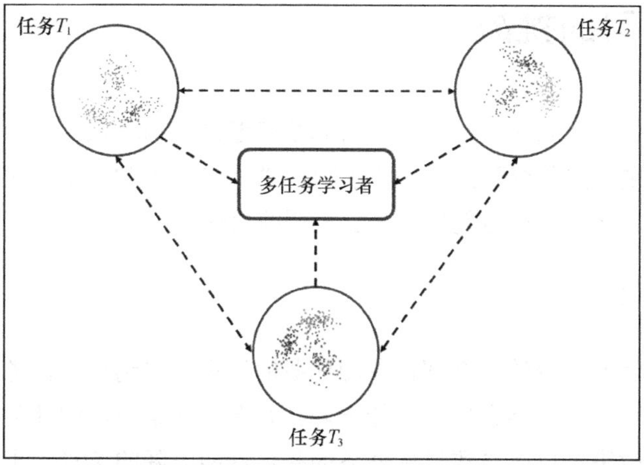

图 4.6

4.4.4 一次性学习

深度学习系统本质上对数据要求非常严苛，因此它们需要许多训练实例来学习权重。这是深度神经网络的局限性之一，尽管人类的学习方式并非如此。例如一旦孩子看到苹果的样子后，他们就能很容易地辨别出不同种类的苹果（用一个或几个训练例子）；而机器学习和深度学习算法不是这样。一次性学习是迁移学习的一种变体，它试图基于一个或几个训练实例来推断出所需的输出。这在不可能为每个可能的类都产出标记数据（如果是一个分类任务）的现实场景中，以及在经常添加新类的场景中都非常有用。

在具有里程碑意义的论文 *One Shot Learning of Object Categories* 中，作者们提出了一次性学习的概念，明确该子领域的研究，并提出了一种用于对象分类表示学习的贝叶斯框架变体。这种方法在后续得到了改进，并使用深度学习系统加以应用。

4.4.5 零样本学习

零样本学习是迁移学习的另一种极端变体，它依赖于无标记的实例来学习任务。这可能听起来难以置信，尤其是考虑到大多数监督学习算法的本质就是对标记数据进行学习的事实。零数据学习或零样本学习方法在训练阶段对本身进行巧妙的调整，来提取额外信息以理解从未见过的数据。在 *Deep Learning* 一书中，Goodfellow 和其他合著者将零样本学习描述为这样一种情境：共有 3 个变量被学习，例如传统输入变量 x、传统输出变量 y，以及用于描述任务 T 的额外随机变量。因此模型 T 被训练来学习条件概率分布 $P(y|x,T)$ 。零样本学习在一些场景（例如机器翻译）中很有用，此时的目标语言中甚至不会包含标签。

4.5 迁移学习的挑战

迁移学习潜力巨大，同时也是现有学习算法普遍需要的增强。然而一些与迁移学习相关的问题仍然需要更多的研究和探索。除了回答“迁移什么”“何时迁移”和“如何转移”等问题之外，负向转移和迁移边界也带来了主要的挑战。

4.5.1 负向迁移

到目前为止，我们讨论的案例都在将源任务的知识转移到目标任务后提升了性能。但在某些情况下迁移学习也可能会导致性能下降。负向迁移是指从源任务到目标任务的知识迁移没有带来任何改进，反而导致目标任务的整体性能下降的场景。出现负向迁移可能有多种原因，例如源任务与目标任务没有足够的关联，或者迁移方法不能很好地利用源任务和目标任务之间的关系。避免负向迁移非常重要，需要仔细调研。Rosenstien 和其他合著者在他们的论文中经验性地展示了当源任务和目标任务不相似时，强制迁移将降低目标任务的性能。Bakker 和其他合著者提出的 Bayesian 方法，以及其他用于辨别关联性基于聚类解决方案的技巧正在研究如何避免负向迁移。

4.5.2 迁移边界

在迁移学习中，对迁移进行量化也会对迁移的量和可行性产生重要影响。为了对迁移的量进行衡量，Hassan Mahmud 和其他合著者利用柯尔莫戈罗夫复杂度（Kolmogorov complex）证明了一定的理论界限，以分析任务之间迁移学习和衡量任务之间的关联性。Eaton 和其他合著者提出了一种新的基于图的方法来测量知识迁移。这些技术的详细细节超出了本书的范围。读者可以通过本节中列出的参考资料来对这些主题进行更多的探索。

4.6 总结

在本书的第 1～3 章中介绍了机器学习和深度学习的背景和基础之后，本章开始了构建迁移学习基础的第二阶段。在深入到实际用例之前，我们必须将对迁移学习的理解形式化，并学习不同的技巧和研究，以及与之相关的挑战。在本章中，我们介绍了迁移学习概念背后的基本原理，迁移学习近些年来的发展，以及为什么迁移学习是优先需求。

我们首先在学习算法的广泛背景之下理解了迁移学习及其优势。接着我们讨论了理解、应用和分类迁移学习方法的各种策略，以及深度学习背景下的迁移学习。我们讨论了与深度迁移学习相关的不同的迁移学习方法，如特征提取和微调；还介绍了著名的预训练模型和使用深度学习系统进行迁移学习的流行应用。近些年来，深度学习已被证明是非常成功的，因此许多在该领域中使用迁移学习进行的研究也越来越多。

我们简要讨论了深度迁移学习的不同变体，如领域适应、领域混淆、多任务学习、一次性学习和零样本学习。在本章的最后，我们提出了与迁移学习相关的挑战，如负向迁移和迁移边界。在本章中，我们列出了许多与迁移学习相关的各种参考资料，并鼓励读者探索它们以获得更多信息。本章内容是当前迁移学习领域的一个指针和概述。在第 5 章中，我们将进行一些与迁移学习相关的实践练习。

第 5 章 释放迁移学习的威力

在前面的章节中，我们介绍了围绕迁移学习的主要概念。迁移学习的关键思想是在各种各样的任务中利用最新的预训练深度学习模型来得到更优秀的结果，而非从零开始构建你自己的深度学习模型和架构。在本章中，我们将获得关于使用迁移学习构建深度学习模型更实际的观点，并将其运用于一个现实世界的问题中。我们将构建各种使用或不使用迁移学习的深度学习模型，并分析它们的架构和比较其性能。本章内容主要涉及以下几个主要部分。

- 迁移学习的必要性。
- 从零开始构建**卷积神经网络模型**，即 **CNN** 模型：
  - 构建一个基本的 CNN 模型；
  - 使用正则化提升 CNN 模型的性能；
  - 使用图片增强提升 CNN 模型的性能。
- 使用预训练的 CNN 模型来利用迁移学习：
  - 使用一个预训练模型作为特征提取器；
  - 使用图片增强提升预训练模型的性能；
  - 使用微调提升预训练模型的性能。
- 模型性能评估。

Francois Chollet 不仅创建了令人惊叹的深度学习框架 Keras，同时还在他的著作 *DeepLearning With Python* 中讨论了迁移学习是如何有效地解决现实世界问题的。在本章中，我们将以此为灵感来描述迁移学习的真正力量。本章中的代码可以在异步社区网站获取。

5.1 迁移学习的必要性

在第 4 章中，我们已经简要讨论了迁移学习的优势。使用迁移学习，我们将获得一些好处，例如提高基线性能和缩短整体模型开发和训练时间，并且与从零开始构建深度学习模型相比，我们还得到了整体的提升和更优的模型性能。这里需要记住的一个重点是：迁移学习作为一个领域，在深度学习之前就已经存在，它也可以应用于不需要深度学习的领域或问题。

现在我们来考虑一个现实世界的问题，我们将在本章中使用这个问题来说明不同的深度学习模型，并在同一问题中使用迁移学习。深度学习的一个关键要求是需要大量的数据和样本来建立健壮的深度学习模型。这背后的思想是模型可以自动地从大量的样本中学习特征。但是当我们没有足够的训练样本，并且需要解决的问题仍然是一个相对复杂的问题时，我们应该怎么办呢？例如一个计算机视觉问题（如图像分类）使用传统的统计方法或**机器学习**技术可能难以解决。我们应该就此放弃深度学习吗？

考虑一个**图像分类**问题，由于我们处理的图像的本质是高维张量，它们拥有更多的数据来使深度学习模型能够更好地学习图像的底层特征表示。然而，即使我们每个类别的图像样本数量有几百到几千，一个基本的 CNN 模型仍然需要使用合适的架构和正则化来实现优秀的性能。在此需要记住的关键点是 CNN 模型学习的模式和特性是与缩放、平移和旋转无关的，因此我们不需要自定义特征工程技巧。我们可能仍然会遇到例如模型过拟合这样的问题，我们将在本章中尝试解决这个问题。

对于迁移学习，已有一些优秀的预训练深度学习模型在著名的 ImageNet 数据集上进行了训练。我们已经在第 3 章中详细介绍了其中的一些模型，在本章中我们将使用著名的 VGG-16 模型。这里的思想是使用一个本身就在图像分类领域非常专业的预训练模型（附加拥有少量数据样本的约束）来解决我们的问题。

5.1.1 阐述现实世界问题

正如之前提到的，我们将处理一个图像分类问题，其中每个类别仅有少量的训练样本。我们的问题数据集可以在 Kaggle 网站中找到，同时该数据集也是计算机视觉领域最流行的数据集之一。我们将使用的数据集来自 Dogs vs. Cats 挑战，在此我们的主要目标是建立一个模型来成功地识别并将图像分类为猫或狗。用机器学习的术语来说，这是一个基于图像的二分类问题。

先从数据集页面下载 train.zip 文件并将其存储在本地系统中。下载完成之后，将其解压缩到一个文件夹中。这个文件夹将包含 25000 张狗和猫的图片，即每个类别包含 12500 张图片。

5.1.2　构建数据集

虽然我们可以使用全部 25000 张图片并基于它们来构建一些优秀的模型，但如果你还记得的话，我们的问题目标包括每个类别仅有少量图片的附加约束。我们将基于这个目标来构建自己的数据集。如果你想自己运行实例，可以参考 Datasets Builder.ipynb 这个 Jupyter 笔记本。

我们需要加载以下依赖性，包含一个名为 utils 的便捷模块，它的代码位于本章的代码文件的 utils.py 文件中。它主要用于在我们将图片复制到一个新文件夹中的过程中生成一个进度条，如代码片段 5.1 所示。

代码片段 5.1

```
import glob
import numpy as np
import os
import shutil
from utils import log_progress

np.random.seed(42)
```

加载原始训练数据集文件夹中的所有图片，如代码片段 5.2 所示。

代码片段 5.2

```
files = glob.glob('train/*')

cat_files = [fn for fn in files if 'cat' in fn]
dog_files = [fn for fn in files if 'dog' in fn]
len(cat_files), len(dog_files)

Out [3]: (12500, 12500)
```

我们可以通过代码片段 5.2 的输出结果来验证每个类别包含 12500 张图片。现在让我们构建更小的数据集，以便拥有 3000 张图片用于训练、1000 张图片用于验证、1000 张图片用于测试（这两个动物类别的图片数量相同），如代码片段 5.3 所示。

代码片段 5.3

```
cat_train = np.random.choice(cat_files, size=1500, replace=False)
dog_train = np.random.choice(dog_files, size=1500, replace=False)
cat_files = list(set(cat_files) - set(cat_train))
dog_files = list(set(dog_files) - set(dog_train))

cat_val = np.random.choice(cat_files, size=500, replace=False)
dog_val = np.random.choice(dog_files, size=500, replace=False)
cat_files = list(set(cat_files) - set(cat_val))
dog_files = list(set(dog_files) - set(dog_val))

cat_test = np.random.choice(cat_files, size=500, replace=False)
dog_test = np.random.choice(dog_files, size=500, replace=False)

print('Cat datasets:', cat_train.shape, cat_val.shape, cat_test.shape)
print('Dog datasets:', dog_train.shape, dog_val.shape, dog_test.shape)

Cat datasets: (1500,) (500,) (500,)
Dog datasets: (1500,) (500,) (500,)
```

数据集创建完成后，我们将它们存储到硬盘的不同的文件夹中，以便我们可以在将来的任何时间使用它们而无须担心它们是否还存储在主要内存中，如代码片段 5.4 所示。

代码片段 5.4

```
train_dir = 'training_data'
val_dir = 'validation_data'
test_dir = 'test_data'

train_files = np.concatenate([cat_train, dog_train])
validate_files = np.concatenate([cat_val, dog_val])
test_files = np.concatenate([cat_test, dog_test])

os.mkdir(train_dir) if not os.path.isdir(train_dir) else None
os.mkdir(val_dir) if not os.path.isdir(val_dir) else None
os.mkdir(test_dir) if not os.path.isdir(test_dir) else None

for fn in log_progress(train_files, name='Training Images'):
    shutil.copy(fn, train_dir)
for fn in log_progress(validate_files, name='Validation Images'):
    shutil.copy(fn, val_dir)
for fn in log_progress(test_files, name='Test Images'):
    shutil.copy(fn, test_dir)
```

当所有的图片都复制到对应的文件夹中之后，进度条会变为绿色，如图 5.1 所示。

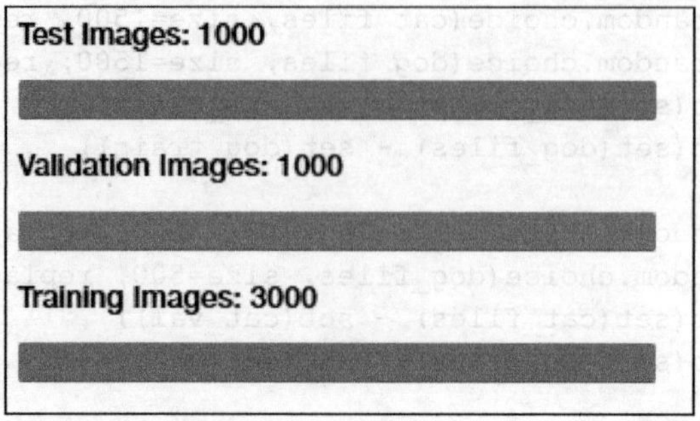

图 5.1

5.1.3 描述方法

既然这是一个图像分类问题，那么我们可以利用 CNN 模型或者 convNet 模型来尝试解决这个问题。我们已经在本章的开始部分简要地讨论了我们的方法。我们将首先从零开始创建一个简单的 CNN 模型，然后尝试使用例如正则化和图像增强这样的技巧来提升模型的性能，最后尝试使用预训练模型来释放迁移学习的真正威力。

5.2 从零开始构建 CNN 模型

现在我们开始构建我们的图像分类器。方法是在训练数据集上构建模型，并在验证数据集上进行验证，最后在测试数据集上测试所有模型的性能。在开始建模之前，让我们先加载和准备数据集。首先加载一些基本的依赖项，如代码片段 5.5 所示。

代码片段 5.5

```
import glob
import numpy as np
import matplotlib.pyplot as plt
from keras.preprocessing.image import ImageDataGenerator, load_img,
img_to_array, array_to_img

%matplotlib inline
```

然后加载数据集，如代码片段 5.6 所示。

代码片段 5.6

```
IMG_DIM = (150, 150)

train_files = glob.glob('training_data/*')
train_imgs = [img_to_array(load_img(img, target_size=IMG_DIM)) for img
              in train_files]
train_imgs = np.array(train_imgs)
train_labels = [fn.split('/')[1].split('.')[0].strip() for fn in
                train_files]

validation_files = glob.glob('validation_data/*')
validation_imgs = [img_to_array(load_img(img, target_size=IMG_DIM)) for
                   img in validation_files]
validation_imgs = np.array(validation_imgs)
validation_labels = [fn.split('/')[1].split('.')[0].strip() for fn in
                     validation_files]

print('Train dataset shape:', train_imgs.shape,
      'tValidation dataset shape:', validation_imgs.shape)


Train dataset shape: (3000, 150, 150, 3)
Validation dataset shape: (1000, 150, 150, 3)
```

我们可以清楚地看到，我们拥有 3000 张训练图片和 1000 张验证图片。每张图片的尺寸是 150 像素 × 150 像素，包含的 3 个通道分别为红、绿、蓝（R、G、B），因此每张图片的维度为（150,150,3）。由于深度学习模型在较小的输入值上性能会更好，因此我们把（0,255）范围中的像素值缩小到（0,1）范围内，如代码片段 5.7 所示。

代码片段 5.7

```
train_imgs_scaled = train_imgs.astype('float32')
validation_imgs_scaled = validation_imgs.astype('float32')
train_imgs_scaled /= 255
validation_imgs_scaled /= 255

# visualize a sample image
print(train_imgs[0].shape)
array_to_img(train_imgs[0])

(150, 150, 3)
```

代码片段 5.7 的输出结果如图 5.2 所示。

图 5.2

上述输出结果展示了来自训练数据集中的一张样本图片，现在我们来设置一些基本配置参数，并将我们的文本类标签编码为数值（否则 Keras 框架将抛出错误），如代码片段 5.8 所示。

代码片段 5.8

```
batch_size = 30
num_classes = 2
epochs = 30
input_shape = (150, 150, 3)

# encode text category labels
from sklearn.preprocessing import LabelEncoder

le = LabelEncoder()
le.fit(train_labels)
train_labels_enc = le.transform(train_labels)
validation_labels_enc = le.transform(validation_labels)

print(train_labels[1495:1505], train_labels_enc[1495:1505])


['cat', 'cat', 'cat', 'cat', 'cat', 'dog', 'dog', 'dog', 'dog', 'dog']
[0 0 0 0 0 1 1 1 1 1]
```

从以上代码中我们可以看到，编码方案将数字 0 赋值给 cat 类，将数字 1 赋值给 dog 类。现在我们已经准备好构建我们的第一个基于 CNN 的深度学习模型了。

5.2.1 基本 CNN 模型

我们将从构建一个基本的 CNN 模型开始，该模型包含 3 个卷积层，它们通过最大池化层相互连接，以此来从我们的图像中自动提取特征，并对输出卷积特征图进行降采样。如果需要用到回忆卷积和池化层的运作原理，请参考第 3 章中关于 CNN 的部分。

在提取这些特征图之后，我们将使用一个密集层和一个使用 sigmoid 函数的输出层进行分类。由于我们需要进行二元分类，因此只需要使用一个 binary_crossentropy 损失函数。我们将使用流行的 RMSprop 优化器，它可以帮助我们使用反向传播来优化网络中单元的权重，从而将网络的损失最小化，最终得到一个优秀的分类器。读者可以参考第 2 章中的随机梯度下降法和 SGD 提升两小节的内容，以便深入了解优化器的工作原理。简言之，一个优化器（例如 RMSprop）指定了关于如何使用损失的梯度在每一批数据中更新参数的规则。

现在我们使用 Keras 框架来构建 CNN 模型架构，如代码片段 5.9 所示。

代码片段 5.9

```
from keras.layers import Conv2D, MaxPooling2D, Flatten, Dense, Dropout
from keras.models import Sequential
from keras import optimizers

model = Sequential()

# convolution and pooling layers
model.add(Conv2D(16, kernel_size=(3, 3), activation='relu',
                 input_shape=input_shape))
model.add(MaxPooling2D(pool_size=(2, 2)))
model.add(Conv2D(64, kernel_size=(3, 3), activation='relu'))
model.add(MaxPooling2D(pool_size=(2, 2)))
model.add(Conv2D(128, kernel_size=(3, 3), activation='relu'))
model.add(MaxPooling2D(pool_size=(2, 2)))

model.add(Flatten())
model.add(Dense(512, activation='relu'))
model.add(Dense(1, activation='sigmoid'))


model.compile(loss='binary_crossentropy',
              optimizer=optimizers.RMSprop(),
              metrics=['accuracy'])

model.summary()
```

```
Layer (type)                 Output Shape              Param #
=================================================================
conv2d_1 (Conv2D)            (None, 148, 148, 16)      448
_________________________________________________________________
max_pooling2d_1 (MaxPooling2 (None, 74, 74, 16)        0
_________________________________________________________________
conv2d_2 (Conv2D)            (None, 72, 72, 64)        9280
_________________________________________________________________
max_pooling2d_2 (MaxPooling2 (None, 36, 36, 64)        0
_________________________________________________________________
conv2d_3 (Conv2D)            (None, 34, 34, 128)       73856
_________________________________________________________________
max_pooling2d_3 (MaxPooling2 (None, 17, 17, 128)       0
_________________________________________________________________
flatten_1 (Flatten)          (None, 36992)             0
_________________________________________________________________
dense_1 (Dense)              (None, 512)               18940416
_________________________________________________________________
dense_2 (Dense)              (None, 1)                 513
=================================================================

Total params: 19,024,513
Trainable params: 19,024,513
Non-trainable params: 0
```

代码片段5.9的输出结果展示了基本CNN模型的总结。正如之前提到的，我们可以使用卷积层来进行特征提取。扁平层用于将我们从第三个卷积层得到的 $17 \times 17 \times 128$ 维度的特征图进行扁平化。扁平层的输出结果作为密集层的输入，以此来得到我们的图像应该是dog(1)还是cat(0)的预测结果。以上所有的步骤都是模型训练过程的组成部分，因此我们使用fit()方法来对模型进行训练，如代码片段5.10所示。以下术语对于训练我们的模型来说非常重要：

- 批大小（batch_size）指明了每次迭代传递给模型的图片数量；
- 每次迭代之后每一层中单元的权重都会被更新；
- 迭代的总数总是等于训练样本的总数除以批大小；
- 当所有的数据集都通过网络一次之后（即给予数据批处理的所有迭代都已经完成），一个周期完成。

我们将批大小设置为30，由于训练数据集共有3000张图片，这说明一个周期总共将包含 100 次迭代。我们将模型训练 30 个周期，并依次在包含 1000 张图片的验证集上进行验证。

代码片段 5.10

```
history = model.fit(x=train_imgs_scaled, y=train_labels_enc,
validation_data=(validation_imgs_scaled,
                 validation_labels_enc),
                 batch_size=batch_size,
                 epochs=epochs,
                 verbose=1)

Train on 3000 samples, validate on 1000 samples
Epoch 1/30
3000/3000 - 10s - loss: 0.7583 - acc: 0.5627 - val_loss: 0.7182 - val_acc:
0.5520
Epoch 2/30
3000/3000 - 8s - loss: 0.6343 - acc: 0.6533 - val_loss: 0.5891 - val_acc:
0.7190
...
...
Epoch 29/30
3000/3000 - 8s - loss: 0.0314 - acc: 0.9950 - val_loss: 2.7014 - val_acc:
0.7140
Epoch 30/30
3000/3000 - 8s - loss: 0.0147 - acc: 0.9967 - val_loss: 2.4963 - val_acc:
0.7220
```

从训练集和验证集的准确率来看，我们的模型有一些过拟合。我们可以将模型的准确率和误差进行可视化以便更好地理解，如代码片段 5.11 所示。

代码片段 5.11

```
f, (ax1, ax2) = plt.subplots(1, 2, figsize=(12, 4))
t = f.suptitle('Basic CNN Performance', fontsize=12)
f.subplots_adjust(top=0.85, wspace=0.3)

epoch_list = list(range(1,31))
ax1.plot(epoch_list, history.history['acc'], label='Train Accuracy')
ax1.plot(epoch_list, history.history['val_acc'], label='Validation
Accuracy')
ax1.set_xticks(np.arange(0, 31, 5))
ax1.set_ylabel('Accuracy Value')
ax1.set_xlabel('Epoch')
ax1.set_title('Accuracy')
```

```
    l1 = ax1.legend(loc="best")

    ax2.plot(epoch_list, history.history['loss'], label='Train Loss')
    ax2.plot(epoch_list, history.history['val_loss'], label='Validation Loss')
    ax2.set_xticks(np.arange(0, 31, 5))
    ax2.set_ylabel('Loss Value')
    ax2.set_xlabel('Epoch')
    ax2.set_title('Loss')
    l2 = ax2.legend(loc="best")
```

绘制图 5.3 所示的内容使用了历史对象，其中包含每个周期的准确率和损失。

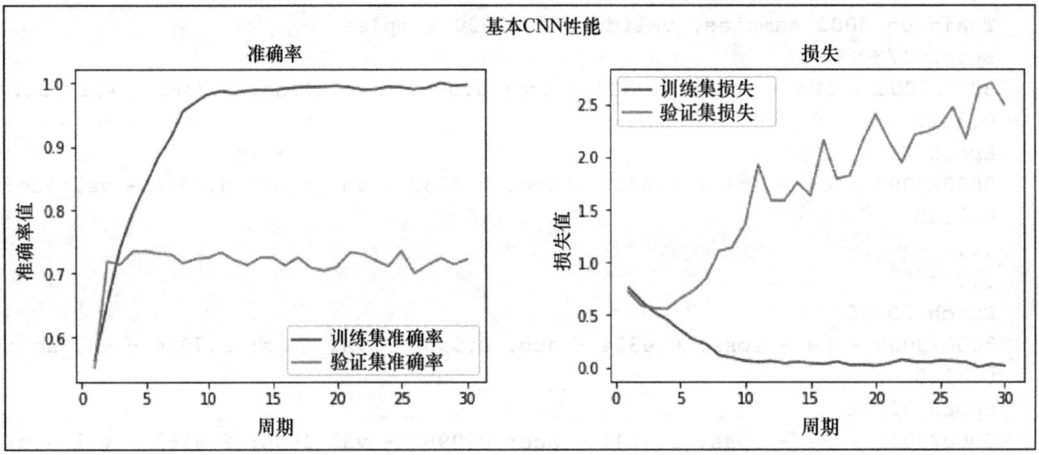

图 5.3

我们可以看到在 2～3 个周期之后模型开始在训练数据集上过拟合。在验证集上的平均准确率约为 72%，对于开头来说这并不算很坏，那么我们可以改进这个模型吗？

5.2.2 正则化的 CNN 模型

现在我们来对基本 CNN 模型进行改进，即在其中增加一个额外的卷积层，以及另一个密集隐层。除此之外，我们将在每个隐层之后添加 0.3 的丢弃操作，以此来启动正则化。我们已经在第 2 章中对丢弃操作进行了简要的描述，如果你需要对这部分内容进行回顾可以随时查看这一部分。从根本上来说，丢弃在深度神经网络中是一种强大的正则化方法。它可以分别运用于输出层和隐层。

丢弃操作会将随机对一层中一定比例单元（在我们的例子中它是密集层中 30%的单元）的输出设置为 0 来对其进行掩盖，如代码片段 5.12 所示。

代码片段 5.12

```
model = Sequential()
# convolutional and pooling layers
model.add(Conv2D(16, kernel_size=(3, 3), activation='relu',
                 input_shape=input_shape))
model.add(MaxPooling2D(pool_size=(2, 2)))
model.add(Conv2D(64, kernel_size=(3, 3), activation='relu'))
model.add(MaxPooling2D(pool_size=(2, 2)))
model.add(Conv2D(128, kernel_size=(3, 3), activation='relu'))
model.add(MaxPooling2D(pool_size=(2, 2)))
model.add(Conv2D(128, kernel_size=(3, 3), activation='relu'))
model.add(MaxPooling2D(pool_size=(2, 2)))

model.add(Flatten())
model.add(Dense(512, activation='relu'))
model.add(Dropout(0.3))
model.add(Dense(512, activation='relu'))
model.add(Dropout(0.3))
model.add(Dense(1, activation='sigmoid'))

model.compile(loss='binary_crossentropy',
              optimizer=optimizers.RMSprop(),
              metrics=['accuracy'])
```

在训练数据集上训练新模型，并在验证数据集上进行验证，如代码片段 5.13 所示。

代码片段 5.13

```
history = model.fit(x=train_imgs_scaled, y=train_labels_enc,
                    validation_data=(validation_imgs_scaled,
                                     validation_labels_enc),
                    batch_size=batch_size,
                    epochs=epochs,
                    verbose=1)

Train on 3000 samples, validate on 1000 samples
Epoch 1/30
3000/3000 - 7s - loss: 0.6945 - acc: 0.5487 - val_loss: 0.7341 - val_acc:
0.5210
Epoch 2/30
3000/3000 - 7s - loss: 0.6601 - acc: 0.6047 - val_loss: 0.6308 - val_acc:
0.6480
...
...
```

```
Epoch 29/30
3000/3000 - 7s - loss: 0.0927 - acc: 0.9797 - val_loss: 1.1696 - val_acc:
0.7380
Epoch 30/30
3000/3000 - 7s - loss: 0.0975 - acc: 0.9803 - val_loss: 1.6790 - val_acc:
0.7840
```

在模型训练期间所有周期的准确率和损失值如图 5.4 所示。

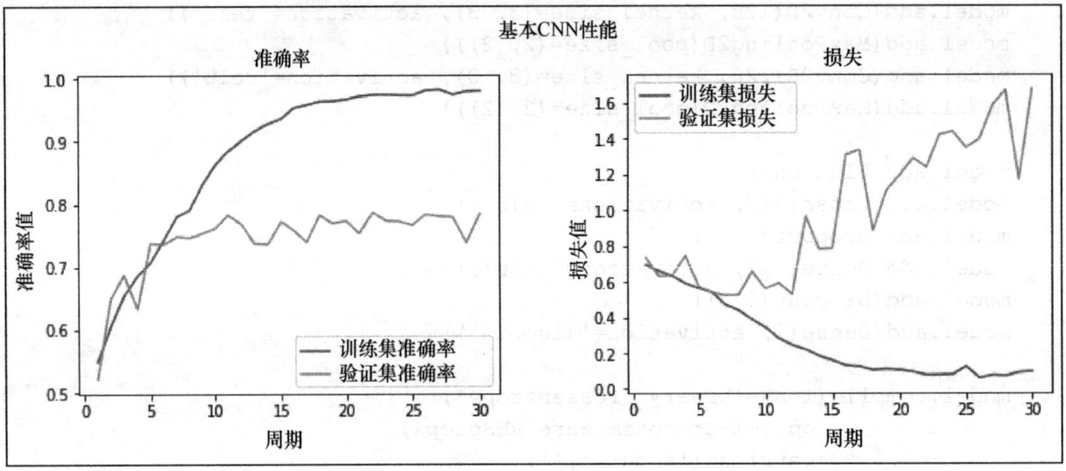

图 5.4

从图 5.4 所示的内容中可以清楚地看到模型依然过拟合，尽管开始过拟合多花了一些时间，但同时我们的验证集准确率提升到了 78%左右，这还不错但并不令人惊讶。

模型过拟合的原因是我们的训练数据量过少，模型在每个周期中持续查看相同的实例。一种能解决该问题的方法是利用图像增强策略来对我们的已有的训练数据进行增强，具体来说就是生成一些已有图像的变体。我们将在 5.2.3 小节中介绍相关细节。现在我们来将模型保存一段时间，以便将来我们能在测试数据上评估模型的性能，如代码片段 5.14 所示。

代码片段 5.14

```
model.save('cats_dogs_basic_cnn.h5')
```

5.2.3 图像增强的 CNN 模型

现在我们通过使用一种恰当的图像增强策略来增加更多的数据，从而提升我们的正则化 CNN 模型的性能。由于我们之前的模型每次都在少量样本的数据集上进行训练，因此它无法较好地进行泛化，并最终在几个周期之后趋于过拟合。

图像增强背后的思想是：我们遵循一套流程，从训练数据集中获取现有图像，并对它们应用一些图像转换操作，例如旋转、剪切、平移、缩放等，来生成现有图像的新的修改版本。由于这些转换是随机的，我们不会每次都得到相同的图像，因此我们将利用 Python 生成器在训练期间向模型提供这些新图像。

Keras 框架有一个名为 ImageDataGenerator 的优秀的便捷方法，它可以帮助我们进行所有的预处理操作。让我们来为训练数据集和验证数据集初始化两个数据生成器，如代码片段 5.15 所示。

代码片段 5.15

```
train_datagen = ImageDataGenerator(rescale=1./255, zoom_range=0.3,
                                   rotation_range=50,
                                   width_shift_range=0.2,
                                   height_shift_range=0.2,
                                   shear_range=0.2,
                                   horizontal_flip=True,
                                   fill_mode='nearest')

val_datagen = ImageDataGenerator(rescale=1./255)
```

ImageDataGenerator()方法中包含很多可选参数，我们仅仅使用了其中的一部分。读者可以访问 Keras 网站查看相关文档以获得更多细节。在训练数据生成器中，我们获取原始图像并对其进行一些转换来生成新图像。这些转换包括以下内容：

- 使用 zoom_range 参数将图像随机缩放 0.3 倍；
- 使用 rotation_range 参数将图像随机旋转 50 度；
- 使用 width_shift_range 参数和 height_shift_range 参数将图像在水平或垂直方向随机移动宽度或高度的 0.2 倍；
- 使用 shear_range 参数随机地应用基于剪切的转换；
- 使用 horizontal_flip 参数随机地对图像在水平方向上进行一半翻转；
- 在应用任何以上操作（特别是旋转或平移）之后，使用 fill_mode 参数为图像填充新像素。在这个例子中，我们用最近围绕的像素值填充新像素。

现在我们来查看几张具体的生产图像以便能对其有更好的理解。我们将从训练数据集中获取 2 张样本图片来进行说明。第一张图片是一张猫的图片，如代码片段 5.16 所示。

代码片段 5.16

```
img_id = 2595
cat_generator = train_datagen.flow(train_imgs[img_id:img_id+1],
                                   train_labels[img_id:img_id+1],
                                   batch_size=1)

cat = [next(cat_generator) for i in range(0,5)]
fig, ax = plt.subplots(1,5, figsize=(16, 6))
print('Labels:', [item[1][0] for item in cat])
l = [ax[i].imshow(cat[i][0][0]) for i in range(0,5)]
```

从图 5.5 所示的内容中可以看出，我们每次生成了一个新版的训练图像（通过平移、旋转和缩放），同时我们对其赋值 cat 标签以便模型可以从这些图像中提取相关的特征，并且记住这些图像是猫。

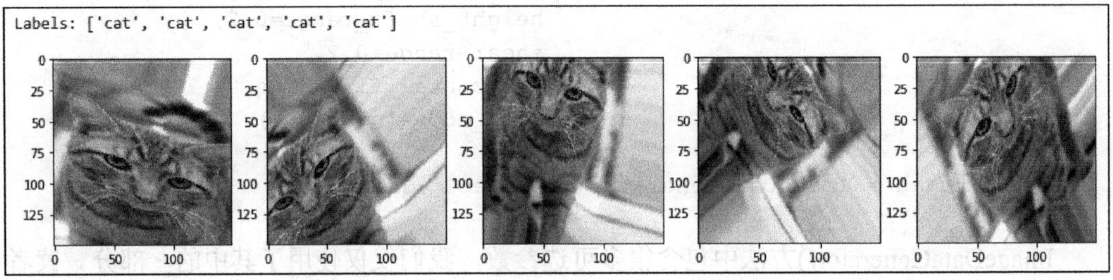

图 5.5

接下来我们来看一张狗的图片，如代码片段 5.17 所示。

代码片段 5.17

```
img_id = 1991
dog_generator = train_datagen.flow(train_imgs[img_id:img_id+1],
                                   train_labels[img_id:img_id+1],
                                   batch_size=1)

dog = [next(dog_generator) for i in range(0,5)]
fig, ax = plt.subplots(1,5, figsize=(15, 6))
print('Labels:', [item[1][0] for item in dog])
l = [ax[i].imshow(dog[i][0][0]) for i in range(0,5)]
```

图 5.6 所示的内容向我们展示了图像增强是如何帮助创造新图像的，以及是如何在这些图像增强上训练一个模型以避免过拟合的。

对于验证生成器，需要记住我们仅仅只需要向模型发送验证图像（原始图像）用于评估，因此我们只需要对图像像素进行缩放（范围为 0～1），而不需要进行任何转换。如代码片段 5.18 所示，我们仅对训练图像进行图像增强转换。

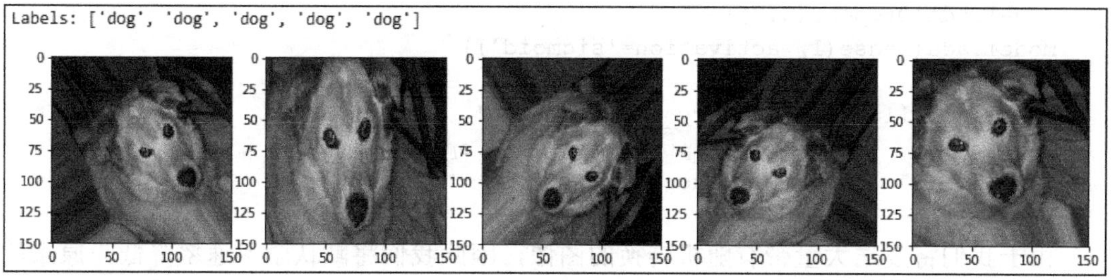

图 5.6

代码片段 5.18

```
train_generator = train_datagen.flow(train_imgs, train_labels_enc,
                                     batch_size=30)
val_generator = val_datagen.flow(validation_imgs,
                                 validation_labels_enc,
                                 batch_size=20)

input_shape = (150, 150, 3)
```

现在使用我们创造的图像增强数据生成器来训练一个正则化的 CNN 模型。我们将使用和之前相同的模型架构，如代码片段 5.19 所示。

代码片段 5.19

```
from keras.layers import Conv2D, MaxPooling2D, Flatten, Dense, Dropout
from keras.models import Sequential
from keras import optimizers

model = Sequential()
# convolution and pooling layers
model.add(Conv2D(16, kernel_size=(3, 3), activation='relu',
                 input_shape=input_shape))
model.add(MaxPooling2D(pool_size=(2, 2)))
model.add(Conv2D(64, kernel_size=(3, 3), activation='relu'))
model.add(MaxPooling2D(pool_size=(2, 2)))
model.add(Conv2D(128, kernel_size=(3, 3), activation='relu'))
model.add(MaxPooling2D(pool_size=(2, 2)))
model.add(Conv2D(128, kernel_size=(3, 3), activation='relu'))
model.add(MaxPooling2D(pool_size=(2, 2)))

model.add(Flatten())
model.add(Dense(512, activation='relu'))
```

```
model.add(Dropout(0.3))
model.add(Dense(512, activation='relu'))
model.add(Dropout(0.3))
model.add(Dense(1, activation='sigmoid'))

model.compile(loss='binary_crossentropy',
              optimizer=optimizers.RMSprop(lr=1e-4),
              metrics=['accuracy'])
```

由于我们将发送大量带有随机转换的图像，因此我们将默认学习速率降低为原来的1/10，以防止模型陷入局部最小值或过拟合。因为我们正在使用数据生成器，所以为了训练模型，我们现在需要稍微修改一下方法。我们将利用 Keras 框架中的 fit_generator()函数来训练这个模型，train_generator 每次生成 30 个图像，因此我们将使用 steps_per_epoch 参数并将其设置为 100，以便在每个周期的 3000 个随机生成的图像上训练模型；val_generator 每次生成 20 个图像，因此我们将 validation_steps 参数设置为 50，以验证我们在所有 1000 个验证图像上的模型准确性（记住我们不是在扩充验证数据集），如代码片段 5.20 所示。

代码片段 5.20

```
history = model.fit_generator(train_generator,
                              steps_per_epoch=100, epochs=100,
                              validation_data=val_generator,
                              validation_steps=50, verbose=1)

Epoch 1/100
100/100 - 12s - loss: 0.6924 - acc: 0.5113 - val_loss: 0.6943 - val_acc:
0.5000
Epoch 2/100
100/100 - 11s - loss: 0.6855 - acc: 0.5490 - val_loss: 0.6711 - val_acc:
0.5780
...
...
Epoch 99/100
100/100 - 11s - loss: 0.3735 - acc: 0.8367 - val_loss: 0.4425 - val_acc:
0.8340
Epoch 100/100
100/100 - 11s - loss: 0.3733 - acc: 0.8257 - val_loss: 0.4046 - val_acc:
0.8200
```

我们的验证集准确率提升到了 82%左右，相比上一个模型有 4%～5%的提升。此外，我们的训练集准确率和验证集准确率相差不大，这说明模型不再过拟合。图 5.7 所示为每个周期中模型的准确率和损失。

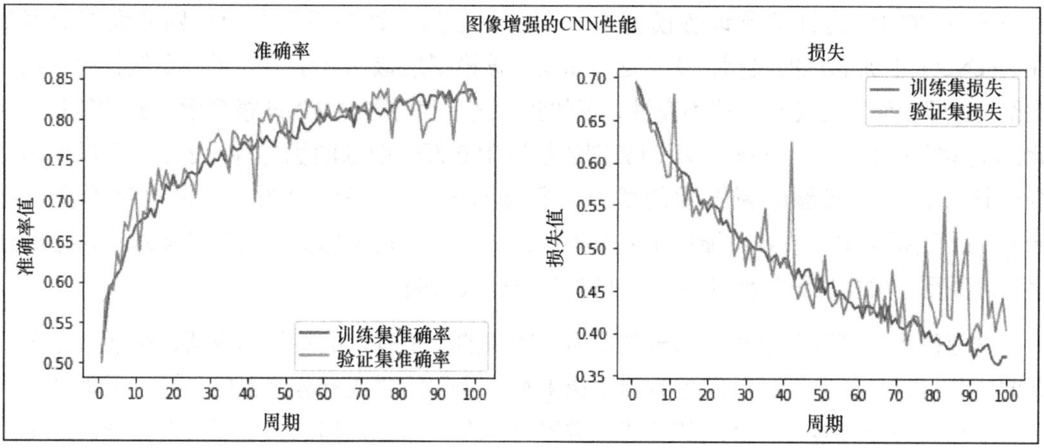

图 5.7

虽然验证集准确率和验证集损失曲线有一些峰值，但是在总体上，我们可以看到它更接近于训练集准确率，而损失表明我们得到的模型比之前的模型有更好的泛化。现在我们保存这个模型，以便将来可以在测试数据集上对其进行评估，如代码片段 5.21 所示。

代码片段 5.21

```
model.save('cats_dogs_cnn_img_aug.h5')
```

下面我们将尝试使用迁移学习的威力，来看看我们是否能构建一个更好的模型。

5.3 使用预训练的 CNN 模型利用迁移学习

到目前为止，我们已经从零开始通过指明我们自己的架构构建了 CNN 深度学习模型。我们将利用一个在计算机视觉领域基本已经是专家级别，并以图像分类而闻名的预训练模型。读者可以查看第 4 章的内容，对预训练模型及其在该领域的应用做一个简要的回顾。

当构建一个新模型或者进行模型重用时，预训练模型主要有以下两种使用方法：

- 将预训练模型作为一个特征提取器使用；
- 对预训练模型进行微调。

在本节中，我们将对两种使用方法做详细介绍。本章我们将使用的预训练模型是流行的 VGG-16 模型，该模型由牛津大学的视觉几何小组创造，该小组致力于构建非常深层的卷积网络并将其用于大规模视觉识别。**ImageNet 大规模视觉识别挑战**会评估大规模目标检测和图像分类相关算法，该小组的模型经常在竞赛中获得第一名。

像 VGG-16 这样的预训练模型是一个已经在具有许多不同图像类别的大型数据集（ImageNet）上训练过的模型。基于这一事实，该模型应该已经学习到了一个健壮的特征层次结构，即空间、旋转和平移不变性，正如我们之前讨论过的 CNN 模型学习到的特征。因此，该模型学习了属于 1000 个不同类别的超过 100 万个图像的优秀特征表示，可以作为适合于计算机视觉问题的新图像的优秀特征提取器。这些新的图像可能永远不会存在 ImageNet 数据集中，或者可能属于完全不同的类别，但是考虑到我们在第 4 章中讨论的迁移学习原则，模型应该仍然能够从这些图像中提取相关特征。

这使得我们可以利用预训练模型作为新图像的一个有效的特征提取器，来解决各种复杂的计算机视觉任务。例如用更少的图像来解决我们的猫或狗分类器的问题，或者甚至构建一个狗品种分类器、一个面部表情分类器等。在我们对我们的问题释放迁移学习的威力之前，先简要地讨论 VGG-16 模型的架构。

5.3.1　理解 VGG-16 模型

VGG-16 模型是在 ImageNet 数据库上构建的一个 16 层（包括卷积层和全连接层）网络，该模型用于图像识别和分类。该模型由 Karen Simonyan 和 Andrew Zisserman 构建，并在他们名为 *Very Deep Convolutional Networks for Large-Scale Image Recognition*（arXiv, 2014）的论文中被提及。

VGG-16 模型在第 3 章中被简要地提到过，这里我们将更详细地讨论它，并在例子中利用该模型。VGG-16 模型的架构如图 5.8 所示。

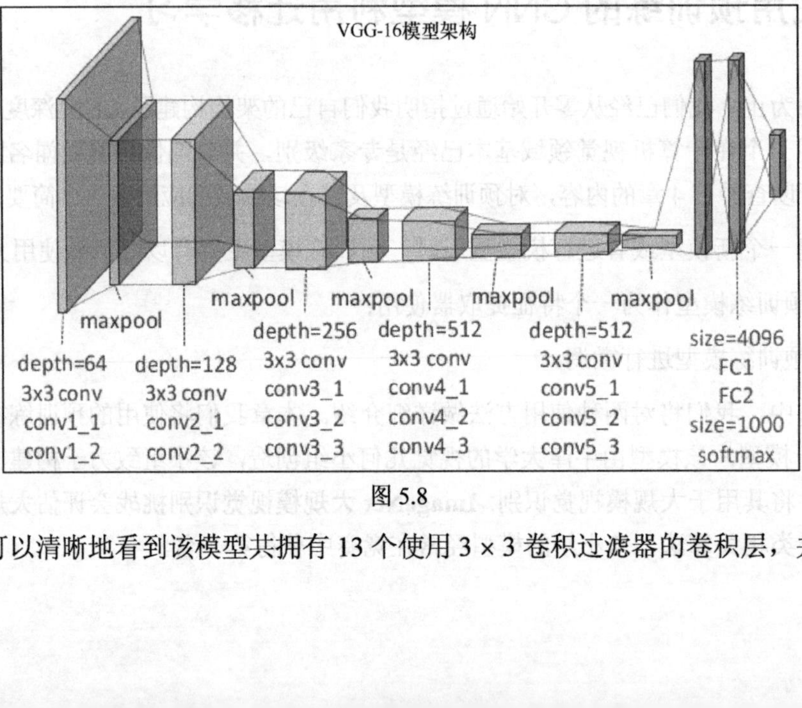

图 5.8

我们可以清晰地看到该模型共拥有 13 个使用 3 × 3 卷积过滤器的卷积层，并使用最大池化层进行降采样。另外还有两个全连接隐层，每层包含 4096 个单元，紧跟着的是一个包含 1000 个单元的密集层，其中的每一个单元表示 ImageNet 数据库中的一个图像类别。

因为我们将使用自己的全连接密集层来预测图像内容是狗还是猫，所以并不需要最后 3 层。我们将更专注于前 5 个模块，因此我们可以将 VGG 模型作为一个优秀的特征提取器来使用。对于其中一个模型，我们将通过冻结所有 5 个卷积模块来确保它们的权重不会在每个周期之后被更新，以此将其作为一个简单的特征提取器来使用。对于最后一个模型，我们将对 VGG 模型运用微调，此时我们将会解冻最后两个模块（模块 4 和模块 5）以便它们的权重能够在训练模型的每个周期（每个数据批次）中被更新。

我们把前面的架构，连同即将使用的两个变体（基本的特征提取器变体和微调变体）表示出来，如图 5.9 所示，以便读者可以从视觉上进行更好的理解。

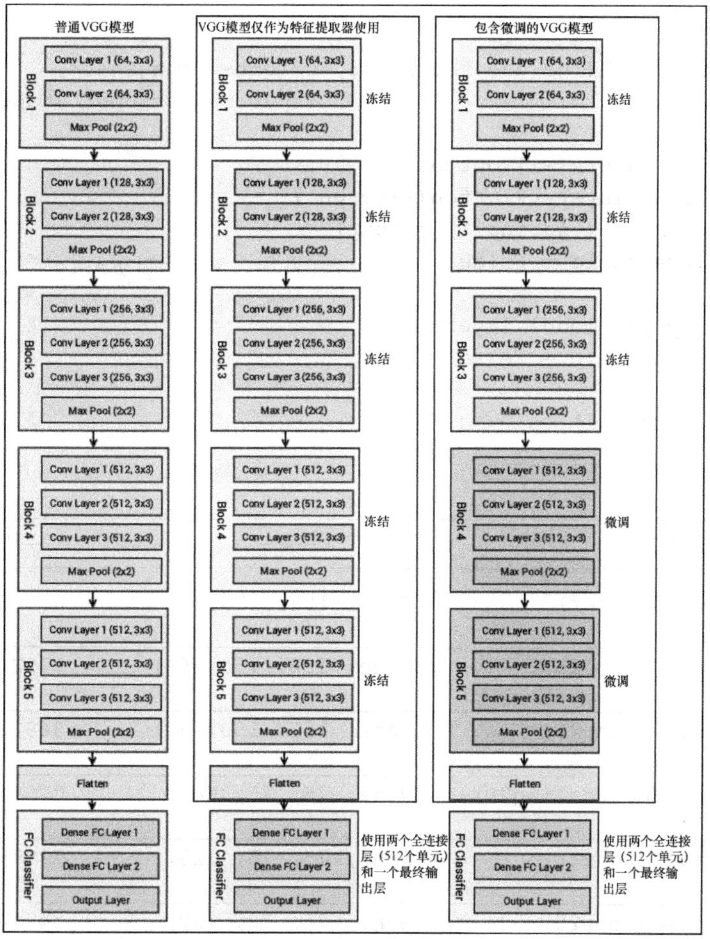

图 5.9

因此，我们最关心的是利用 VGG-16 模型的卷积模块，然后将最终的输出（来自特征图）扁平化，这样我们就可以将其输出到分类器的密集层中。本节使用的所有代码都可以在 CNN with Transfer Learning.ipynb 这个 Jupyter 笔记本中找到。

5.3.2 作为特征提取器的预训练 CNN 模型

我们可以利用 Keras 框架来加载 VGG-16 模型，并冻结住卷积模块，以便我们可以将其作为一个图像特征提取器来使用，如代码片段 5.22 所示。

代码片段 5.22

```
from keras.applications import vgg16
from keras.models import Model
import keras

vgg = vgg16.VGG16(include_top=False, weights='imagenet',
                                     input_shape=input_shape)

output = vgg.layers[-1].output
output = keras.layers.Flatten()(output)
vgg_model = Model(vgg.input, output)
vgg_model.trainable = False

for layer in vgg_model.layers:
    layer.trainable = False

vgg_model.summary()


_________________________________________________________________
Layer (type)                 Output Shape              Param #
=================================================================
input_1 (InputLayer)         (None, 150, 150, 3)       0
_________________________________________________________________
block1_conv1 (Conv2D)        (None, 150, 150, 64)      1792
_________________________________________________________________
block1_conv2 (Conv2D)        (None, 150, 150, 64)      36928
_________________________________________________________________
block1_pool (MaxPooling2D)   (None, 75, 75, 64)        0
_________________________________________________________________
block2_conv1 (Conv2D)        (None, 75, 75, 128)       73856
_________________________________________________________________
block2_conv2 (Conv2D)        (None, 75, 75, 128)       147584
_________________________________________________________________
```

```
block2_pool (MaxPooling2D)    (None, 37, 37, 128)       0
_________________________________________________________________
block3_conv1 (Conv2D)         (None, 37, 37, 256)       295168
_________________________________________________________________
block3_conv2 (Conv2D)         (None, 37, 37, 256)       590080
_________________________________________________________________
block3_conv3 (Conv2D)         (None, 37, 37, 256)       590080
_________________________________________________________________
block3_pool (MaxPooling2D)    (None, 18, 18, 256)       0
_________________________________________________________________
block4_conv1 (Conv2D)         (None, 18, 18, 512)       1180160
_________________________________________________________________
block4_conv2 (Conv2D)         (None, 18, 18, 512)       2359808
_________________________________________________________________
block4_conv3 (Conv2D)         (None, 18, 18, 512)       2359808
_________________________________________________________________
block4_pool (MaxPooling2D)    (None, 9, 9, 512)         0
_________________________________________________________________
block5_conv1 (Conv2D)         (None, 9, 9, 512)         2359808
_________________________________________________________________
block5_conv2 (Conv2D)         (None, 9, 9, 512)         2359808
_________________________________________________________________
block5_conv3 (Conv2D)         (None, 9, 9, 512)         2359808
_________________________________________________________________
block5_pool (MaxPooling2D)    (None, 4, 4, 512)         0
_________________________________________________________________
flatten_1 (Flatten)           (None, 8192)              0
=================================================================
Total params: 14,714,688
Trainable params: 0
Non-trainable params: 14,714,688
_________________________________________________________________
```

这个模型的总结向我们展示了每一个模块，以及每个模块中的层表示，这与我们在前面绘制的架构图相吻合。可以看到我们已经删除了与 VGG-16 模型分类器相关的最后一个部分，因为我们将构建自己的分类器并将 VGG 作为一个特征提取器。

为了验证 VGG-16 模型的层已经被冻结了，我们可以使用代码片段 5.23。

代码片段 5.23

```
import pandas as pd
pd.set_option('max_colwidth', -1)

layers = [(layer, layer.name, layer.trainable) for layer in
```

```
        vgg_model.layers]
pd.DataFrame(layers, columns=['Layer Type', 'Layer Name', 'Layer
                                          Trainable'])
print("Trainable layers:", vgg_model.trainable_weights)
Trainable layers: []
```

代码片段 5.23 的输出如图 5.10 所示。

	Layer Type	Layer Name	Layer Trainable
0	<keras.engine.topology.InputLayer object at 0x7f26c86b2518>	input_1	False
1	<keras.layers.convolutional.Conv2D object at 0x7f277c9fc080>	block1_conv1	False
2	<keras.layers.convolutional.Conv2D object at 0x7f26c86b26d8>	block1_conv2	False
3	<keras.layers.pooling.MaxPooling2D object at 0x7f26c86e6c88>	block1_pool	False
4	<keras.layers.convolutional.Conv2D object at 0x7f26c867dc18>	block2_conv1	False
5	<keras.layers.convolutional.Conv2D object at 0x7f26c8690f28>	block2_conv2	False
6	<keras.layers.pooling.MaxPooling2D object at 0x7f26c869e5c0>	block2_pool	False
7	<keras.layers.convolutional.Conv2D object at 0x7f26c863f828>	block3_conv1	False
8	<keras.layers.convolutional.Conv2D object at 0x7f26c863f128>	block3_conv2	False
9	<keras.layers.convolutional.Conv2D object at 0x7f26c86607b8>	block3_conv3	False
10	<keras.layers.pooling.MaxPooling2D object at 0x7f26c83d7d68>	block3_pool	False
11	<keras.layers.convolutional.Conv2D object at 0x7f26c83fd358>	block4_conv1	False
12	<keras.layers.convolutional.Conv2D object at 0x7f26c83fddd8>	block4_conv2	False
13	<keras.layers.convolutional.Conv2D object at 0x7f26c839da20>	block4_conv3	False
14	<keras.layers.pooling.MaxPooling2D object at 0x7f26c83ac1d0>	block4_pool	False
15	<keras.layers.convolutional.Conv2D object at 0x7f26c834e978>	block5_conv1	False
16	<keras.layers.convolutional.Conv2D object at 0x7f271a15eb38>	block5_conv2	False
17	<keras.layers.convolutional.Conv2D object at 0x7f26c8371d68>	block5_conv3	False
18	<keras.layers.pooling.MaxPooling2D object at 0x7f26c8314b00>	block5_pool	False
19	<keras.layers.core.Flatten object at 0x7f26c828bda0>	flatten_1	False

图 5.10

从上述输出结果中可以清晰地看出 VGG-16 模型的所有层都被冻结了，这是一件好事，因为我们不想让它们的权重在模型训练期间发生改变。VGG-16 模型的最后一个激活特征图（来自 block5_pool 的输出）为我们提供了瓶颈特征，它可以接着被扁平化，并作为输出提供给一个全连接深度神经网络分类器。代码片段 5.24 展示了一张来自训练数据中图片的瓶颈特征。

代码片段 5.24

```
bottleneck_feature_example = vgg.predict(train_imgs_scaled[0:1])
```

```
print(bottleneck_feature_example.shape)
plt.imshow(bottleneck_feature_example[0][:,:,0])
```

```
(1, 4, 4, 512)
```

代码片段 5.24 输出的图像如图 5.11 所示。

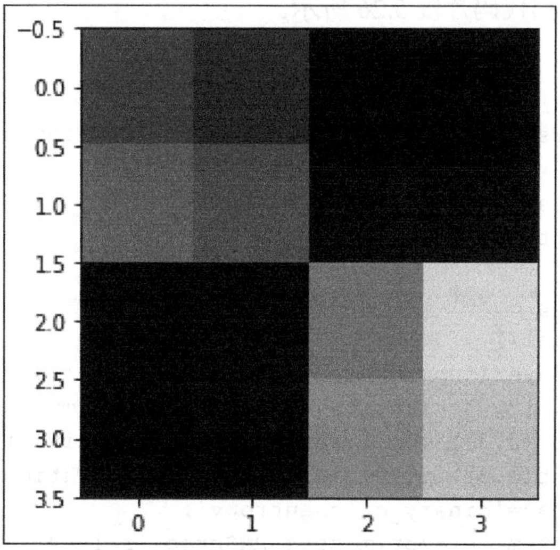

图 5.11

我们将 vgg_model 对象中的瓶颈特征扁平化，来使它们准备输入我们的全连接分类器。一种在模型训练中节省时间的方式是使用这个模型并从训练集和验证集中提取所有特征，然后将它们作为分类器的输出。现在我们来从训练集和验证集中提取出瓶颈特征，如代码片段 5.25 所示。

代码片段 5.25

```
def get_bottleneck_features(model, input_imgs):
    features = model.predict(input_imgs, verbose=0)
    return features

train_features_vgg = get_bottleneck_features(vgg_model,
                                             train_imgs_scaled)
validation_features_vgg = get_bottleneck_features(vgg_model,
                                                  validation_imgs_scaled)

print('Train Bottleneck Features:', train_features_vgg.shape,
      '\tValidation Bottleneck Features:',
       validation_features_vgg.shape)
```

```
Train Bottleneck Features: (3000, 8192) Validation Bottleneck Features:
     (1000, 8192)
```

上述输出结果告诉我们已经成功地从 3000 张训练图片和 1000 张验证图片中提取出了维度为 1 × 8192 的扁平化瓶颈特征。现在我们来构建神经网络分类器架构，该网络会以提取到的特征作为输入，如代码片段 5.26 所示。

代码片段 5.26

```
from keras.layers import Conv2D, MaxPooling2D, Flatten, Dense, Dropout,
InputLayer
from keras.models import Sequential
from keras import optimizers

input_shape = vgg_model.output_shape[1]
model = Sequential()
model.add(InputLayer(input_shape=(input_shape,)))
model.add(Dense(512, activation='relu', input_dim=input_shape))
model.add(Dropout(0.3)) model.add(Dense(512, activation='relu'))
model.add(Dropout(0.3)) model.add(Dense(1, activation='sigmoid'))
model.compile(loss='binary_crossentropy',
              optimizer=optimizers.RMSprop(lr=1e-4),
              metrics=['accuracy'])

model.summary()
_________________________________________________________________
Layer (type) Output Shape Param #
=================================================================
input_2 (InputLayer) (None, 8192) 0
_________________________________________________________________
dense_1 (Dense) (None, 512) 4194816
_________________________________________________________________
dropout_1 (Dropout) (None, 512) 0
_________________________________________________________________
dense_2 (Dense) (None, 512) 262656
_________________________________________________________________
dropout_2 (Dropout) (None, 512) 0
_________________________________________________________________
dense_3 (Dense) (None, 1) 513
=================================================================
```

正如我们之前提到的，尺寸为 8192 的瓶颈特征向量会作为分类模型的输入。在此，我们使用和之前模型相同的架构来处理密集层。训练这个模型的代码如代码片段 5.27 所示。

代码片段 5.27

```
history = model.fit(x=train_features_vgg, y=train_labels_enc,
                    validation_data=(validation_features_vgg,
                                     validation_labels_enc),
                    batch_size=batch_size, epochs=epochs, verbose=1)

Train on 3000 samples, validate on 1000 samples
Epoch 1/30
3000/3000 - 1s 373us/step - loss: 0.4325 - acc: 0.7897 - val_loss: 0.2958 -
val_acc: 0.8730
Epoch 2/30
3000/3000 - 1s 286us/step - loss: 0.2857 - acc: 0.8783 - val_loss: 0.3294 -
val_acc: 0.8530
...
...
Epoch 29/30
3000/3000 - 1s 287us/step - loss: 0.0121 - acc: 0.9943 - val_loss: 0.7760 -
val_acc: 0.8930
Epoch 30/30
3000/3000 - 1s 287us/step - loss: 0.0102 - acc: 0.9987 - val_loss: 0.8344 -
val_acc: 0.8720
```

我们得到了一个验证集准确率接近 88%的模型，这对于我们使用图像增强的基本 CNN 模型来说几乎有 5%～6%的提升。这是非常优秀的结果，尽管这个模型有些过拟合。我们可以使用准确率图和损失图来查看这一点，如图 5.12 所示。

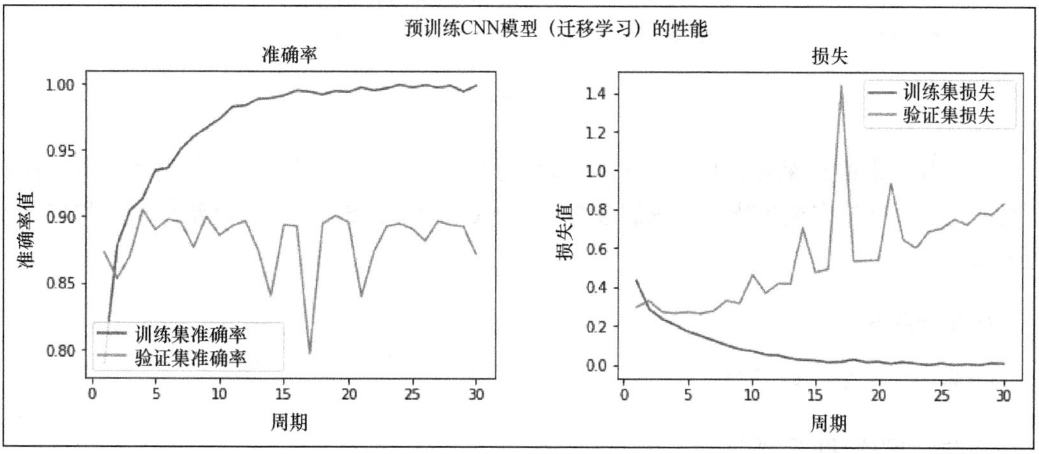

图 5.12

在第五个周期之后，模型的训练集和验证集的准确率之间存在较大差距，说明模型对第五个周期之后的训练数据开始过拟合。但总的来说，这目前为止最好的模型，通过将VGG-16 模型作为特征提取器，我们甚至不用图像增强策略就能获得接近 90%的验证集准确率。但是我们还没有完全挖掘出迁移学习的潜力，接下来我们尝试在这个模型上使用图像增强策略。在此之前，我们使用代码片段 5.28 将模型保存到硬盘上。

代码片段 5.28

```
model.save('cats_dogs_tlearn_basic_cnn.h5')
```

5.3.3 作为特征提取器并使用图像增强的预训练 CNN 模型

我们将对训练集和验证集使用之前已经用过的相同的数据生成器。为了便于理解，构建生成器的代码如代码片段 5.29 所示。

代码片段 5.29

```
train_datagen = ImageDataGenerator(rescale=1./255, zoom_range=0.3,
                                   rotation_range=50,
                                   width_shift_range=0.2,
                                   height_shift_range=0.2,
                                   shear_range=0.2,
                                   horizontal_flip=True,
                                   fill_mode='nearest')

val_datagen = ImageDataGenerator(rescale=1./255)
train_generator = train_datagen.flow(train_imgs, train_labels_enc,
                                     batch_size=30)
val_generator = val_datagen.flow(validation_imgs,
                                 validation_labels_enc,
                                 batch_size=20)
```

现在我们来构建深度学习模型架构。因为我们将在数据生成器上进行训练，所以我们不会像之前一样提取瓶颈特征。我们会将 vgg_model 对象作为输入传递给模型，如代码片段 5.30 所示。

代码片段 5.30

```
model = Sequential()

model.add(vgg_model)
model.add(Dense(512, activation='relu', input_dim=input_shape))
model.add(Dropout(0.3)) model.add(Dense(512, activation='relu'))
model.add(Dropout(0.3)) model.add(Dense(1, activation='sigmoid'))
```

```
model.compile(loss='binary_crossentropy',
              optimizer=optimizers.RMSprop(lr=2e-5),
              metrics=['accuracy'])
```

我们可以清晰地看到所有的部分都相同。由于我们将训练 100 个周期而且不想让模型层的权重有突然的调整，因此我们将学习速率略微调低。需要记住的是此处 VGG-16 模型中的层依然被冻结，而且我们依然可以仅将其作为一个基本特征提取器使用，如代码片段 5.31 所示。

代码片段 5.31

```
history = model.fit_generator(train_generator, steps_per_epoch=100,
                              epochs=100,
                              validation_data=val_generator,
                              validation_steps=50,
                              verbose=1)

Epoch 1/100
100/100 - 45s 449ms/step - loss: 0.6511 - acc: 0.6153 - val_loss: 0.5147 -
val_acc: 0.7840
Epoch 2/100
100/100 - 41s 414ms/step - loss: 0.5651 - acc: 0.7110 - val_loss: 0.4249 -
val_acc: 0.8180
...
...
Epoch 99/100
100/100 - 42s 417ms/step - loss: 0.2656 - acc: 0.8907 - val_loss: 0.2757 -
val_acc: 0.9050
Epoch 100/100
100/100 - 42s 418ms/step - loss: 0.2876 - acc: 0.8833 - val_loss: 0.2665 -
val_acc: 0.9000
```

我们可以看到模型的验证集准确率大约为 90%，这相比之前的模型有略微的提升，同时训练集和验证集准确率彼此之间非常接近，这说明模型没有过拟合。我们可以通过观察模型的准确率和损失的相关图来加深理解，如图 5.13 所示。

现在我们将模型存储到硬盘中以便将来用于在测试数据上进行评估，如代码片段 5.32 所示。

代码片段 5.32

```
model.save('cats_dogs_tlearn_img_aug_cnn.h5')
```

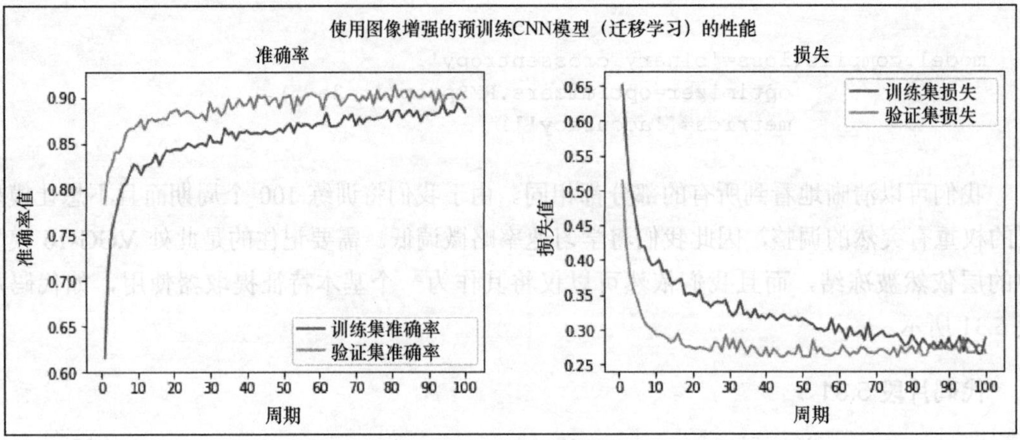

图 5.13

下面我们将对 VGG-16 模型进行微调来构建最后的分类器，为此我们将解冻模块 4 和模块 5，正如本节开头介绍的一样。

5.3.4 使用微调和图像增强的预训练 CNN 模型

现在我们利用存储在 vgg_model 变量中的 VGG-16 模型将模块 4 和模块 5 解冻，同时使前 3 个模块保持冻结。如代码片段 5.33 所示。

代码片段 5.33

```
vgg_model.trainable = True
set_trainable = False

for layer in vgg_model.layers:
    if layer.name in ['block5_conv1', 'block4_conv1']:
        set_trainable = True
    if set_trainable:
        layer.trainable = True
    else:
        layer.trainable = False

print("Trainable layers:", vgg_model.trainable_weights)

Trainable layers:
[<tf.Variable 'block4_conv1/kernel:0' shape=(3, 3, 256, 512)
dtype=float32_ref>, <tf.Variable 'block4_conv1/bias:0' shape=(512,)
dtype=float32_ref>,
<tf.Variable 'block4_conv2/kernel:0' shape=(3, 3, 512, 512)
dtype=float32_ref>, <tf.Variable 'block4_conv2/bias:0' shape=(512,)
```

```
dtype=float32_ref>,
<tf.Variable 'block4_conv3/kernel:0' shape=(3, 3, 512, 512)
dtype=float32_ref>, <tf.Variable 'block4_conv3/bias:0' shape=(512,)
dtype=float32_ref>,
<tf.Variable 'block5_conv1/kernel:0' shape=(3, 3, 512, 512)
dtype=float32_ref>, <tf.Variable 'block5_conv1/bias:0' shape=(512,)
dtype=float32_ref>,
<tf.Variable 'block5_conv2/kernel:0' shape=(3, 3, 512, 512)
dtype=float32_ref>, <tf.Variable 'block5_conv2/bias:0' shape=(512,)
dtype=float32_ref>,
<tf.Variable 'block5_conv3/kernel:0' shape=(3, 3, 512, 512)
dtype=float32_ref>, <tf.Variable 'block5_conv3/bias:0' shape=(512,)
dtype=float32_ref>]
```

从代码片段 5.33 的输出结果中可以清晰地看到，模块 4 和模块 5 中的卷积层和池化层已经变为可训练的状态，另外可以通过代码片段 5.34 来验证某一层是否被冻结。

代码片段 5.34

```
layers = [(layer, layer.name, layer.trainable) for layer in
vgg_model.layers] pd.DataFrame(layers, columns=['Layer Type', 'Layer
                                        Name', 'Layer Trainable'])
```

代码片段 5.34 的输出如图 5.14 所示。

	Layer Type	Layer Name	Layer Trainable
0	<keras.engine.topology.InputLayer object at 0x7f26c86b2518>	input_1	False
1	<keras.layers.convolutional.Conv2D object at 0x7f277c9fc080>	block1_conv1	False
2	<keras.layers.convolutional.Conv2D object at 0x7f26c86b26d8>	block1_conv2	False
3	<keras.layers.pooling.MaxPooling2D object at 0x7f26c86e6c88>	block1_pool	False
4	<keras.layers.convolutional.Conv2D object at 0x7f26c867dc18>	block2_conv1	False
5	<keras.layers.convolutional.Conv2D object at 0x7f26c8690f28>	block2_conv2	False
6	<keras.layers.pooling.MaxPooling2D object at 0x7f26c869e5c0>	block2_pool	False
7	<keras.layers.convolutional.Conv2D object at 0x7f26c863f828>	block3_conv1	False
8	<keras.layers.convolutional.Conv2D object at 0x7f26c863f128>	block3_conv2	False
9	<keras.layers.convolutional.Conv2D object at 0x7f26c86607b8>	block3_conv3	False
10	<keras.layers.pooling.MaxPooling2D object at 0x7f26c83d7d68>	block3_pool	False
11	<keras.layers.convolutional.Conv2D object at 0x7f26c83fd358>	block4_conv1	True
12	<keras.layers.convolutional.Conv2D object at 0x7f26c83fddd8>	block4_conv2	True
13	<keras.layers.convolutional.Conv2D object at 0x7f26c839da20>	block4_conv3	True
14	<keras.layers.pooling.MaxPooling2D object at 0x7f26c83ac1d0>	block4_pool	True
15	<keras.layers.convolutional.Conv2D object at 0x7f26c834e978>	block5_conv1	True
16	<keras.layers.convolutional.Conv2D object at 0x7f271a15eb38>	block5_conv2	True
17	<keras.layers.convolutional.Conv2D object at 0x7f26c8371d68>	block5_conv3	True
18	<keras.layers.pooling.MaxPooling2D object at 0x7f26c8314b00>	block5_pool	True
19	<keras.layers.core.Flatten object at 0x7f26c828bda0>	flatten_1	True

图 5.14

我们可以清晰地看到最后两个模块现在为可训练的状态，这意味着这些层的权重将会随着我们传递的每一批次数据在每一个周期中随着向后传播发生更新。我们将使用和前面的模型相同的数据生成器和模型架构，并训练我们的模型。因为我们不想被困在局部极小值，也不想通过一个可能对模型有反向影响的大因子来突然更新 VGG-16 模型可训练层中的权重，所以我们将稍微减小学习速率，如代码片段 5.35 所示。

代码片段 5.35

```
# data generators
train_datagen = ImageDataGenerator(rescale=1./255, zoom_range=0.3,
                                   rotation_range=50,
                                   width_shift_range=0.2,
                                   height_shift_range=0.2,
                                   shear_range=0.2,
                                   horizontal_flip=True,
                                   fill_mode='nearest')

val_datagen = ImageDataGenerator(rescale=1./255)
train_generator = train_datagen.flow(train_imgs, train_labels_enc,
                                     batch_size=30)
val_generator = val_datagen.flow(validation_imgs,
                                 validation_labels_enc,
                                 batch_size=20)

# build model architecture
model = Sequential()

model.add(vgg_model)
model.add(Dense(512, activation='relu', input_dim=input_shape))
model.add(Dropout(0.3)) model.add(Dense(512, activation='relu'))
model.add(Dropout(0.3)) model.add(Dense(1, activation='sigmoid'))

model.compile(loss='binary_crossentropy',
              optimizer=optimizers.RMSprop(lr=1e-5),
              metrics=['accuracy'])

# model training
history = model.fit_generator(train_generator, steps_per_epoch=100,
                              epochs=100,
                              validation_data=val_generator,
                              validation_steps=50,
                              verbose=1)
```

```
Epoch 1/100
100/100 - 64s 642ms/step - loss: 0.6070 - acc: 0.6547 - val_loss: 0.4029 -
val_acc: 0.8250
Epoch 2/100
100/100 - 63s 630ms/step - loss: 0.3976 - acc: 0.8103 - val_loss: 0.2273 -
val_acc: 0.9030
...
...
Epoch 99/100
100/100 - 63s 629ms/step - loss: 0.0243 - acc: 0.9913 - val_loss: 0.2861 -
val_acc: 0.9620
Epoch 100/100
100/100 - 63s 629ms/step - loss: 0.0226 - acc: 0.9930 - val_loss: 0.3002 -
val_acc: 0.9610
```

从上述输出我们可以看出，模型的验证集准确率约为 96%，相对于之前的模型提升了 6%。总体来说，这个模型在第一个基本 CNN 模型的基础上提升了 24%。这真实地展示了迁移学习是非常有用的。

图 5.15 所示为模型的准确率和损失。

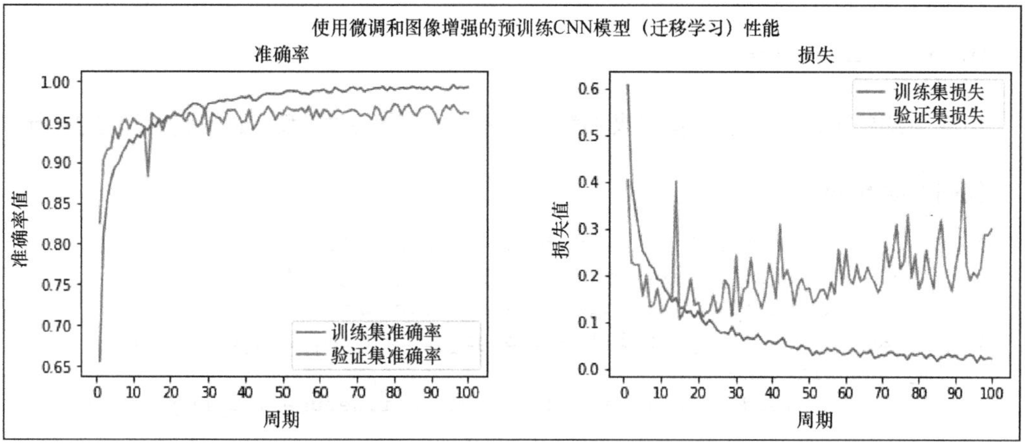

图 5.15

我们可以看到图中的准确率非常优秀，并且虽然模型在训练数据上看起来有些许过拟合，但是我们得到了优秀的验证集准确率。现在我们将这个模型存储在硬盘中，如代码片段 5.36 所示。

代码片段 5.36

```
model.save('cats_dogs_tlearn_finetune_img_aug_cnn.h5')
```

下面我们通过实际评估所有模型在测试数据集上的性能来对其进行测试。

5.4 评估我们的深度学习模型

现在我们将对到目前为止创建的 5 个模型进行评估，首先在一张样本测试图像上对它们进行测试，然后对 CNN 模型实际上如何尝试从图像中分析和提取特征进行可视化，最后在测试数据集上测试每个模型的性能。如果读者想要跟随相关内容执行代码，那么可以在 Model Performance Evaluation.ipynb 这个 Jupyter 笔记本中找到相关代码。我们已经构建了一个名为 model_evaluation_utils 的优秀的便捷方法模块，我们将使用这个模块来评估我们的深度学习模型的性能。我们先来加载以下依赖项，如代码片段 5.37 所示。

代码片段 5.37

```
import glob
import numpy as np
import matplotlib.pyplot as plt
from keras.preprocessing.image import load_img, img_to_array, array_to_img
from keras.models import load_model
import model_evaluation_utils as meu

%matplotlib inline
```

加载完这些依赖项之后，我们来加载到目前为止存储的模型，如代码片段 5.38 所示。

代码片段 5.38

```
basic_cnn = load_model('cats_dogs_basic_cnn.h5')
img_aug_cnn = load_model('cats_dogs_cnn_img_aug.h5')
tl_cnn = load_model('cats_dogs_tlearn_basic_cnn.h5')
tl_img_aug_cnn = load_model('cats_dogs_tlearn_img_aug_cnn.h5')
tl_img_aug_finetune_cnn =
              load_model('cats_dogs_tlearn_finetune_img_aug_cnn.h5')
```

上述代码帮助我们获取使用不同的技术和架构创建的 5 个模型。

5.4.1 模型在一个样本测试图像上进行预测

现在我们将加载一个不包含在我们的任何数据集中的样本图像，并查看不同模型的预测结果。这里使用一张宠物猫的图片，这将会很有趣。先加载样本图像和一些基本配置，如代码片段 5.39 所示。

代码片段 5.39

```
# basic configurations
IMG_DIM = (150, 150)
input_shape = (150, 150, 3)
num2class_label_transformer = lambda l: ['cat' if x == 0 else 'dog' for
                                         x in l]
class2num_label_transformer = lambda l: [0 if x == 'cat' else 1 for x
                                        in l]

# load sample image
sample_img_path = 'my_cat.jpg'
sample_img = load_img(sample_img_path, target_size=IMG_DIM)
sample_img_tensor = img_to_array(sample_img)
sample_img_tensor = np.expand_dims(sample_img_tensor, axis=0)
sample_img_tensor /= 255.
print(sample_img_tensor.shape)
plt.imshow(sample_img_tensor[0]) (1, 150, 150, 3)
```

上述代码的输出如图 5.16 所示。

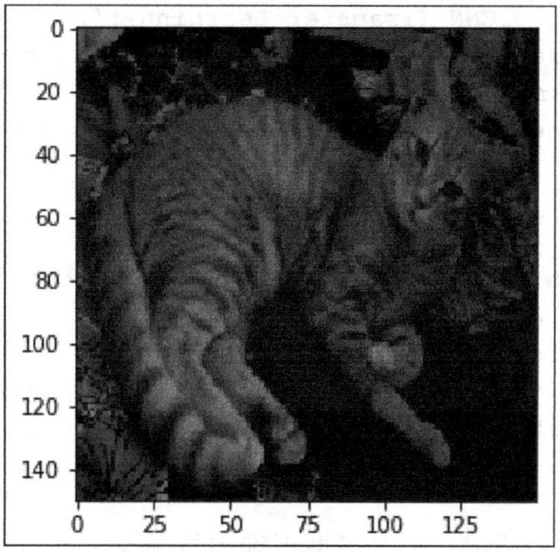

图 5.16

既然已经加载了样本图像，现在我们来查看模型将这张图像预测为什么类，如代码片段 5.40 所示。

代码片段 5.40

```
cnn_prediction = num2class_label_transformer(basic_cnn.predict_classes(
                                                sample_img_tensor,
```

```
                                              verbose=0))
cnn_img_aug_prediction =
num2class_label_transformer(img_aug_cnn.predict_classes(
                                              sample_img_tensor,
                                              verbose=0))
tlearn_cnn_prediction = num2class_label_transformer(tl_cnn.predict_classes(
                                  get_bottleneck_features(vgg_model,
                                  sample_img_tensor),
                                  verbose=0))
tlearn_cnn_img_aug_prediction =
num2class_label_transformer(
                          tl_img_aug_cnn.predict_classes(sample_img_tensor,
                                              verbose=0))
tlearn_cnn_finetune_img_aug_prediction =
num2class_label_transformer(
                 tl_img_aug_finetune_cnn.predict_classes(sample_img_tensor,
                                              verbose=0))

print('Predictions for our sample image:\n',
      '\nBasic CNN:', cnn_prediction,
      '\nCNN with Img Augmentation:', cnn_img_aug_prediction,
      '\nPre-trained CNN (Transfer Learning):', tlearn_cnn_prediction,
      '\nPre-trained CNN with Img Augmentation (Transfer Learning):',
      tlearn_cnn_img_aug_prediction,
      '\nPre-trained CNN with Fine-tuning & Img Augmentation (Transfer
       Learning):', tlearn_cnn_finetune_img_aug_prediction)
```

```
Predictions for our sample image: Basic CNN: ['cat']
CNN with Img Augmentation: ['dog']
Pre-trained CNN (Transfer Learning): ['dog']
Pre-trained CNN with Img Augmentation (Transfer Learning): ['cat']
Pre-trained CNN with Fine-tuning & Img Augmentation (Transfer Learning):
['cat']
```

从上述代码的输出可以看到，3 个模型正确地将图像预测为猫，而另外 2 个模型则预测错误。有趣的是基本 CNN 模型得到了正确的预测结果，另外使用微调和图像增强的预训练模型也如我们的预期得到了正确的预测结果。

5.4.2 将 CNN 模型的感知可视化

深度学习模型经常被称为**黑盒模型**，因为和一个简单的机器学习模型（例如决策树）相比，很难去解释深度学习模型的内部是如何运作的。我们知道基于 CNN 的深度学习模型使用卷积层，其中会使用过滤器来提取表示特征空间层次结构的激活特征图。从概念上来说，顶部的卷积层学习小的局部模式，而较低的卷积层学习来自顶部卷积层的更复杂、更大的模式。我们来使用一个例子将这个过程可视化。

我们将使用最好的模型（使用微调和图像增强的迁移学习模型），并尝试从前 8 层中提取输出激活特征图。本质上来说，由于我们在模型中使用了相同的架构进行特征提取，因此最终将得到来自 VGG-16 模型前 3 个模块的卷积层和池化层。

我们可以使用代码片段 5.41 来对这些层进行查看。

代码片段 5.41

```
tl_img_aug_finetune_cnn.layers[0].layers[1:9]

[<keras.layers.convolutional.Conv2D at 0x7f514841b0b8>,
<keras.layers.convolutional.Conv2D at 0x7f514841b0f0>,
<keras.layers.pooling.MaxPooling2D at 0x7f5117d4bb00>,
<keras.layers.convolutional.Conv2D at 0x7f5117d4bbe0>,
<keras.layers.convolutional.Conv2D at 0x7f5117d4bd30>,
<keras.layers.pooling.MaxPooling2D at 0x7f5117d4beb8>,
<keras.layers.convolutional.Conv2D at 0x7f5117d4bf98>,
<keras.layers.convolutional.Conv2D at 0x7f5117d00128>]
```

现在我们来从模型中提取特征图，基于这个模型尝试从宠物猫样本测试图片中提取内容。为了进行一个简单的可视化，我们将提取来自模块 1 的第一个卷积层的输出，并使用代码片段 5.42 查看来自该层的一些激活特征图。

代码片段 5.42

```
from keras import models

# Extracts the outputs of the top 8 layers:
layer_outputs = [layer.output for layer in
                     tl_img_aug_finetune_cnn.layers[0].layers[1:9]]

# Creates a model that will return these outputs, given the model input:
activation_model = models.Model(
inputs=tl_img_aug_finetune_cnn.layers[0].layers[1].input,
                      outputs=layer_outputs)

# This will return a list of 8 Numpy arrays
# one array per layer activation
activations = activation_model.predict(sample_img_tensor)
print('Sample layer shape:', activations[0].shape)
```

```
print('Sample convolution (activation map) shape:',
                          activations[0][0, :, :, 1].shape)

fig, ax = plt.subplots(1,5, figsize=(16, 6))
ax[0].imshow(activations[0][0, :, :, 10], cmap='bone')
ax[1].imshow(activations[0][0, :, :, 25], cmap='bone')
ax[2].imshow(activations[0][0, :, :, 40], cmap='bone')
ax[3].imshow(activations[0][0, :, :, 55], cmap='bone')
ax[4].imshow(activations[0][0, :, :, 63], cmap='bone')

Sample layer shape: (1, 150, 150, 64)
Sample convolution (activation map) shape: (150, 150)
```

上述代码的输出如图5.17所示。

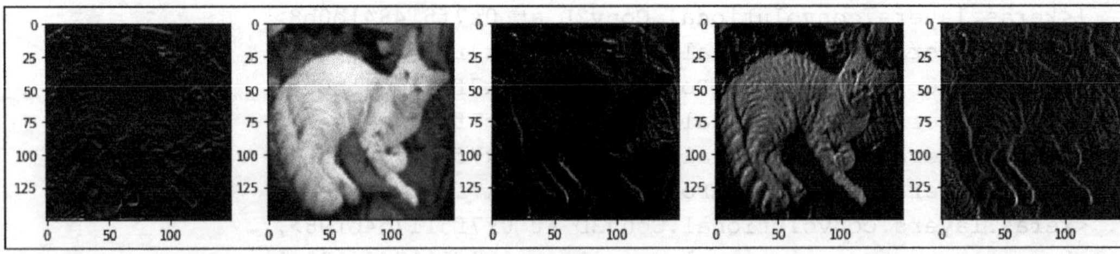

图5.17

从图5.17所示的内容中，我们可以清晰地看到来自第一个卷积层的输出为我们提供了一共64张尺寸为150像素 × 150像素的激活特征图。我们在代码片段5.42中对其中的5张特征图进行可视化，然后可以看到这个模型是如何尝试从图像中提取相关特征的，例如色调、强度、边界、角落等。图5.18所示为来自VGG-16模型模块1和模块2的更多的激活特征图。

为了得到前面提到的激活特征图，我们使用了一段Model Performance Evaluations.ipynb这个Jupyter笔记本中的代码片段。感谢Francois Chollet和他的著作*Deep Learning with Python*为我们的CNN模型的所有选中层进行可视化提供了帮助。我们已经对模型的（我们在前面提到的笔记本中选中的）顶部8层进行了可视化，但是我们在此展示了前两个模块的激活特征图。读者可以随意查看这个笔记本，并对自己的模型重用相同的代码。从图5.18所示的内容中，可以看到顶部层的特征图通常保留了更多的原始图像，但是随着模型的深入，特征图变得更加抽象、复杂且难以解释。

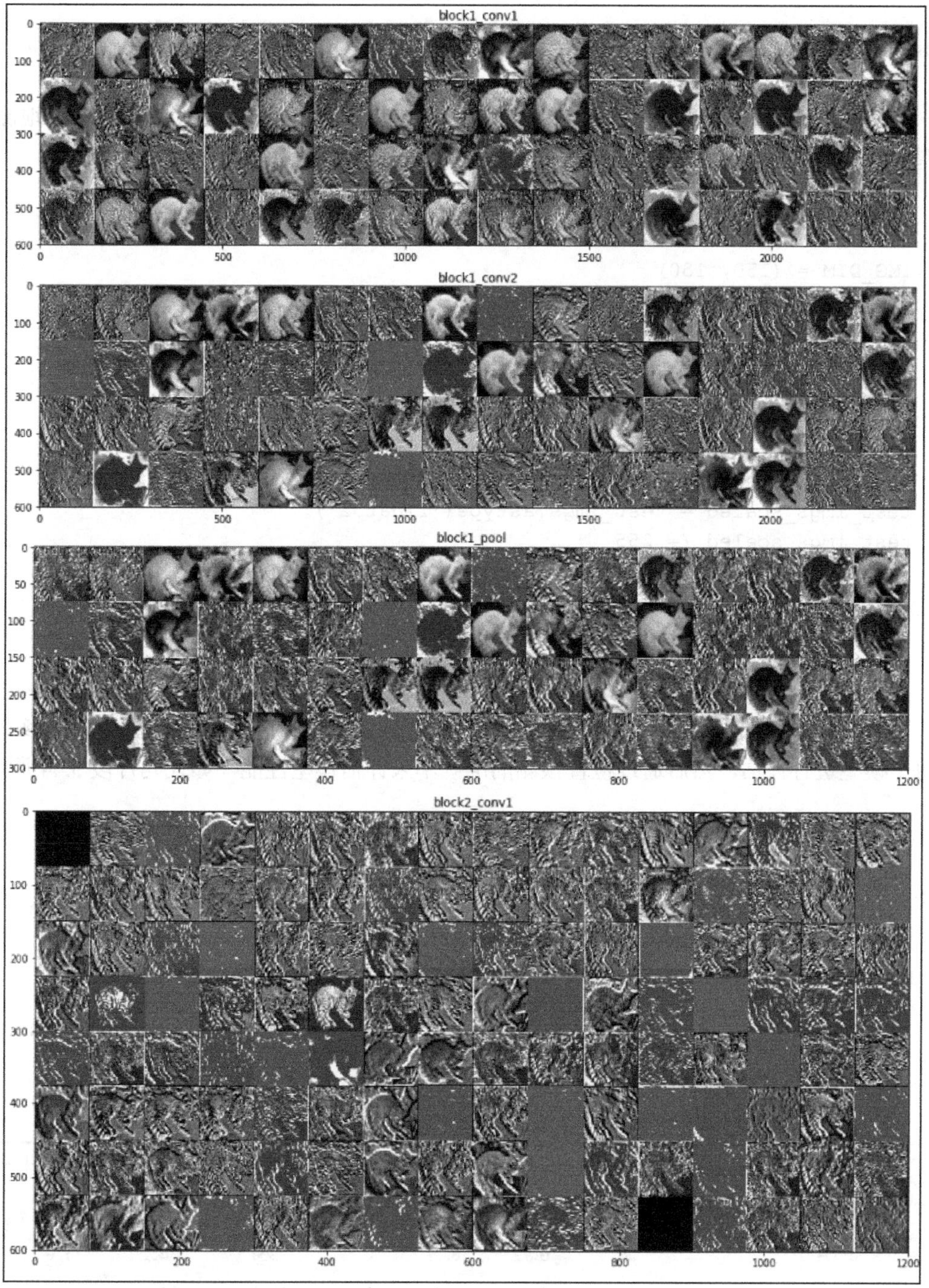

图 5.18

5.4.3 在测试数据上评估模型性能

现在是时候进行最终的测试了，在此我们会通过对测试数据集进行预测来实际地测试模型的性能。在进行预测之前需要先加载和准备测试集，如代码片段 5.43 所示。

代码片段 5.43

```
IMG_DIM = (150, 150)
test_files = glob.glob('test_data/*')
test_imgs = [img_to_array(load_img(img, target_size=IMG_DIM))
                       for img in test_files]
test_imgs = np.array(test_imgs)

test_labels = [fn.split('/')[1].split('.')[0].strip() for fn in test_files]
test_labels_enc = class2num_label_transformer(test_labels)
test_imgs_scaled = test_imgs.astype('float32')
test_imgs_scaled /= 255

print('Test dataset shape:', test_imgs.shape)

Test dataset shape: (1000, 150, 150, 3)
```

既然我们已经拥有了缩放后的数据集，那么我们可以通过对所有的测试图像进行预测来对每个模型进行评估，然后通过检查预测的准确率来评估模型性能，如代码片段 5.44 所示。

代码片段 5.44

```
# Model 1 - Basic CNN
predictions = basic_cnn.predict_classes(test_imgs_scaled, verbose=0)
predictions = num2class_label_transformer(predictions)
meu.display_model_performance_metrics(true_labels=test_labels,
                                      predicted_labels=predictions,
                                      classes=list(set(test_labels)))
```

上述代码的输出如图 5.19 所示。

```
Model Performance metrics:  Model Classification report:                          Prediction Confusion Matrix:
--------------------------  ------------------------------                        ------------------------------
Accuracy: 0.776                          precision    recall  f1-score   support                Predicted:
Precision: 0.7769                                                                                      cat  dog
Recall: 0.776                     cat       0.76      0.80      0.78       500  Actual: cat       402   98
F1 Score: 0.7758                  dog       0.79      0.75      0.77       500          dog       126  374

                          avg / total       0.78      0.78      0.78      1000
```

图 5.19

代码片段 5.45

```
# Model 2 - Basic CNN with Image Augmentation
predictions = img_aug_cnn.predict_classes(test_imgs_scaled, verbose=0)
predictions = num2class_label_transformer(predictions)
meu.display_model_performance_metrics(true_labels=test_labels,
                                      predicted_labels=predictions,
                                      classes=list(set(test_labels)))
```

代码片段 5.45 的输出如图 5.20 所示。

```
Model Performance metrics:  Model Classification report:                          Prediction Confusion Matrix:
--------------------------  -----------------------------                         -----------------------------
Accuracy: 0.844                          precision    recall  f1-score   support            Predicted:
Precision: 0.844                                                                              cat  dog
Recall: 0.844                    cat       0.84      0.84      0.84       500   Actual: cat   422   78
F1 Score: 0.844                  dog       0.84      0.84      0.84       500           dog    78  422

                         avg / total       0.84      0.84      0.84      1000
```

图 5.20

代码片段 5.46

```
# Model 3 - Transfer Learning (basic feature extraction)
test_bottleneck_features = get_bottleneck_features(vgg_model,
test_imgs_scaled) predictions =
tl_cnn.predict_classes(test_bottleneck_features, verbose=0) predictions =
num2class_label_transformer(predictions)

meu.display_model_performance_metrics(true_labels=test_labels,
                                      predicted_labels=predictions,
                                      classes=list(set(test_labels)))
```

代码片段 5.46 的输出如图 5.21 所示。

```
Model Performance metrics:  Model Classification report:                          Prediction Confusion Matrix:
--------------------------  -----------------------------                         -----------------------------
Accuracy: 0.888                          precision    recall  f1-score   support            Predicted:
Precision: 0.8898                                                                             cat  dog
Recall: 0.888                    cat       0.92      0.85      0.88       500   Actual: cat   427   73
F1 Score: 0.8879                 dog       0.86      0.92      0.89       500           dog    39  461

                         avg / total       0.89      0.89      0.89      1000
```

图 5.21

代码片段 5.47

```
# Model 4 - Transfer Learning with Image Augmentation
```

```
predictions = tl_img_aug_cnn.predict_classes(test_imgs_scaled, verbose=0)
predictions = num2class_label_transformer(predictions)
meu.display_model_performance_metrics(true_labels=test_labels,
                                      predicted_labels=predictions,
                                      classes=list(set(test_labels)))
```

代码片段 5.47 的输出如图 5.22 所示。

```
Model Performance metrics:  Model Classification report:                      Prediction Confusion Matrix:
-----------------------------------------------------------                   ------------------------------
Accuracy: 0.898                      precision    recall  f1-score   support          Predicted:
Precision: 0.8981                                                                        cat  dog
Recall: 0.898                cat       0.89      0.91      0.90       500     Actual: cat  453   47
F1 Score: 0.898              dog       0.90      0.89      0.90       500             dog   55  445

                     avg / total       0.90      0.90      0.90      1000
```

图 5.22

代码片段 5.48

```
# Model 5 - Transfer Learning with Fine-tuning & Image Augmentation
predictions = tl_img_aug_finetune_cnn.predict_classes(test_imgs_scaled,
                                                       verbose=0)
predictions = num2class_label_transformer(predictions)
meu.display_model_performance_metrics(true_labels=test_labels,
                                      predicted_labels=predictions,
                                      classes=list(set(test_labels)))
```

代码片段 5.48 的输出如图 5.23 所示。

```
Model Performance metrics:  Model Classification report:                      Prediction Confusion Matrix:
-----------------------------------------------------------                   ------------------------------
Accuracy: 0.961                      precision    recall  f1-score   support          Predicted:
Precision: 0.9611                                                                        cat  dog
Recall: 0.961                cat       0.97      0.95      0.96       500     Actual: cat  476   24
F1 Score: 0.961              dog       0.95      0.97      0.96       500             dog   15  485

                     avg / total       0.96      0.96      0.96      1000
```

图 5.23

我们获得了一些有趣的结果。每一个模型的性能都优于前一个模型，因为我们在每一个新模型中都使用了更高级的技巧，因此这个结果是在预期中的。我们最差的模型是基本 CNN 模型，这个模型的准确率和 F1-得分在 78%左右。而我们最好的模型是使用了迁移学习和图像增强的微调模型，该模型的准确率和 F1-得分在 96%左右，考虑到我们是在训练数据集的 3000 张图片上进行训练的，所以这个结果是非常惊人的。现在我们来绘制最差和最好模型的接收者操作特征（Receiver Operating Characteristic，ROC）曲线图，如代码片段 5.49 所示。

代码片段 5.49

```
# worst model - basic CNN
meu.plot_model_roc_curve(basic_cnn, test_imgs_scaled,
                         true_labels=test_labels_enc, class_names=[0,
                                                                    1])

# best model - transfer learning with fine-tuning & image augmentation
meu.plot_model_roc_curve(tl_img_aug_finetune_cnn, test_imgs_scaled,
                         true_labels=test_labels_enc, class_names=[0,
                                                                    1])
```

上述代码的输出如图 5.24 所示。

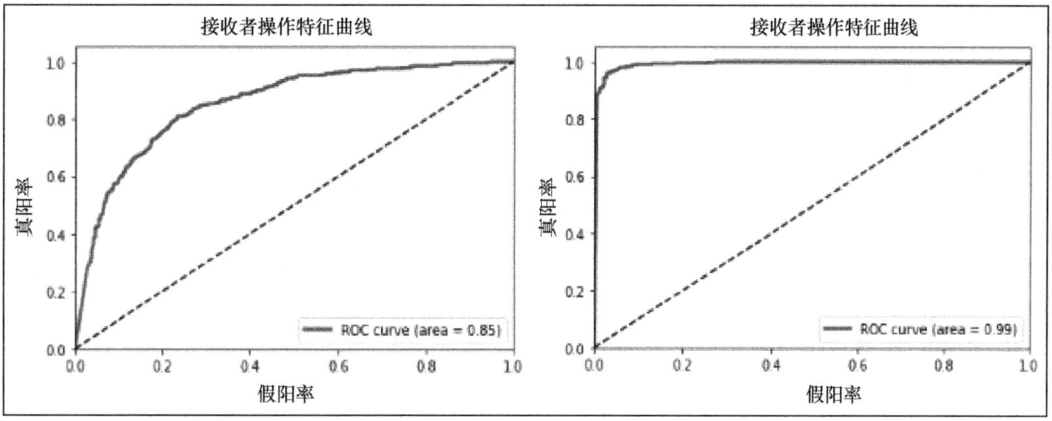

图 5.24

这可以让我们很好地了解预训练模型和迁移学习可以产生多大的差异，尤其是在处理当我们面临只有较少数据这样的约束的复杂问题时。我们鼓励读者在自己的数据中使用类似的策略。

5.5 总结

本章内容的目的是让读者对构建深度学习模型来解决一个现实世界的问题有一个更加实际的了解，以及了解迁移学习的有效性。我们讨论了迁移学习必要性的各个方面，特别是在解决数据量有限的问题这个方面。我们从零开始构建了几个 CNN 模型，也看到了适当的图像增强策略的优点。我们还研究了如何利用预训练模型进行迁移学习，并介绍了使用它们的一些方法，包括作为特征提取器以及微调。我们了解了 VGG-16 模型的详细架构，以及如何将该模型作为一个有效的图像特征提取器。与迁移学习相关的策略，包括特征提取和微调，以及图像增强，都可以被用来建立有效的深度学习图像分类器。

最后我们在测试数据集上对所有模型进行了评估，并了解了卷积神经网络在构建特征图时如何在内部对图像进行可视化。在后续的章节中，我们将介绍更复杂的需要迁移学习的现实世界的案例。

第 3 部分

迁移学习案例研究

第 6 章 图像识别和分类

在知识上的投资是回报率最高的投资。——本杰明·富兰克林（Benjamin Franklin）

图像识别是计算机视觉中一个活跃的跨学科研究领域。图像或对象识别，顾名思义，指的是在图像或视频序列中识别对象的任务。在过去的几年中，该领域利用数学和计算机辅助建模，以及对象设计方面的进步，开发了一些手动标注的数据集来测试和评估图像识别系统。我们现在所称的传统技术直到最近才在图像识别领域占据主导地位，并不断对这项技术进行改进。2012 年深度学习进入 ImageNet 竞赛，为计算机视觉和深度学习技术的快速提升和发展打开了闸门。

本章我们将从深度学习，尤其是迁移学习的角度，介绍图像识别和分类的概念。本章内容包含以下几个方面：

- 使用深度学习进行图像分类；
- 基准测试数据集；
- 最先进的深度图像分类模型；
- 图像分类和迁移学习用例。

本章开启了本书的第 3 部分。在本书的这一部分中，我们将覆盖前两部分中讨论的概念和技术的案例研究，通过用例展示现实世界的主题或研究领域，并帮助读者了解如何在不同的场景中使用迁移学习。本章内容中涉及的代码可以在异步社区网站获取。

6.1 基于深度学习的图像分类

卷积神经网络，即 **CNN** 是提升图像分类任务的深度学习革命的核心，它是一种专门用于处理图像数据的神经网络。快速回顾一下，CNN 能够帮助我们通过共享权重结构来推断位移和空间不变的特性，可以说它是前馈网络的一种变体。我们已经在第 3 章和第 5 章中详细介绍了 CNN 的基本内容。在继续学习后面的内容之前，读者可以快速复习以便更好地理解本章内容。图 6.1 所示为一个典型的 CNN 实战流程。

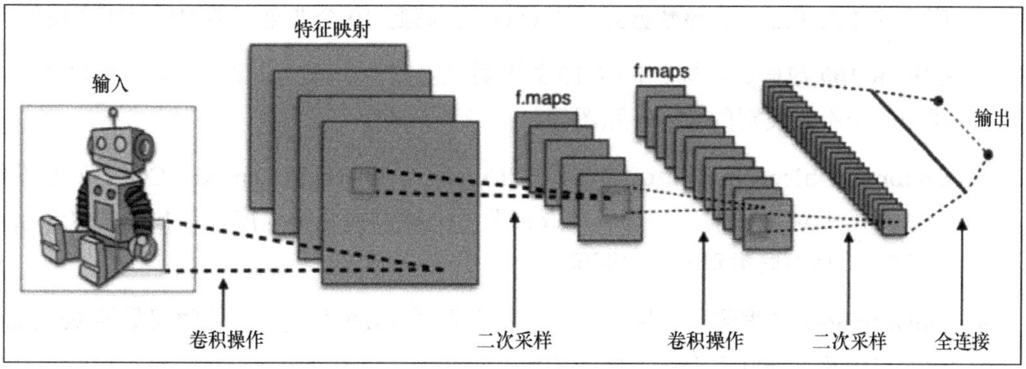

图 6.1

神经网络早在 2011 年就已经出现在图像分类竞赛中，使用 GPU 训练的网络开始赢得比赛。直到 2012 年，一个深度 CNN 在 ImageNet 图像分类任务上将之前的最好成绩提升至 83%，CNN 才第一次引起全世界的注意。比赛的结果非常令人惊讶，足以引起全球的关注，并且帮助传播使用深度学习解决问题的方法。

6.2 基准数据集

图像分类，或者说任何分类任务，从本质上来说都是一个监督学习任务。监督学习任务通过可用的底层训练集来学习不同的类。

即使 CNN 是经过优化共享权重的前馈网络，然而训练一个深度卷积网络的参数数量依然是非常巨大的。这就是需要大量的训练集来达到更好的网络性能的原因之一。幸运的是，全球的研究团队一直致力于收集、手动注释和众包不同的数据集。这些数据集被用来测试不同算法的基准性能，以及在不同的比赛中识别胜者。

以下是在图像分类领域被广泛接受的基准数据集的简要介绍。

- **ImageNet 数据集**。拥有超过 1400 万张手动注释的高分辨率彩色图像，涵盖 20000 个类别，这是一个黄金标准的可视化数据集。2009 年，该数据集由普林斯顿大学计算机科学系设计并用于视觉对象识别任务。从那时起，该数据集（包含 1000 个非重叠类的简化版本）就被用作 ImageNet 大型视觉识别挑战的基础。

- **8000 万小尺寸图片数据集**。顾名思义，这个麻省理工学院的数据集包含 8000 万张从互联网上收集的图像，并标记了超过 75000 个不同的非抽象英语名词。该数据集还为其他多个广泛使用的数据集（包括 CIFAR 数据集）奠定了基础。
- **CIFAR-10 数据集**。该数据集由加拿大高级研究所开发，是机器学习研究中使用最广泛的数据集之一。该数据集包含 60000 张跨越 10 个非重叠类的低分辨率图像。
- **CIFAR-100 数据集**。与 CIFAR-10 数据集来自同一个研究团队，该数据集包含了跨越 100 个不同类别的 60000 张图像。
- **Common Objects in Context 数据集**。Common Objects in Context（COCO）数据集是一个用于对象识别、分割和获取标题的大型可视化数据库。该数据集包含超过 20 万个跨越不同类别的标记图像。
- **Open Images 数据集**。这是可用的最大的带注释数据集之一。该数据集的 Version 4 版本包含超过 900 万个带注释的图像。
- **Caltech 101 and Caltech 256 数据集**。这两个数据集分别包含跨越 101 和 256 个类别的带注释的图像。Caltech 101 数据集包含约 9000 张图片，而 Caltech 256 包含近 30000 张图片。
- **Stanford Dog 数据集**。这是一个针对不同犬种的有趣的数据集。它包含超过 120 种犬种的 20000 张彩色图片。
- **MNIST 数据集**。这是一直以来著名的可视化数据集之一，MNIST 实际上已经成为机器学习爱好者的“Hello, World”数据集，它包含超过 60000 个手动标记的数字（0～9）。

上面的数据集仅仅只是冰山一角，还有许多其他描述世界的不同方面的数据集。准备这些数据集是一个痛苦且耗时的过程，但正是因为这些数据集深度学习才能在当前形势下如此成功。我们鼓励读者详细研究这些数据集和其他数据集，以了解它们背后的细微差别，以及这些数据集为我们带来的挑战。我们将在本章和后续的章节中使用其中一些数据集来理解迁移学习的概念。

6.3 最先进的深度图像分类模型

多年以来，深度学习获得了很多关注和宣传。毫不意外，全球大量围绕深度学习的研究工作正在竞赛、会议和期刊上被分享。尤其是图像分类体系结构，多年来持续受到关注，并定期共享迭代提升。以下是一些性能非常好的、流行且先进的深度图像分类架构。

- **AlexNet**。这是一个被誉为“打开闸门的网络”。这个网络由深度学习的先驱之一——Geoffrey Hinton 和他的团队设计，它将前 5 名的错误率降到了 15.3%。它也是第一个利用 GPU 加速学习过程的架构。
- **VGG-16**。这个来自牛津大学视觉几何团队的网络是性能最好的架构之一，广泛用于其他设计的基准测试。VGG-16 采用了一个简单的架构，该架构将 16 层 3 × 3 个卷积层依次叠加，接着连接一个最大池化层，以实现强大的性能。这个模型的后续是一个更为复杂的模型 **VGG19**。
- **Inception**。也被称为 **GoogleNet**，该网络于 2014 年在 **ImageNet 大型视觉识别挑战**中被引入，达到了 6.67%的前 5 名错误率。它是最早实现接近人类水平的架构之一。这个网络背后的创新之处在于 inception 层的使用，它将在同一级别上不同大小的核连接了起来。
- **ResNet**。由微软亚洲研究院开发的**残差网络**（**Residual Network，ResNet**）是一种创新的架构，它利用批处理正则化和跳过连接使前 5 名的错误率仅为 3.57%。它比像 VGG 这样的简单架构要深很多倍（共计 152 层），同时也更复杂。
- **MobileNet**。虽然大多数架构都能够在军备竞赛中超越其他架构，但是每个新的复杂网络都需要更多的计算能力和数据资源。MobileNet 脱离了这种体系结构，被设计为适合移动和嵌入式系统。该网络采用了一种新颖的思路，即使用深度可分卷积来减少训练网络所需的参数总数。

我们简要快速地介绍了一些在基于深度学习的图像分类领域中最先进的体系结构。相关的详细讨论，读者可以查看第 3 章中的卷积神经网络部分。

6.4 图像分类和迁移学习

到目前为止，我们已经讨论了有关图像分类的全部内容。本节我们将构建自己的分类器。在 6.2 节中，我们简要地提及了著名的基准数据集，包括 CIFAR-10 数据集和 Standford Dogs 数据集（我们将在接下来的几节中重点介绍这些数据集）。我们还将利用预训练模型来理解如何利用迁移学习来改进我们的模型。

6.4.1 CIFAR-10 数据集

CIFAR-10 数据集是深度学习领域使用最广泛的图像数据集之一，它是由加拿大高级研究所开发的一个数量庞大的数据集。该数据集的主要优点是它是一个包含 10 个非重叠类别的平衡分布。这些图像的分辨率很低、尺寸很小，因此可以用于在内存占用非常小的系统上进行训练。

1. 创建一个图像分类器

CIFAR-10 数据集是少数几个可用的平衡数据集之一，它包含 60000 张图片。代码片段 6.1 加载了 CIFAR-10 数据集，并设置了训练和测试变量：

代码片段 6.1

```
# load CIFAR dataset
(X_train, y_train), (X_test, y_test) = cifar10.load_data()
```

数据集中的图像分辨率较低，有时甚至难以进行人为标记。本节中共享的代码可以在 IPython 笔记文件 CIFAR-10_CNN_Classifier.ipynb 中获取。

我们已经讨论了 CNN 以及它是如何针对可视数据集进行优化的。CNN 的工作原理是共享权重以减少参数的数量。从零开始开发不仅需要强大的深度学习技能，而且还需要庞大的基础设施。需要记住的是，从零开始开发 CNN 并测试我们的技能将会很有趣。

代码片段 6.2 展示了一个使用 Keras 库构建的非常简单的 CNN，它只有 5 层（两个卷积层、一个最大池、一个密集层和一个 softmax 层）。

代码片段 6.2

```
model = Sequential()
model.add(Conv2D(16, kernel_size=(3, 3),
                 activation='relu',
input_shape=INPUT_SHAPE))

model.add(Conv2D(32, (3,3), padding='same',
kernel_regularizer=regularizers.l2(WEIGHT_DECAY),
                                    activation='relu'))
model.add(BatchNormalization())
model.add(MaxPooling2D(pool_size=(2,2)))
model.add(Dropout(0.2))

model.add(Flatten())
model.add(Dense(128, activation='relu'))
model.add(Dropout(0.5))
model.add(Dense(NUM_CLASSES, activation='softmax'))
```

为了提升整体泛化性能，该模型还包含一个 BatchNormalization 层和一个 Dropout 层。

这些层能够帮助我们防止过拟合，并防止网络记忆数据集本身。

我们仅用 25 个周期运行模型，验证集的准确率达到了约 65%。图 6.2 所示为训练后模型的输出预测。

图 6.2

尽管离最先进的结果还有很大的差距，但是以上的预测结果已经足够令人满意。这个网络仅仅是为了展示当前 CNN 网络的巨大潜力，我们鼓励读者用相同的方式进行尝试。

2．迁移知识

由于本章和本书的重点是迁移学习，因此让我们快速在实际任务中利用和迁移学到的知识。在 6.3 节中，我们讨论了最先进的不同的 CNN 架构。现在让我们利用在 ImageNet 上训练的 VGG-16 模型对 CIFAR-10 数据集中的图像进行分类。这里的代码可以在 IPython 笔记文件 CIFAR10_VGG16_Transfer_Learning_Classifier.ipynb 中获取。

ImageNet 是一个包含超过 20000 个不同类别的大型可视化数据集。另一方面，CIFAR-10 数据集仅限制于 10 个不重叠的类别。像 VGG-16 这样强大的网络需要巨大的计算能力和时间来训练才能达到比人类更好的表现。在此，迁移学习就有了用武之地。由于大多数人没有无限的计算能力，因此我们可以在以下两种不同的设置下利用这些网络。

- 使用预训练的最先进的网络作为特征提取器。这可以通过删除顶层分类层和使用倒数第二层的输出来实现。
- 在新数据集上对最先进的网络进行微调。

我们将使用 VGG-16 模型作为一个特征提取器，并在其基础上构建一个自定义分类器。代码片段 6.3 加载并准备了 CIFAR-10 数据集以供使用。

代码片段 6.3

```
# extract data
(X_train, y_train), (X_test, y_test) = cifar10.load_data()

#split train into train and validation sets
X_train, X_val, y_train, y_val = train_test_split(X_train,
                                                  y_train,
                                                  test_size=0.15,
                                                  stratify=np.array
                                                            (y_train),
                                                  random_state=42)

# perform one hot encoding
Y_train = np_utils.to_categorical(y_train, NUM_CLASSES)
Y_val = np_utils.to_categorical(y_val, NUM_CLASSES)
Y_test = np_utils.to_categorical(y_test, NUM_CLASSES)

# Scale up images to 48x48
X_train = np.array([sp.misc.imresize(x,
                                     (48, 48)) for x in X_train])
X_val = np.array([sp.misc.imresize(x,
                                   (48, 48)) for x in X_val])
X_test = np.array([sp.misc.imresize(x,
                                    (48, 48)) for x in X_test])
```

代码片段 6.3 不仅将训练数据集拆分为训练集和验证集，还将目标变量转换为独热码（one-hot encoded）形式，并将图像的尺寸大小从 32 像素 ×32 像素调整为 48 像素 ×48 像素，以符合 VGG-16 的输入要求。一旦训练、验证和测试数据集准备就绪，我们就可以着手准备分类器了。

代码片段 6.4 显示了我们可以非常容易地在现有模型之上增加一个（或多个）新层。由于我们的目标是只训练分类层，因此我们可以通过将参数 trainable 设置为 False 来冻结剩余的层。这允许我们能够在即使功能不太强大的基础设施上利用现有的架构，并将学到的权重从一个领域迁移到另一个领域。

代码片段 6.4

```
base_model = vgg.VGG16(weights='imagenet',
include_top=False,
input_shape=(48, 48, 3))

# Extract the last layer from third block of vgg16 model
last = base_model.get_layer('block3_pool').output

# Add classification layers on top of it
x = GlobalAveragePooling2D()(last)
x= BatchNormalization()(x)
x = Dense(64, activation='relu')(x)
x = Dense(64, activation='relu')(x)
x = Dropout(0.6)(x)
pred = Dense(NUM_CLASSES, activation='softmax')(x)
model = Model(base_model.input, pred)

for layer in base_model.layers:
layer.trainable = False
```

我们已经准备好了基本的原料。整个管道中剩下的最后一个模块是数据增强。由于整个数据集仅包含 60000 张图片，数据增强可以方便地向现有的样本集合添加特定的变体。这些变体样本使网络能够学习到比其他方式更泛化的特征。代码片段 6.5 使用了 ImageDataGenerator() 函数来准备训练和验证增强对象。

代码片段 6.5

```
# prepare data augmentation configuration
train_datagen = ImageDataGenerator(rescale=1. / 255,
                                   horizontal_flip=False)
```

```
train_datagen.fit(X_train)
train_generator = train_datagen.flow(X_train,
                                     Y_train,
                                     batch_size=BATCH_SIZE)

val_datagen = ImageDataGenerator(rescale=1. / 255,
                                 horizontal_flip=False)
val_datagen.fit(X_val)
val_generator = val_datagen.flow(X_val,
                                 Y_val,
                                 batch_size=BATCH_SIZE)
```

现在我们对模型进行几个周期的训练，并衡量其性能。代码片段 6.6 调用了 fit_generator() 函数来训练新添加到模型中的层。

代码片段 6.6

```
train_steps_per_epoch = X_train.shape[0] // BATCH_SIZE
val_steps_per_epoch = X_val.shape[0] // BATCH_SIZE

history = model.fit_generator(train_generator,
                              steps_per_epoch=train_steps_per_epoch,
                              validation_data=val_generator,
                              validation_steps=val_steps_per_epoch,
                              epochs=EPOCHS,
                              verbose=1)
```

fit_generator()函数返回的 history 对象包含每个训练周期的详细信息。我们可以利用这些信息来绘制整体模型性能的准确率和损失，如图 6.3 所示。

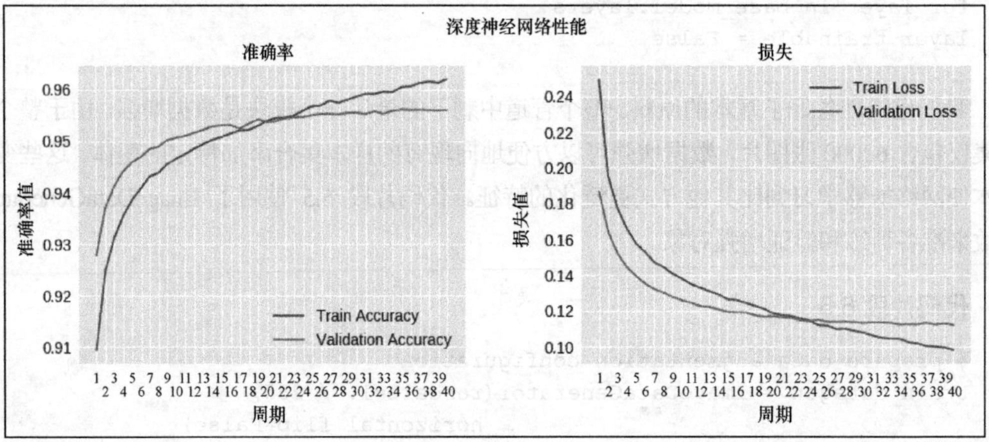

图 6.3

正如我们所看到的，和从零开始开发的模型相比，迁移学习帮助我们实现了惊人的整体性能提升。该提升利用 VGG-16 模型的训练权重将学习到的特征迁移到该领域。读者可以使用相同的函数 plot_predict()在随机样本上对分类结果进行可视化，如图 6.4 所示。

图 6.4

> TIP
>
> 神经网络是非常复杂的学习机器，其调试和优化非常困难。尽管有许多可用的技术，但对一个网络进行微调时需要经验。在目前的情况下，使用一个类似 VGG-16 模型这样的深度 CNN 对于如此小尺寸的图像来说可能有些大材小用，但它显示了巨大的潜力。

这是迁移学习的一个快速简单的应用，我们使用了一个像 VGG-16 这样非常复杂的深度 CNN 来准备一个 CIFAR-10 分类器。读者不仅可以尝试不同的自定义分类器配置，还可以尝试不同的预训练网络来理解其复杂性。

6.4.2 犬种鉴定数据集

在 6.4.1 小节中，我们使用一个低分辨率的图像数据集对 10 个非重叠类别中的图像进行分类。这绝不是一项简单的任务，但我们用最少的精力取得了不错的性能。

现在让我们进行升级，让这个图像分类的任务更加令人兴奋。本节我们将集中讨论细粒度图像分类任务。与通常的图像分类任务不同，细粒度图像分类是指在较高级别的类中识别不同子类的任务。

为了更好地理解这个任务，我们将围绕 **Stanford Dogs** 数据集进行集中讨论。顾名思义，这个数据集包含不同犬种的图像。这里的任务是识别每一只狗的品种。因此高级概念是狗本身，而任务是正确地分类不同的子概念或子类（这里指的是狗的品种）。该数据集包含来自 ImageNet 数据集的 20000 张标记图片，其中包含 120 个犬种。出于本讨论的目的，我们将利用 **Kaggle** 网站提供的数据集。

让我们从构建一个犬种分类器来开启我们的任务。但是在构建实际模型之前，让我们对数据集本身进行快速的探索性分析，以便更好地理解它。

1. 探索性分析

我们再怎么强调理解底层数据集的重要性也不为过。在当前的场景中，我们正在处理一个可视化数据集，其中包含分布在 120 个类别（犬种）中的超过 10000 个的样本。读者可以在标题为 dog_breed_eda.ipynb 的 IPython 笔记中查阅与探索性分析相关的所有步骤。

由于这是一个可视化数据集，因此我们应该先对数据集中的一些样本进行可视化。在 Python 中，有多种方法可以获取和可视化图像数据，这里我们将依赖于 SciPy 和 matplotlib 相关的便捷方法来实现。代码片段 6.7 导入了所需的类库。

代码片段 6.7

```
In [1]: import os
   ...: import scipy as sp
   ...: import numpy as np
   ...: import pandas as pd
   ...:
   ...: import PIL
   ...: import scipy.ndimage as spi
   ...:
   ...: import matplotlib.pyplot as plt
   ...: import seaborn as sns
   ...:
   ...:np.random.seed(42)
```

由于数据集很大，因此我们准备了几个函数来加载随机批次的图像并显示所选的批次，函数名为 load_batch()和 plot_batch()，其中的细节可以在 IPython 笔记中获取。代码片段 6.8 绘制了用于参考的随机批次：

代码片段 6.8

```
In [7]:batch_df = load_batch(dataset_df,
   ...:                       batch_size=36)

In [8]:plot_batch(batch_df, grid_width=6, grid_height=6
   ...:           ,im_scale_x=64, im_scale_y=64)
```

以上代码的输出如图 6.5 所示。

图 6.5

从图 6.5 所示的内容中我们可以看到，分辨率、光照、缩放级别等方面有很多变化，而且图像中不仅包含一只狗，还包含其他狗和周围的物品。我们还需要了解图像的维数的差别，这里使用代码片段 6.9 生成一个散点图来进行理解。

代码片段 6.9

```
In [12]: plt.plot(file_dimension_list[:, 0],
                  file_dimension_list[:, 1], "ro")
    ...: plt.title("Image sizes")
    ...: plt.xlabel("width")
    ...: plt.ylabel("height")
```

生成的散点图如图 6.6 所示。我们可以清楚地看到，图像大部分分布在 500 像素 × 500 像素维范围内，但在形状上确实有一些变化。

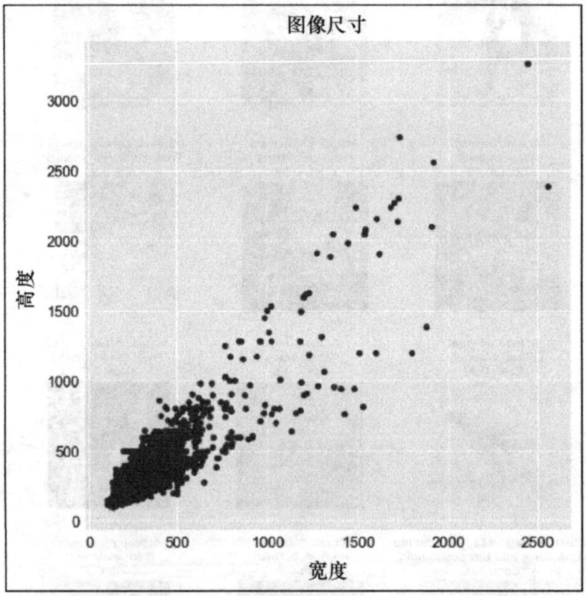

图 6.6

我们还需要检查犬种的分布以了解我们正在处理什么。因为我们有一个带标签的数据集，所以可以很容易地进行检查。代码片段 6.10 使用了 Pandas 类库来绘制犬种分布。

代码片段 6.10

```
In [13]: fig = plt.figure(figsize = (12,5))
    ...:
    ...: ax1 = fig.add_subplot(1,2, 1)
    ...:dataset_df.breed.value_counts().tail().plot('bar',
```

```
...:                        ax=ax1,color='gray',
...:                           title="Breeds with Lowest Counts")
...:
...: ax2 = fig.add_subplot(1,2, 2)
...:dataset_df.breed.value_counts().head().plot('bar',
...:                     ax=ax2,color='black',
...:                        title="Breeds with Highest Counts")
```

数据集并不是均匀分割的，与其他犬种相比，特定的犬种包含更多的样本。从图 6.7 所示的内容中可以明显看出。

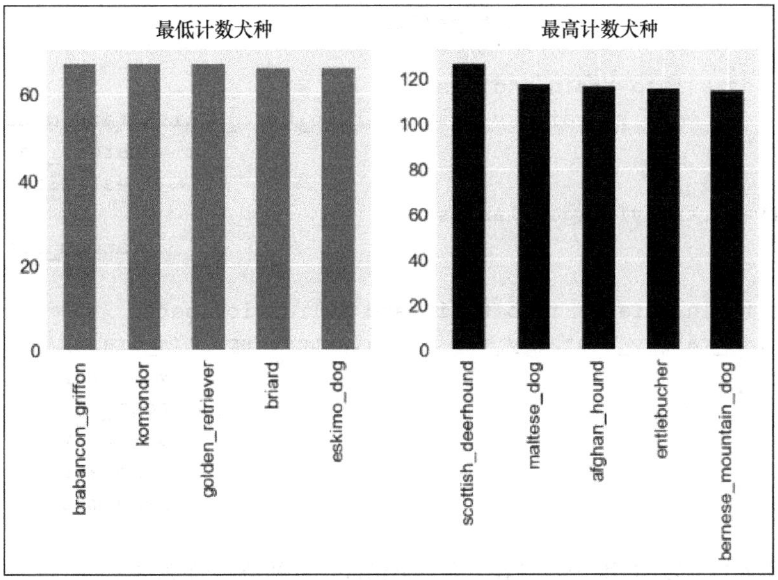

图 6.7

这样一个数据集需要彻底地探索。在本小节中，我们已经讨论了一些探索性的步骤。进一步的步骤在作为参考的 IPython 笔记本中列出或执行。读者可以通过这些步骤了解调整图像尺寸的影响、不同的层如何检测不同的特性、灰度缩放等。

2. 数据准备

探索性分析能够帮助我们更好地理解现有的数据集。接下来的任务是为数据集构建一个实际的分类器。正如我们所知，对于任何分类问题，第一步也是最重要的一步是将数据集分割为训练集和验证集。由于我们正在使用 Keras 框架，因此我们将从它的函数中获得帮助来准备我们的数据集。代码片段 6.11 展示了将原始数据集组织成训练集和验证集的过程。

代码片段 6.11

```
# Prepare column to store image path
data_labels['image_path'] = data_labels.apply(
                                        lambda row: (train_folder +
                                        row["id"] +  ".jpg" ),
                                        axis=1)
# load image data as arrays of defined size
train_data = np.array([img_to_array(load_img(img, target_size=(299,
                                                            299)))
                      for img in
data_labels['image_path'].values.tolist()
                  ]).astype('float32')

# split data into train and test
x_train, x_test, y_train, y_test = train_test_split(train_data,
                                              target_labels,
                                              test_size=0.3,
stratify=np.array(target_labels),
                                              random_state=42)

# split train dataset into train and validation sets
x_train, x_val, y_train, y_val = train_test_split(x_train,
                                             y_train,
                                             test_size=0.15,
                                             stratify=
                                               np.array(y_train),
                                             random_state=42)
```

代码片段 6.11 显示的第一步是在标签 dataframe 中准备一个派生列来保存实际的图像路径。然后继续简单地将数据集拆分为训练、验证和测试数据集。下一步是在将标签提供给模型之前，将其快速转换为独热编码形式。代码片段 6.12 准备了目标变量的独热编码形式。

代码片段 6.12

```
y_train_ohe = pd.get_dummies(y_train.reset_index(
                                        drop=True)
                                           ).as_matrix()
y_val_ohe = pd.get_dummies(y_val.reset_index(
                                        drop=True)
                                        ).as_matrix()
y_test_ohe = pd.get_dummies(y_test.reset_index(
                                        drop=True)
                                        ).as_matrix()
```

正如我们所知，深度学习算法需要大量的数据。即使我们总共有 10000 张图片，每个类别的数量也不是很大。为了改进这一点，我们执行了增强操作。**数据增强**，简单来说，就是通过生成现有数据点的变体，并用精心设计的数据集来扩充自身的过程。这里我们使用来自 keras 框架的 ImageDataGenerator()函数来增强我们的训练和验证数据集，如代码片段 6.13 所示。

代码片段 6.13

```
# Create train generator.
train_datagen = ImageDataGenerator(rescale=1./255,
                                   rotation_range=30,
                                   width_shift_range=0.2,
                                   height_shift_range=0.2,
                                   horizontal_flip = 'true')

train_generator = train_datagen.flow(x_train,
                                     y_train_ohe,
                                     shuffle=False,
                                     batch_size=BATCH_SIZE,
                                     seed=1)

# Prepare Validation data augmentation
val_datagen = ImageDataGenerator(rescale = 1./255)
val_generator = train_datagen.flow(x_val,
                                   y_val_ohe,
                                   shuffle=False,
                                   batch_size=BATCH_SIZE,
                                   seed=1)
```

现在我们已经准备好了数据，下一步是准备实际的分类器。

3. 使用迁移学习的犬种分类器

我们的数据集已经准备就绪，现在开始建模过程。我们已经知道了如何从零开始构建一个深度卷积网络，还了解了达到良好性能所需的微调数量。在这个任务中，我们将使用迁移学习的概念。

一个预训练模型是开始迁移学习任务的基本要素。正如前面几章所讨论的，迁移学习可以通过在当前任务中对预训练网络的权值进行微调来实现，也可以使用预训练模型作为特征提取器。

在这里的用例中，我们将集中讨论使用一个预训练模型作为特征提取器的方法。正如我们所知的，一个深度学习模型基本上是由相互连接的神经元层组成的堆叠，其中最后一层作为分类器。这种体系结构允许深度神经网络能够在网络的不同层级捕获不同的特征。因此我们可以利用这个特性来将其作为特征提取器使用，这可以通过删除最后一层或使用倒数第二层的输出来实现。接着将倒数第二层的输出作为另一个额外层组的输入，最后连接一个分类层。代码片段 6.14 展示了基于 **InceptionV3** 预训练模型并堆叠额外的层进行特征提取来准备分类器。

代码片段 6.14

```
# Get the InceptionV3 model so we can do transfer learning
base_inception = InceptionV3(weights='imagenet',
                             include_top = False,
                             input_shape=(299, 299, 3))


# Add a global spatial average pooling layer
out = base_inception.output
out = GlobalAveragePooling2D()(out)
out = Dense(512, activation='relu')(out)
out = Dense(512, activation='relu')(out)
total_classes = y_train_ohe.shape[1]

predictions = Dense(total_classes,
                    activation='softmax')(out)
```

从代码片段 6.14 所示的内容中可以看出，**Keras** 提供了简单的工具来处理许多预训练的模型，使用它们作为特征提取器就和将 include_top 标识设置为 False 一样简单。在代码片段 6.15 中，我们通过在顶部依次堆叠两组层，然后冻结来自 InceptionV3 模型的层来准备最终的模型。

代码片段 6.15

```
model = Model(inputs=base_inception.input,
              outputs=predictions)

# only if we want to freeze layers
for layer in base_inception.layers:
    layer.trainable = False
```

现在我们已经有了适当的模型，模型所有的设置都用以训练犬种识别数据集。我们使用 fit_generator()函数训练模型，以便能利用上一步中准备的数据增强。我们将批次大小设置为 32，并对模型进行 13 个周期的培训。下面使用代码片段 6.16 开始模型训练。

代码片段 6.16

```
batch_size = BATCH_SIZE
train_steps_per_epoch = x_train.shape[0] // batch_size
val_steps_per_epoch = x_val.shape[0] // batch_size

history = model.fit_generator(train_generator,
                              steps_per_epoch=train_steps_per_epoch,
                              validation_data=val_generator,
                              validation_steps=val_steps_per_epoch,
                              epochs=15,
                              verbose=1)
```

由于我们在每个训练周期之后都保存了模型参数和性能的输出（history 对象），现在我们将利用它来理解模型性能。图 6.8 所示为模型训练集和测试集的准确率及其损失。

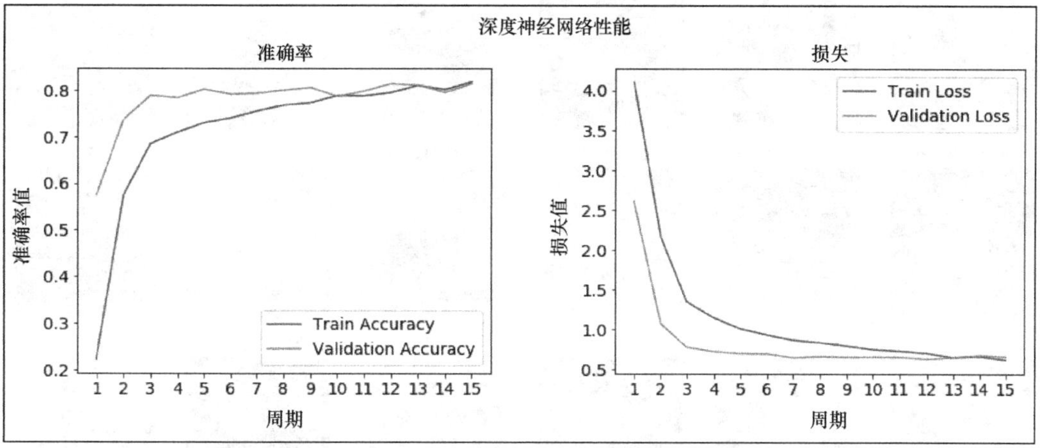

图 6.8

该模型仅仅在 15 个训练周期内，在训练集和验证集上均实现了值得称赞的 80%以上的准确率。图 6.8 所示的右半部分显示了损失是如何快速下降并收敛于 0.5 左右的。这是一个清晰的例子，它说明了迁移学习是多么强大而又简单。

训练集和验证集的性能非常好，但是从未见过的数据集的性能如何呢？因为我们已经将原始数据集分为 3 个独立的部分。这里需要记住的重要的一点是，测试数据集必须经过与训练数据集类似的预处理。为了强调这一点，在测试数据集输入到函数之前，我们也对测试数据集进行了缩放。

该模型在测试数据集上获得了惊人的 85%的准确率和 0.85 的 F1 分。考虑到我们仅进行了 15 个周期的训练且输入数据很少，迁移学习帮助我们实现了一个非常不错的分类器，如图 6.9 所示。

图 6.9

图 6.9 所示的内容是该模型性能的可视化证明。正如我们所看到的，在大多数情况下，该模型不仅预测了出了正确的犬种，而且预测结果的可信度非常高。

6.5 总结

本书前两部分内容涵盖了很多理论。在建立起强大的概念和技术基础之后，我们在本章开始了案例式讲解的旅程。本章及其后续的一系列章节将展示迁移学习在不同场景和领域中的实际用例。本章我们将迁移学习应用于视觉对象识别领域，即通常所说的**图像分类**领域。

我们先简单回顾了 CNN，以及随着 2012 年深度学习模型的出现，整个计算机辅助对象识别领域是如何彻底发生变化的。我们简要介绍了几种先进的已经超越了人类水平的图像分类模型，还快速了解了学术和行业专家用于训练和微调模型的不同基准数据集。在了解了背景之后，我们从 CIFAR-10 数据集开始，使用 Keras 类库和 TensorFlow 作为后端，从零开始构建了一个分类器。通过使用 VGG-16 作为特征提取的预训练模型，我们利用迁移学习提升了模型的性能。

在本章的最后一节中，我们利用迁移学习来处理一个略微复杂的问题。我们没有使用分类不重叠的数据集（CIFAR-10 数据集），而是准备了犬种分类器用于识别基于 Standford Dogs 数据集的 120 个犬种。仅仅需要几行代码，我们就可以实现非常好的性能。第二个用例也被称为细粒度图像分类任务，它比通常的图像分类任务更为复杂。在本章中，我们了解了迁移学习能取得的惊人成果的能力和易用性。在接下来的章节中，我们将继续关注一些来自不同领域的令人惊奇的用例，例如计算机视觉、音频分析等。

第 7 章 文本文档分类

在本章中，我们将讨论迁移学习在文本文档分类中的应用。文本分类是一项非常普遍的自然语言处理任务。关键目标是基于文档的文本内容将文档分配给一个或多个类别或类型。该项任务在行业中具有广泛的应用，包括将电子邮件分类为垃圾邮件或非垃圾邮件、审阅和评级分类、情感分析，以及对电子邮件或事件路由（将电子邮件或事件进行分类，以便可以将其自动分配给相应的人员）。以下是本章涉及的主要主题：

- 文本分类总述、行业应用和挑战；
- 文本分类基准数据集和传统模型的性能；
- 密集向量的单词表示——深度学习模型；
- CNN 文档模型——单词到句子的嵌入，然后进行文档嵌入；
- 源领域和目标领域分布不同的迁移学习应用，即源领域由重叠较少的类组成，而目标领域具有许多混合类；
- 源领域和目标领域本身不同的迁移学习应用（例如源领域是新闻，而目标领域是电影评论等）；
- 训练完成的模型完成其他文本分析任务（例如文档摘要）中的应用——解释为什么将评论归类为负面或正面。

我们不仅将专注于现实例子的理论研究，同时也将专注于实际实现。本章中的代码可以从异步社区网站获取。

7.1 文本分类

给定一组文本文档和一组预定义类别，文本分类的目的是将每个文档分配给一个类别。根据实际问题的不同，输出可以是软分配，也可以是硬分配。软分配表示将类别分配定义为所有类别上的概率分布。

文本分类在工业中有广泛的应用。以下是一些示例。

- **垃圾邮件过滤**。给定电子邮件，将其分类为垃圾邮件或非垃圾邮件。
- **情感分类**。给定一段评论文字（如电影评论、产品评论），识别用户的偏向是正向评论、负向评论还是中立评论。
- **问题故障单分配**。通常来说，在任何行业中，只要用户遇到任何有关IT应用程序、软件或硬件产品的问题，第一步就是创建故障单。这些故障单是描述用户面临的问题的文本文档。下一个合乎逻辑的步骤是，必须有人阅读说明并将其分配给专业相当的团队来解决。给定一些历史故障单和解决团队的类别，我们可以构建一个文本分类器以自动对问题故障单进行分类。
- **问题故障单自动解决**。在某些情况下，问题的解决方案也是预先定义的，也就是说，专家团队知道解决问题应该遵循的步骤。因此在这些情况下，如果可以构建一个高精确率的文本分类器来对故障单进行分类，那么一旦预测了故障单类别，就可以运行一个自动脚本来直接解决问题。这是未来的IT**运营人工智能**（**Artificial Intelligence for IT Operations，AIOps**）的目标之一。
- **目标营销**。营销人员可以对社交媒体中的用户进行监控，基于他们对产品的在线评论将其分类为促进者或反对者。
- **流派分类**。自动文本体裁分类对于分类和检索来说非常重要。即使一组文档因为共享同一个主题而属于同一类别，但它们通常具有不同的用途，因此属于不同的流派。如果可以检测到搜索数据库中每个文档的流派，则可以根据用户的喜好更好地向用户呈现信息检索结果。
- **索赔欺诈检测**。分析保险索赔文本文档，检测索赔是否为欺诈。

7.1.1 传统文本分类

构建文本分类算法或模型涉及一组预处理步骤，以及将文本数据适当地表示为数值向量。以下是一般的预处理步骤。

- **句子拆分**。将文档拆分为一组句子。
- **标记化**。将句子拆分为构成词。
- **词干或词形还原**。词标记被简化为它们的基本形式。例如单词 playing、played 和 plays 的基本形式为 play。词干的基本单词输出不必是词典中的单词。然而来自词形还原的词根（也称为**词条**）将始终存在于词典中。
- **文本清理**。大小写转换、更正拼写、删除停用词和其他不必要的术语。

给定一个文本文档的语料库，我们可以应用前面的步骤获得构成语料库的单词的纯净词汇表。下一个步骤是文本表示。**词袋（Bag of Words，BoW）**模型是从文本文档中提取特征并创建文本向量表示的最简单但功能最强大的技术之一。如果提取的词汇表中有 N 个单词，则任何文档都可以表示为 $D=\{w_1,w_2,\cdots,w_N\}$，其中 w_i 表示文档中某个单词出现的频率。这种将文本作为稀疏向量的表示被称为 BoW 模型。在此，我们不考虑文本数据的序列特征。一种部分捕获序列信息的方法是在构建词汇表时考虑单词短语或 n-gram 和单个单词特征。然而其中的一个挑战是词汇表的大小，也就是说，我们的词汇表会急速膨胀。

文档向量也可以表示为二进制向量，其中每个 $w_i\in\{0,1\}$ 表示文档中单词的存在与否。最流行的表示是一种用词频的规范化表示，被称为**术语频率-逆文档频率（Term Frequency-Inverse Document Frequency，TF-IDF）**表示。逆文档频率（也被称为 IDF）的计算方法为将语料库中的文档总数除以每个术语的文档频率，然后对结果应用对数缩放。TF-IDF 值是术语频率和逆文档频率的乘积。它随着单词在文档中出现的频率成正比地增加，并随着语料库中单词的出现频率成比例地缩小，这有助于调整某些单词通常更频繁出现的情况。

现在我们已经准备好构建一个分类模型。我们需要一个带标签的文档集合或训练数据，以下是一些流行的文本分类算法：

- 多项式朴素贝叶斯；
- 支持向量机；
- k 近邻。

与用于文本分类的基准数据集相比，具有线性核的**支持向量机**通常表现出更高的准确率。

7.1.2 BoW 模型的缺点

使用基于单词计数的 BoW 模型时，我们将丢失额外的信息，例如每个文本文档中单词周围的语义、结构、序列和上下文。在 BoW 模型中，具有相似含义的单词会被区别对待。其他文本模型是**潜在语义索引**（**Latent Semantic Indexing**，**LSI**），其中文档在一个低维（k << 词汇量）的隐藏主题空间中被表示。在 LSI 中，文档中的组成词也可以表示为 k 维密集向量。据观察，在 LSI 模型中具有相似语义的单词具有相近的表示形式。另外，这种单词的密集表示是深度学习模型运用于文本的第一个步骤，被称为**词嵌入**。基于神经网络的语言模型能够尝试通过查看语料库中的单词序列来预测其相邻的单词，并在此过程中学习分布式表示，以此为我们提供密集词嵌入。

7.1.3 基准数据集

以下是大多数文本分类研究中使用的基准数据集。

- **IMDB 电影评论数据集**。这是用于二元情感分类的数据集。它包含用于训练的 25000 条电影评论和用于测试的 25000 条电影评论，其中也有其他未标记的数据可供使用。
- **路透社数据集**。该数据集包含 90 个类、9584 个训练文档和 3744 个测试文档。它可作为 nltk.corpus 软件包的一部分使用。该数据集中文档的类分布很倾斜，其中两个出现最频繁的类占大约所有文档的 70%。即使我们仅考虑 10 个出现最频繁的类，该数据集中的两个出现最频繁的类也占所有文档的大约 80%。因此大多数分类结果都是在这些出现最频繁的类的子集上进行评估的，它们在训练集中被命名为 R8、R10 和 R52，分别对应训练集中出现最频繁的 8 个、10 个和 52 个类。
- **20 个新闻组数据集**。此数据分为 20 个不同的新闻组，每个新闻组对应一个不同的主题。一些新闻组之间的联系非常紧密（例如 comp.sys.ibm.pc.hardware 和 comp.sys.mac.hardware），而有些新闻组之间则高度不相关（例如 misc.forsale 和 soc.religion.christian）。表 7.1 所示为 20 个新闻组的列表，根据主题分为 6 个主要类别。该数据集在 sklearn.datasets 中可用。

表 7.1

comp.graphics comp.os.ms-windows.misc comp.sys.ibm.pc.hardware comp.sys.mac.hardware comp.windows.x	rec.autos rec.motorcycles rec.sport.baseball rec.sport.hockey	sci.crypt sci.electronics sci.med sci.space
misc.forsale	talk.politics.misc talk.politics.guns talk.politics.mideast	talk.religion.misc alt.atheism soc.religion.christian

我们将在后面的内容中讨论如何加载这个数据集以用于进一步分析。

7.2 单词表示形式

我们来看其中一些用于处理文本数据并从中提取有意义的特征或词嵌入的高级策略，这些策略可在其他机器学习系统中用于完成更高级的任务，例如分类、摘要和翻译。我们可以将学习到的单词表示形式迁移到另一个模型中。如果我们有大量的训练数据，那么可以结合最终的任务一起学习词嵌入。

7.2.1 Word2vec 模型

该模型由谷歌公司于 2013 年创建，是一个基于深度学习的预测模型，该模型可计算并生成高质量、分布式和连续密集的词向量表示，以此来捕获上下文和语义相似性。从本质上讲，这些都是无监督模型，可以接收大量文本语料库，创建一个所有可能单词的词汇表，并为代表该词汇表的向量空间中的每个单词生成密集的词嵌入。通常来说，你可以指定词嵌入向量的大小，向量的总数在本质上是词汇表的大小。这使得该密集向量空间的维数大大低于使用传统 BoW 模型构建的高维稀疏向量空间的维数。

Word2vec 模型可以利用两种不同的模型架构来创建这些词嵌入表示。分别如下：

- **连续词袋（Continuous Bag of Words，CBOW）**模型；
- **跳过语法**模型。

CBOW 模型体系结构能够尝试根据源上下文单词（环绕单词）来预测当前的目标单词（中心单词）。考虑一个简单的句子“the quick brown fox jumps over the lazy dog”，如果我们考虑一个大小为 2 的上下文窗口，从这个句子中可以挖掘出很多对(context_window, target_word)，例如([quick, fox], brown)、([the, brown], quick)、([the, dog], lazy)等。因此该模型会尝试根据上下文窗口词来预测目标词。Word2vec 系列模型是无监督的，这意味着你可以给它一个语料库，无须附加标签或信息，它就可以根据语料库构建密集的单词嵌入。但是即使有了这个语料库来获取词嵌入，你仍然需要利用一个监督分类方法。我们将在语料库内部完成这个操作，并且不需要任何辅助信息。我们可以将该 CBOW 架构建模为深度学习分类模型，如此一来我们将接收上下文词作为输入 X，并尝试预测目标词 Y。实际上，此架构比跳过语法模型架构更为简单，在后者中我们需要尝试从源目标词预测一大堆上下文词。

跳过语法模型架构通常实现的是与 CBOW 模型架构相反的功能。给定一个目标词（中心词），它会尝试预测源上下文单词（环绕单词）。考虑一下前面的简单句子“the quick brown fox jumps over the lazy dog”。跳过语法模型的目的是根据目标单词预测上下文，该模型通常会反转上下文和目标，并尝试根据其目标单词预测每个上下文单词。因此任务变成了可以在给定目标单词 brown 的情况下预测上下文[quick，fox]，或者在给定目标单词 quick 的情况下预测上下文[the, brown]等。该模型会试图基于目标词（target_word）来预测上下文窗口（context_window）单词。

图 7.1 所示为前面两种模型的架构图。

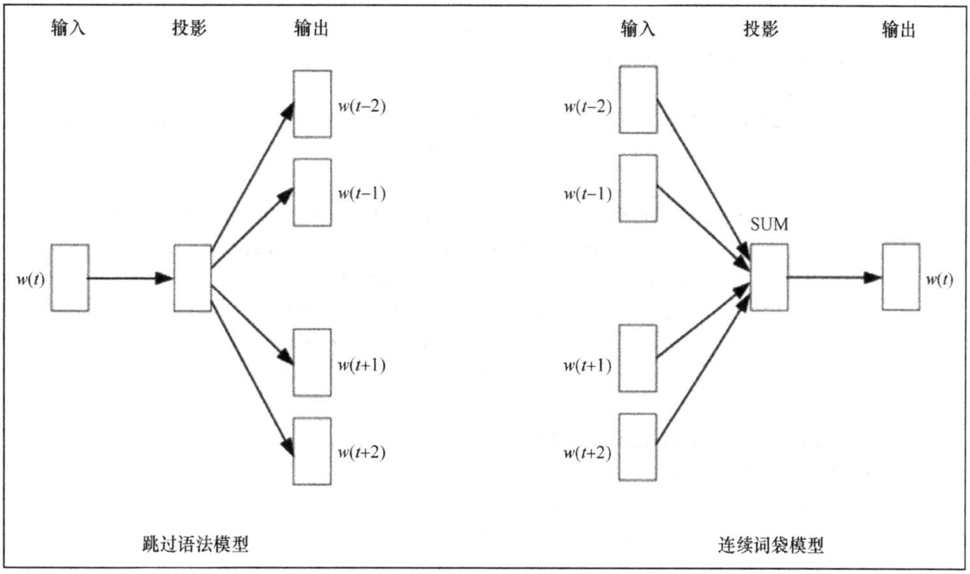

图 7.1

以上两种模型的一种基于 Keras 的实现可以在下面这篇由本书作者之一撰写的博文 *A hands-on intuitive approach to Deep Learning Methods for Text Data——Word2Vec, Glove and FastText* 中找到。

7.2.2 使用 gensim 框架的 Word2vec 模型

由 Radim Rehurek 创建的 gensim 框架是包含 Word2vec 模型的一种鲁棒、高效且可扩展的实现。它允许我们可以选择跳过语法模型或 CBOW 模型。我们来尝试对 IMDB 语料库的词嵌入进行学习和可视化，该语料库包含 50000 个带标签的文档和 50000 个未带标签的文档。对于学习单词表示的目的而言，我们不需要任何标签，因此可以使用所有可用的 100000 个文档。

我们先来加载完整的语料库。下载完成的文档被分为 train、test 和 unsup 3 个文件夹，如代码片段 7.1 所示。

代码片段 7.1

```
def load_imdb_data(directory = 'train', datafile = None):
        '''
        Parse IMDB review data sets from Dataset from
        http://ai.stanford.edu/~amaas/data/sentiment/
        and save to csv.
        '''
        labels = {'pos': 1, 'neg': 0}
        df = pd.DataFrame()
        for sentiment in ('pos', 'neg'):
            path =r'{}/{}/{}'.format(config.IMDB_DATA, directory,
                                     sentiment)
            for review_file in os.listdir(path):
                with open(os.path.join(path, review_file), 'r',
                          encoding= 'utf-8') as input_file:
                    review = input_file.read()
                df = df.append([[utils.strip_html_tags(review),
                                 labels[sentiment]]],
                                 ignore_index=True)
        df.columns = ['review', 'sentiment']
        indices = df.index.tolist()
        np.random.shuffle(indices)
        indices = np.array(indices)
        df = df.reindex(index=indices)
        if datafile is not None:
            df.to_csv(os.path.join(config.IMDB_DATA_CSV, datafile),
                      index=False)
        return df
```

我们可以合并 3 个数据源，从而得到一个包含 10 万个文档的列表，如代码片段 7.2 所示。

代码片段 7.2

```
corpus = unsupervised['review'].tolist() + train_df['review'].tolist()
      + test_df['review'].tolist()
```

我们使用 nltk 库对该语料库进行预处理，并将每个文档转换为单词标记序列。接着开始进行训练，如代码片段 7.3 所示。我们使用了大量的迭代，因此在一个 CPU 上将需要 6～8 个小时的时间来完成训练。

代码片段 7.3

```
# tokenize sentences in corpus
```

```
wpt = nltk.WordPunctTokenizer()
tokenized_corpus = [wpt.tokenize(document.lower()) for document in corpus]

w2v_model = word2vec.Word2Vec(tokenized_corpus, size=50,
                              window=10, min_count=5,
                              sample=1e-3, iter=1000)
```

现在我们来看看该模型学到了什么。我们从该语料库中选择一些观点词。我们将先找到与这些给定单词具有相似嵌入的前 5 个单词。如代码片段 7.4 所示。

代码片段 7.4

```
similar_words = {search_term: [item[0] for item in
w2v_model.wv.most_similar([search_term], topn=5)]
                for search_term in ['good','superior','violent',
                                    'romantic','nasty','unfortunate',
                                    'predictable', 'hilarious',
                                    'fascinating', 'boring','confused',
                                    'sensitive',
                                    'imaginative','senseless',
                                    'bland','disappointing']}

pd.DataFrame(similar_words).transpose()
```

代码片段 7.4 的输出结果如图 7.2 所示。

Out[12]:

	0	1	2	3	4
bland	dull	lifeless	forgettable	uninspired	unconvincing
boring	dull	pointless	tedious	predictable	uninteresting
confused	irritated	puzzled	disturbed	frustrated	annoyed
disappointing	unsatisfying	disappointed	enjoyable	surprising	satisfying
fascinating	compelling	enthralling	captivating	unique	vivid
good	decent	great	nice	bad	fine
hilarious	funny	hysterical	priceless	comical	humorous
imaginative	inventive	innovative	ingenious	intricate	creative
nasty	sadistic	sleazy	gory	icky	vicious
predictable	clichéd	formulaic	contrived	implausible	dull
romantic	romance	screwball	bittersweet	sentimental	delightful
senseless	pointless	meaningless	disgusting	sickening	boring
sensitive	sincere	passionate	mature	delicate	confident
superior	inferior	weaker	truer	classier	maligned
unfortunate	unacceptable	disastrous	dubious	inadequate	important
violent	brutal	graphic	gruesome	sadistic	violence

图 7.2

我们可以看到，学习到的词嵌入表示在相似的上下文中使用的词具有相似的词嵌入向量。这些词不必总是同义词，它们也可以是反义词。但是，它们在类似的上下文中被使用。

7.2.3 GloVe 模型

GloVe 模型代表全局向量，它是一种无监督的学习模型，可用于获取类似于 Word2Vec 的密集词向量。但是两种模型使用的技术不同，并且 GloVe 模型的训练是在一个聚合的全局单词-单词共现矩阵上执行的，从而为我们提供了有意义的子结构向量空间。该方法发表在 Pennington 及其合著者的论文 *GloVe: Global Vectors for Word Representation* 中。我们已经讨论了基于计数的矩阵分解方法，例如**潜在语义分析（Latent Semantic Analysis，LSA）**和类似 Word2vec 的预测方法。这篇论文宣称目前这两类方法都有重大弊端。LSA 这类方法可以有效地利用统计信息，但是它们在词类比任务（我们是如何发现语义相似的词的）上的表现相对较差。像跳过语法这样的方法在类比任务上可能会做得更好，但它们却无法在全局级别上充分利用语料库的统计信息。

GloVe 模型的基本方法是首先创建一个庞大的单词-上下文共现矩阵，该矩阵由（单词，上下文）对组成，这样该矩阵中的每个元素都代表一个单词在上下文（可以是一个单词顺序）中出现的频率。这个单词-上下文（Word-Content，WC）矩阵与用于各种任务的文本分析中普遍使用的术语-文档矩阵非常相似。矩阵分解用于将 WC 矩阵表示为**单词-特征（Word-Feature，WF）**矩阵和**特征-上下文（Feature-Content，FC）**矩阵两个矩阵的乘积：$WC = WF \times FC$。WF 矩阵和 FC 矩阵使用一些随机权重进行初始化，然后我们将它们相乘得到 WC'（近似的 WC 矩阵），并测量其与 WC 矩阵的相似程度。我们使用**随机梯度下降法**进行多次这个操作来减少误差。最后 WF 矩阵为我们提供了每个单词的词嵌入，其中 F 可以预设为特定的维数。需要记住的非常重要的一点是，Word2vec 模型和 GloVe 模型在工作方式上非常相似，它们的目的都是构建一个向量空间，每个词的位置都基于其上下文和语义并且受到其相邻词的影响。Word2vec 模型从单词共现对的本地单个示例开始，而 GloVe 模型从整个语料库中所有单词的全局汇总共现统计开始。

接下来我们将同时使用 Word2vec 模型和 GloVe 模型来解决各种分类问题。我们已经开发了一些便捷方法代码来从一个文件中读取和加载 GloVe 和 Word2vec 向量，并返回一个嵌入矩阵。预期的文件格式是标准 GloVe 文件格式。以下是一个五维嵌入格式的几个单词的示例——单词后面是对应的向量，使用空格分开：

- Flick 7.068106 -5.410074 1.430083 -4.482612 -1.079401；
- Heart -1.584336 4.421625 -12.552878 4.940779 -5.281123；

- Side 0.461367 4.773087 -0.176744 8.251079 -11.168787；
- Horrible 7.324110 -9.026680 -0.616853 -4.993752 -4.057131。

代码片段 7.5 是读取 GloVe 向量的主要函数，给定一个词汇表作为 Python 字典，将字典中的键代表词汇表中的单词。只需要为我们的训练词汇表中出现的单词加载所需的嵌入。另外，词汇表中没有在 GloVe 中出现的单词嵌入使用所有嵌入的一个均值向量和一些白噪声进行初始化。第 0 行和第 1 行专门用于空格和**词汇表外**（**Out-Of-Vocabulary，OOV**）单词。这些单词不在词汇表中，但是存在于语料库中，例如非常少见的单词或过滤掉的杂音。空间的嵌入是一个零向量，OOV 的嵌入是所有剩余嵌入的均值向量。

代码片段 7.5

```
def _init_embedding_matrix(self, word_index_dict,
                           oov_words_file='OOV-Words.txt'):
        # reserve 0, 1 index for empty and OOV
        self.embedding_matrix = np.zeros((len(word_index_dict)+2 ,
                                          self.EMBEDDING_DIM))
        not_found_words=0
        missing_word_index = []
        with open(oov_words_file, 'w') as f:
            for word, i in word_index_dict.items():
                embedding_vector = self.embeddings_index.get(word)
                if embedding_vector is not None:
                    # words not found in embedding index will be all-zeros.
                    self.embedding_matrix[i] = embedding_vector
                else:
                    not_found_words+=1
                    f.write(word + ','+str(i)+'\n')
                    missing_word_index.append(i)

            #oov by average vector:
            self.embedding_matrix[1] = np.mean(self.embedding_matrix,
                                               axis=0)
    for indx in missing_word_index:
        self.embedding_matrix[indx] =
                            np.random.rand(self.EMBEDDING_DIM)+
                                       self.embedding_matrix[1]
print("words not found in embeddings:
      {}".format(not_found_words))
```

另一个便捷函数是 update_embeddings()，它是迁移学习所必需的。我们用一个模型学习的嵌入来更新另一个模型学习的嵌入，如代码片段 7.6 所示。

代码片段 7.6

```
def update_embeddings(self, word_index_dict, other_embedding,
other_word_index):
        num_updated = 0
        for word, i in other_word_index.items():
            if word_index_dict.get(word) is not None:
                embedding_vector = other_embedding[i]
                this_vocab_word_indx = word_index_dict.get(word)
                self.embedding_matrix[this_vocab_word_indx] =
                                                    embedding_vector
                num_updated+=1
        print('{} words are updated out of {}'.format(num_updated,
               len(word_index_dict)))
```

7.3 CNN 文档模型

在本章之前的内容中，我们看到了词嵌入捕获它们表示的概念之间的许多语义关系的能力。现在我们来介绍一种 ConvNet 文档模型，该模型可构建文档的分层分布式表示形式。该模型由 Misha Denil 等人在其论文 *Modeling, Visualising and Summarising Documents with a Single Convolutional Neural Network* 中发布。该模型被分为两个级别，一个句子级别和一个文档级别，这两个级别都使用 ConvNet 来实现。在句子级别中，ConvNet 被用来将每个句子中单词的嵌入转换为整个句子的嵌入；在文档级别中，ConvNet 被用来将句子的嵌入转换为文档的嵌入。

在所有 ConvNet 架构中，一个卷积层之后都跟随着一个子采样或池化层。在该模型中，我们使用 k-max 池化操作。k-max 池化操作与正常的 max 池化操作略有不同，在正常的 max 池化操作中，我们从神经元的滑动窗口中获取最大值。在 k-max 池化操作中，k 个最大的神经元从下层的所有神经元中提取。例如，对[3, 1, 5, 2]应用 2-max 池化操作将返回[3, 5]。在这里，内核大小为 3 且步长为 1 的普通池化操作也将得到相同的结果。我们来考虑另一种情况，如果我们对[1, 2, 3, 4, 5]应用最大池化操作将得到[3, 5]，但应用 2-max 池化操作将得到[4, 5]。k-max 池化操作可以应用于可变大小的输入，而且我们仍然可以获得数量相同的输出单位。

图 7.3 所示为**卷积神经网络**的架构，我们针对各种将在本章中使用的用例对这种架构进行了一些微调。

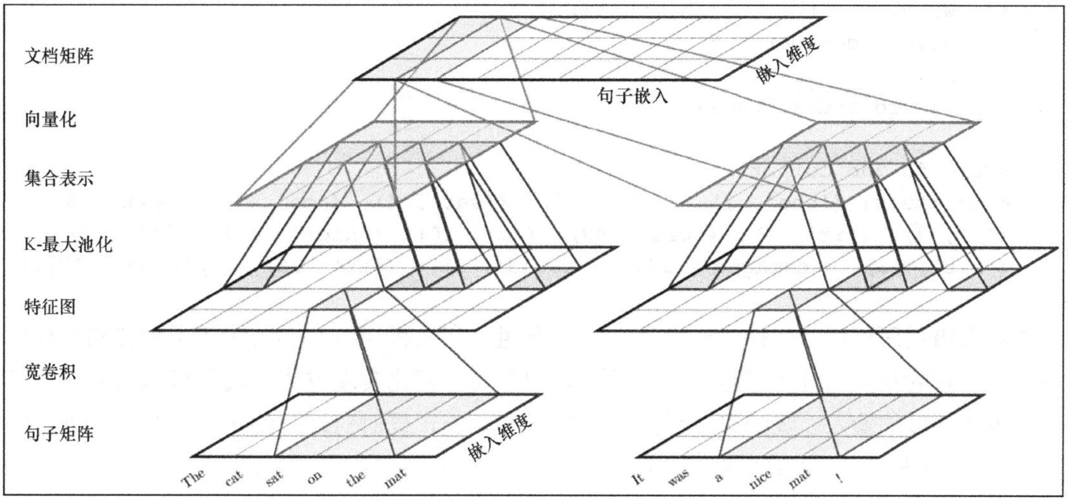

图 7.3

该网络的输入层没有在图中显示。输入层是文档中的有序句子序列，其中每个句子由一个单词索引序列表示。代码片段 7.7 描述了如何在给定训练语料库的前提下定义单词索引。索引 0 和 1 保留用于空单词和 OOV 单词。首先将语料库中的文档标记为单词，非英语单词会被过滤掉。然后计算整个语料库中每个单词的频率。对于大型语料库，我们可以从词汇表中过滤掉不常用的单词，为词汇表中的每个单词分配一个整数索引。

代码片段 7.7

```
from nltk.tokenize import sent_tokenize, wordpunct_tokenize
import re

corpus = ['The cat sat on the mat . It was a nice mat !',
          'The rat sat on the mat . The mat was damaged found at 2 places.']

vocab ={}
word_index = {}
for doc in corpus:
    for sentence in sent_tokenize(doc):
        tokens = wordpunct_tokenize(sentence)
        tokens = [token.lower().strip() for token in tokens]
        tokens = [token for token in tokens
                      if re.match('^[a-z,.;!?]+$',token) is not None ]
        for token in tokens:
            vocab[token] = vocab.get(token, 0)+1
# i= 0 for empty, 1 for OOV
i = 2
```

```
for word, count in vocab.items():
    word_index[word] = i
    i +=1
print(word_index.items())

#Here is the output:
dict_items([('the', 2), ('cat', 3), ('sat', 4), ('on', 5), ('mat', 6),
('.', 7), ('it', 8), ('was', #9), ('a', 10), ('nice', 11), ('!', 12),
('rat', 13), ('damaged', 14), ('found', 15), ('at', 16), ('places', 17)])
```

现在语料库可以被转换为一个单词索引数组。在语料库中，不同的句子和文档的长度不同。尽管卷积可以处理任意长度的输入，但是为了简化实现方式，我们可以为网络定义一个固定长度的输入。我们可以将短句子进行 0 填充，同时对较长的句子进行截断以适应固定的句子长度，并在文档级别执行相同的操作。代码片段 7.8 展示了如何使用 keras.preprocessing 模块对句子和文档进行 0 填充并准备数据。

代码片段 7.8

```
from keras.preprocessing.sequence import pad_sequences

SENTENCE_LEN = 10; NUM_SENTENCES=3;
for doc in corpus:
    doc2wordseq = []
    sent_num =0
    for sentence in sent_tokenize(doc):
        words = wordpunct_tokenize(sentence)
        words = [token.lower().strip() for token in words]
        word_id_seq = [word_index[word] if word_index.get(word) is not
         None \
                                      else 1 for word in words]
        padded_word_id_seq = pad_sequences([word_id_seq],
                                           maxlen=SENTENCE_LEN,
                                           padding='post',
                                           truncating='post')

        if sent_num < NUM_SENTENCES:
            doc2wordseq = doc2wordseq + list(padded_word_id_seq[0])
    doc2wordseq = pad_sequences([doc2wordseq],
                                maxlen=SENTENCE_LEN*NUM_SENTENCES,
                                padding='post',
                                truncating='post')
    print(doc2wordseq)

# sample output
```

```
[ 2 3 4 5 2 6 7 0 0 0 8 9 10 11 6 12 0 0 0 0 0 0 0 0 0 0 0 0 0 0]
[ 2 13 4 5 2 6 7 0 0 0 2 6 9 14 15 16 1 17 7 0 0 0 0 0 0 0 0 0 0 0]
```

因此你可以看到每个文档输入都是一个一维张量，尺寸大小为文档长度，其中文档长度 = 句子长度 × 句子数量。这些张量通过网络的第一层（即嵌入层）将单词索引转换为一个密集的单词表示形式，然后得到一个二维张量，其尺寸为文档长度 × 嵌入尺寸。前面所有的预处理代码都合并进入 Preprocess 类中，同时该类具有 fit()和 transform()方法，类似 scikit 模块。fit()方法将训练语料库作为输入，构建词汇表，并为词汇表中的每个单词分配单词索引。然后 transform()方法可以将测试集或保持集转换为填充的单词索引序列。transform()方法将使用通过 fit()方法计算出的单词索引。

我们可以使用 GloVe 或 Word2vec 对嵌入矩阵进行初始化。在此，我们使用了 50 维 GloVe 嵌入来初始化嵌入矩阵。在 GloVe 和 OOV 单词中无法找到的单词的初始化方法如下：

- OOV 单词——训练数据词汇（索引 1）中被排除的单词通过所有 GloVe 向量的均值被初始化。
- 在 GloVe 中无法找到的单词由所有 Glove 向量和一个相同维数的随机向量的均值初始化。

代码片段 7.9 在之前讨论的 GloVe 类的_init_embedding_matrix()方法中执行了相同的操作。

代码片段 7.9

```
#oov by average vector:
self.embedding_matrix[1] = np.mean(self.embedding_matrix, axis=0)
for indx in missing_word_index:
    self.embedding_matrix[indx] = np.random.rand(self.EMBEDDING_DIM)+
                                  self.embedding_matrix[1]
```

嵌入矩阵初始化完成后，我们现在可以构建第一层，即嵌入层，如代码片段 7.10 所示。

代码片段 7.10

```
from keras.layers import Embedding
embedding_layer = Embedding(vocab_size,
                            embedding_dim,
                            weights=[embedding_weights],
                            input_length=max_seq_length,
                            trainable=True,
                            name='embedding')
```

接着我们必须构建单词卷积层。我们希望对所有句子应用相同的一维卷积过滤器，即对所有句子共享相同的卷积过滤器权重。首先使用 Lambda 层将输入拆分成句子。然后，如果使用 C 卷积过滤器，则每个句子形状为（句子长度 × 嵌入维度）的二维张量将被转换为[（句子长度−过滤器+1）× C]。代码片段 7.11 执行的就是这个操作。

代码片段 7.11

```
#Let's take sentence_len=30, embedding_dim=50, num_sentences = 10
#following convolution filters to be used for all sentences.
word_conv_model = Conv1D(filters= 6,
                         kernel_size= 5,
                         padding="valid",
                         activation="relu",
                         trainable = True,
                         name = "word_conv",
                         strides=1)

for sent in range(num_sentences):
    ##get one sentence from the input document
    sentence = Lambda(lambda x : x[:, sent*sentence_len:
                                  (sent+1)*sentence_len, :])(z)
    ##sentence shape : (None, 30, 50)
    conv = word_conv_model(sentence)
    ## convolution shape : (None, 26, 6)
```

Keras 框架不包含 k-max 池化层，因此我们可以实现一个自定义的 k-max 池化层。为了实现一个自定义层，我们需要使用以下 3 个方法。

- call(x)：这是实现层具体逻辑的方法。
- compute_output_shape(input_shape)：该方法用于防止自定义层修改输入形状。
- build(input_shape)：定义层权重（因为我们的层没有权重，所以我们并不需要这个方法）。

k-max 池化层的完整实现如代码片段 7.12 所示。

代码片段 7.12

```
import tensorflow as tf
from keras.layers import Layer, InputSpec

class KMaxPooling(Layer):
    def __init__(self, k=1, **kwargs):
```

```
        super().__init__(**kwargs)
        self.input_spec = InputSpec(ndim=3)
        self.k = k

    def compute_output_shape(self, input_shape):
        return (input_shape[0], (input_shape[2] * self.k))

    def call(self, inputs):
        # swap last two dimensions since top_k will be
        # applied along the last dimension
        shifted_input = tf.transpose(inputs, [0, 2, 1])
        # extract top_k, returns two tensors [values, indices]
        top_k = tf.nn.top_k(shifted_input, k=self.k, sorted=True,
                            name=None)[0]
        # return flattened output
        return top_k
```

将前面自定义的k-max池化层运用于单词卷积，我们将得到句子嵌入层，如代码片段7.13所示。

代码片段 7.13

```
for sent in range(num_sentences):
    ##get one sentence from the input document
    sentence = Lambda(lambda x : x[:,sent*sentence_len:
                                  (sent+1)*sentence_len, :])(z)
    ##sentence shape : (None, 30, 50)
    conv = word_conv_model(sentence)
    ## convolution shape : (None, 26, 6)
    conv = KMaxPooling(k=3)(conv)
    #transpose pooled values per sentence
    conv = Reshape([word_filters*sent_k_maxpool,1])(conv)
    ## shape post k-max pooling and reshape (None, 18=6*3, 1)
```

因此，我们将每个形状为 30×50 的句子转换为形状为 18×1 的张量，并将这些张量连接起来得到句子嵌入。我们也可以使用 Keras 框架中的 Concatenate 层来进行同样的操作，如代码片段 7.14 所示。

代码片段 7.14

```
z = Concatenate()(conv_blocks) if len(conv_blocks) > 1 else conv_blocks[0]
z = Permute([2,1], name='sentence_embeddings')(z)
## output shape of sentence embedding is : (None, 10, 18)
```

和之前的操作一样，一维卷积之后的 k-max 池化层将应用于句子嵌入来得到文档嵌入。这就完成了文本的文档模型的构建。基于当前的学习任务，我们可以定义下一层。对于一个分类任务，文档嵌入可以连接到一个密集层，然后连接到最后一个具有 *k* 个单元的 softmax 层，以用于 k-类分类问题。最后一层之前可以有多个密集层，如代码片段 7.15 所示。

代码片段 7.15

```
sent_conv = Conv1D(filters=16,
                   kernel_size=3,
                   padding="valid",
                   activation="relu",
                   trainable = True,
                   name = 'sentence_conv',
                   strides=1)(z)

z = KMaxPooling(k=5)(sent_conv)
z = Flatten(name='document_embedding')(z)
for i in range(num_hidden_layers):
    layer_name = 'hidden_{}'.format(i)
    z = Dense(hidden_dims, activation=hidden_activation,
              name=layer_name)(z)
model_output = Dense(K, activation='sigmoid',name='final')(z)
```

完整的代码包含在 cnn_document_model 模块中。

7.3.1 构建一个评论情感分类器

现在我们通过训练前面的 CNN 文档模型来构建一个情感分类器。我们将使用来自亚马逊的情感分析评论数据集来训练该模型，该数据集包含几百万条亚马逊顾客评论（输入文本）和星级打分（输出标签）。以下是相关数据格式：标签后面跟空格，评论标题后面跟：和一个空格，最后是评论的文本部分。该数据集比流行的 IMDB 电影评论数据集要大得多。此外，这个数据集还包含了对各种不同产品和电影的评论。以下是相关格式的示例。

```
__label__<X> <summary/title>: <Review Text>

Example:
__label__2 Good Movie: Awesome…. simply awesome. I couldn't put this down
and laughed, smiled, and even got tears! A brand new favorite author.
```

在该数据集中，__label__1 对应 1 星或 2 星评论，__label__2 对应 4 星或 5 星评论。然而 3 星评论，也就是中立情感的评论，不包含在该数据集中。该数据集中共有 360 万个训练示例和 40 万个测试示例。我们将从训练示例中随机获取一批大小为 20 万的样本开始，以便我们可以为接下来的训练估计一个较好的超参数，如代码片段 7.16 所示。

代码片段 7.16

```
train_df = Loader.load_amazon_reviews('train')
print(train_df.shape)

test_df = Loader.load_amazon_reviews('test')
print(test_df.shape)

dataset = train_df.sample(n=200000, random_state=42)
dataset.sentiment.value_counts()
```

接下来我们使用 Preprocess 类来将语料库转换为填充的单词索引序列，如代码片段 7.17 所示。

代码片段 7.17

```
preprocessor = Preprocess()
corpus_to_seq = preprocessor.fit(corpus=corpus)

holdout_corpus = test_df['review'].values
holdout_target = test_df['sentiment'].values
holdout_corpus_to_seq = preprocessor.transform(holdout_corpus)
```

我们使用 GloVe 类初始化 GloVe 嵌入，并构建文档模型。我们还需要定义文档模型参数，例如卷积过滤器的数量、激活函数、隐单元等。为了避免网络的过拟合，我们可以在输入层、卷积层甚至最后一层或密集层之间交错地放置丢弃层。同时，正如我们在密集层中观察到的，放置一个高斯噪声层将会产出更好的正则化。DocumentModel 类可以使用代码片段 7.18 中定义的所有参数进行初始化。为了对模型参数进行较好的初始化，我们从较少的周期和较少数量的训练示例开始。我们从 6 个单词卷积过滤器开始，正如在 IMDB 数据的相关论文中提到的，然后发现这个模型是欠拟合的——训练的准确率不超过 80%，接着我们继续慢慢地增加单词过滤器的数量。使用类似的方法，我们可以找到合适的句子卷积过滤器数量。我们尝试了 ReLU 和 tanh 激活卷积层。正如论文 *Modeling, Visualing and Summarising Documents with a Single Convolutional Neural Network* 中提及的，使用 tanh 作为模型的激活函数。

代码片段 7.18

```
glove=GloVe(50)
```

```
initial_embeddings = glove.get_embedding(preprocessor.word_index)

amazon_review_model =
DocumentModel(vocab_size=preprocessor.get_vocab_size(),
                                word_index = preprocessor.word_index,
                                num_sentences = Preprocess.NUM_SENTENCES,
                                embedding_weights = initial_embeddings,
                                conv_activation = 'tanh',
                                hidden_dims=64,
                                input_dropout=0.40,
                                hidden_gaussian_noise_sd=0.5)
```

代码片段 7.19 是该模型完整的参数列表，我们使用这些参数在完整的 360 万个训练示例上训练模型。

代码片段 7.19

```
{
    "embedding_dim":50,
    "train_embedding":true,
    "sentence_len":30,
    "num_sentences":10,
    "word_kernel_size":5,
    "word_filters":30,
    "sent_kernel_size":5,
    "sent_filters":16,
    "sent_k_maxpool":3,
    "input_dropout":0.4,
    "doc_k_maxpool":4,
    "sent_dropout":0,
    "hidden_dims":64,
    "conv_activation":"relu",
    "hidden_activation":"relu",
    "hidden_dropout":0,
    "num_hidden_layers":1,
    "hidden_gaussian_noise_sd":0.5,
    "final_layer_kernel_regularizer":0.0,
    "learn_word_conv":true,
    "learn_sent_conv":true
}
```

最后，在开始完整的训练之前，我们需要指定一个较合适的训练批次大小。如果使用较大的训练批次（如 256），训练会非常慢，因此我们使用 64 批次大小。我们使用 rmsprop 优化器来训练模型，并使用 Keras 框架的默认学习速率开始训练。代码片段 7.20 是完整的训练参数，我们将其存储在 TrainingParameters 类中。

代码片段 7.20

```
{"seed":55,
   "batch_size":64,
   "num_epochs":35,
   "validation_split":0.05,
   "optimizer":"rmsprop",
   "learning_rate":0.001}
```

使用代码片段 7.21 开始训练。

代码片段 7.21

```
train_params = TrainingParameters('model_with_tanh_activation')

amazon_review_model.get_classification_model().compile(
                                                loss="binary_crossentropy",
                                                optimizer=
                                                  train_params.optimizer,
                                                metrics=["accuracy"])
checkpointer = ModelCheckpoint(filepath=train_params.model_file_path,
                               verbose=1,
                               save_best_only=True,
                               save_weights_only=True)


x_train = np.array(corpus_to_seq)
y_train = np.array(target)

x_test = np.array(holdout_corpus_to_seq)
y_test = np.array(holdout_target)

amazon_review_model.get_classification_model().fit(x_train, y_train,
                      batch_size=train_params.batch_size,
                      epochs=train_params.num_epochs,
                      verbose=2,
                      validation_split=train_params.validation_split,
                      callbacks=[checkpointer])
```

我们已经在 CPU 上训练了该模型，下面是训练 5 个周期之后的输出结果。当样本数量为 19 万的时候，完成一个训练周期需要花费大约 10 分钟。然而，你可以看到在 5 个训练周期之后，训练和验证的准确率都达到了 92%，这是非常好的结果。

```
Train on 190000 samples, validate on 10000 samples
 Epoch 1/35
 - 577s - loss: 0.3891 - acc: 0.8171 - val_loss: 0.2533 - val_acc: 0.8369
 Epoch 2/35
 - 614s - loss: 0.2618 - acc: 0.8928 - val_loss: 0.2198 - val_acc: 0.9137
 Epoch 3/35
 - 581s - loss: 0.2332 - acc: 0.9067 - val_loss: 0.2105 - val_acc: 0.9191
 Epoch 4/35
 - 640s - loss: 0.2197 - acc: 0.9128 - val_loss: 0.1998 - val_acc: 0.9206
 Epoch 5/35
 ...
 ...
```

我们在包含 40 万条评论的保留集合上对该模型进行评估，同时也得到了 92%的准确率。这非常清晰地表明了该模型对评论数据的拟合非常好，并且在使用更多数据的情况下有更多的提升空间。在目前的整个训练过程中，迁移学习主要的用途是 GloVe 嵌入向量被用于初始化词嵌入。在这个例子中，因为我们拥有大量数据，所以可以从零开始学习权重，但我们需要查看在整个训练过程中哪些单词嵌入更新最多。

7.3.2 哪些单词嵌入变化最大

我们可以获得最初和最终的 GloVe 嵌入，并且可以通过获取每个单词嵌入差异的范数来对其进行比较，然后将范数值进行排序来查看哪些单词变化最大。如代码片段 7.22 所示。

代码片段 7.22

```
learned_embeddings = amazon_review_model.get_classification_model()
                        .get_layer('embedding').get_weights()[0]

embd_change = {}
for word, i in preprocessor.word_index.items():
    embd_change[word] = np.linalg.norm(initial_embeddings[i]-
                                       learned_embeddings[i])
embd_change = sorted(embd_change.items(), key=lambda x: x[1],
                     reverse=True)
embd_change[0:20]
```

可以发现嵌入变化最大的单词都是意见单词。

7.3.3 迁移学习在 IMDB 数据集中的应用

一种我们应该使用迁移学习的场景是：当我们的任务拥有较少的标记数据，但拥有大量来自另一个领域的类似训练数据时。IMDB 数据集是一个二元情感分类数据集。该数据集拥有 25000 条电影评论用于训练、25000 条电影评论用于测试。基于该数据集的已经发表的论文有很多，而在该数据集上达到的最好结果是来自谷歌公司的 Le 和 Mikolov 的段落向量，他们实现了在该数据集上达到 92.58%的准确率。SVM 模型在该数据集上达到了 89%的准确率，该数据集的大小非常适合我们在该数据集上从零开始训练 CNN 模型，最终我们将得到一个和 SVM 模型相当的结果。详细内容将在 7.3.4 小节中讨论。

现在我们尝试使用 IMDB 数据集的一个小型样本（假设为数据总量的 5%）构建一个模型。在许多实际场景中，我们可能会面临训练数据不足的情况。我们无法在这个小型的数据集上训练一个 CNN 模型，因此我们将使用迁移学习为该数据集构建一个模型。

我们遵循在另一个数据集中使用的相同步骤来进行预处理和准备数据，如代码片段 7.23 所示。

代码片段 7.23

```
train_df = Loader.load_imdb_data(directory = 'train')
train_df = train_df.sample(frac=0.05, random_state = train_params.seed)
#take only 5%
print(train_df.shape)

test_df = Loader.load_imdb_data(directory = 'test')
print(test_df.shape)

corpus = train_df['review'].tolist()
target = train_df['sentiment'].tolist()
corpus, target = remove_empty_docs(corpus, target)
print(len(corpus))

preprocessor = Preprocess(corpus=corpus)
corpus_to_seq = preprocessor.fit()

test_corpus = test_df['review'].tolist()
test_target = test_df['sentiment'].tolist()
test_corpus, test_target = remove_empty_docs(test_corpus, test_target)
print(len(test_corpus))

test_corpus_to_seq = preprocessor.transform(test_corpus)

x_train = np.array(corpus_to_seq)
x_test = np.array(test_corpus_to_seq)

y_train = np.array(target)
```

```
y_test = np.array(test_target)

print(x_train.shape, y_train.shape)

glove=GloVe(50)
initial_embeddings = glove.get_embedding(preprocessor.word_index)

#IMDB MODEL
```

现在让我们先加载训练模型。这里有两种方法来加载模型：模型的超参数和在DocumentModel类中学习到的模型权重，如代码片段7.24所示。

代码片段 7.24

```
def load_model(file_name):
        with open(file_name, "r", encoding= "utf-8") as hp_file:
            model_params = json.load(hp_file)
            doc_model = DocumentModel( **model_params)
            print(model_params)
        return doc_model
def load_model_weights(self, model_weights_filename):
     self._model.load_weights(model_weights_filename, by_name=True)
```

接着我们使用前面定义的方法来加载预训练模型，然后将学习到的权重迁移到新模型中，如代码片段7.25所示。预训练模型的嵌入矩阵要大得多，并且拥有比当前语料库更多的单词。因此我们不能直接使用预训练模型的嵌入矩阵。我们将使用GloVe类中的update_embedding()方法来更新包含来自训练模型嵌入的IMDB模型的GloVe初始化嵌入。

代码片段 7.25

```
amazon_review_model = DocumentModel.load_model("model_file.json")
amazon_review_model.load_model_weights("model_weights.hdf5")
learned_embeddings = amazon_review_model.get_classification_model()\
                  .get_layer('embedding').get_weights()[0]

#update the GloVe embeddings.
glove.update_embeddings(preprocessor.word_index,
                        np.array(learned_embeddings),
                        amazon_review_model.word_index)
```

现在我们已准备好构建迁移学习模型了。我们先来构建IMBD模型，并对来自其他预训练模型中的权重进行初始化。我们将不使用少量数据训练网络中较低的层，因此对这些层设置trainable=False。我们只训练包含大量丢弃的最终层，如代码片段7.26所示。

代码片段 7.26

```
initial_embeddings = glove.get_embedding(preprocessor.word_index)#get
                                                    updated embeddings

imdb_model = DocumentModel(vocab_size=preprocessor.get_vocab_size(),
                           word_index = preprocessor.word_index,
                           num_sentences=Preprocess.NUM_SENTENCES,
                           embedding_weights=initial_embeddings,
                           conv_activation = 'tanh',
                           train_embedding = False,
                           learn_word_conv = False,
                           learn_sent_conv = False,
                           hidden_dims=64,
                           input_dropout=0.0,
                                   hidden_layer_kernel_regularizer=0.001,
                                   final_layer_kernel_regularizer=0.01)

#transfer word & sentence conv filters
for l_name in ['word_conv','sentence_conv','hidden_0', 'final']:
    imdb_model.get_classification_model()\
             .get_layer(l_name).set_weights(weights=amazon_review_model
                             .get_classification_model()
                             .get_layer(l_name).get_weights())
```

在训练几个周期之后，仅对隐层和最终 sigmoid 层进行微调，我们在拥有的 25000 个样本的测试集上得到了 86%的准确率。如果我们尝试在该小型数据集上训练一个 SVM 模型，并在完整的 25000 个样本的测试集上进行预测，那么将只得到 82%的准确率。很明显，迁移学习有助于构建一个更好模型，即使在我们只拥有少量数据的时候。

7.3.4 使用 Wordvec 嵌入在完整的 IMDB 数据集上进行训练

现在尝试在通过迁移学习到的 Word2vec 嵌入在完整的 IMDB 数据集上训练文档 CNN 模型。

> TIP 注意，我们不使用来自亚马逊评论模型中学到的权重。我们将从零开始训练模型。事实上，相关论文中也是这样做的。

相关的代码和之前的 IMDB 模型训练代码非常类似，只需要将来自亚马逊模型的权重加载部分排除在外即可。相关的代码可以在本章的代码仓库中查看，具体可以查看 imdb_model.py 模块中的代码。代码片段 7.27 展示了模型的参数。

代码片段 7.27

```
{
    "embedding_dim":50,
    "train_embedding":true,
    "embedding_regularizer_l2":0.0,
    "sentence_len":30,
    "num_sentences":20,
    "word_kernel_size":5,
    "word_filters":30,
    "sent_kernel_size":5,
    "sent_filters":16,
    "sent_k_maxpool":3,
    "input_dropout":0.4,
    "doc_k_maxpool":5,
    "sent_dropout":0.2,
    "hidden_dims":64,
    "conv_activation":"relu",
    "hidden_activation":"relu",
    "hidden_dropout":0,
    "num_hidden_layers":1,
    "hidden_gaussian_noise_sd":0.3,
    "final_layer_kernel_regularizer":0.04,
    "hidden_layer_kernel_regularizer":0.0,
    "learn_word_conv":true,
    "learn_sent_conv":true,
    "num_units_final_layer":1
}
```

在训练过程中，我们使用了另一种技巧来避免过拟合。我们在最初的 10 个训练周期之后冻结了嵌入层（也就是设置 train_embedding=False），只训练剩余的层。在 50 个训练周期之后，我们在 IMDB 数据集上达到了 89%的准确率，与论文中声明的结果一样。我们可以观察到，如果我们不在训练前初始化嵌入权重，那么模型会开始过拟合，并且在验证集上无法达到 80%的准确率。

7.3.5 使用 CNN 模型创建文档摘要

一条评论包含许多句子，其中的一些句子是中性的，而另一些句子对于决定整个文档的极性来说是冗余的。对评论进行摘要，或者突出评论中用户真正表达意见的部分是非常有用的。事实上，文档摘要可以对我们所做的预测进行解释，从而使模型更具有可解释性。

文本摘要的第一个步骤是通过给每一个句子赋予一个重要性分数来为文档创建一张显著图。为了对一份给定的文档创建显著图，可以使用下列技巧。

- 在网络中执行一次向前传播来对文档生成一个类别预测。
- 接着通过反转网络的预测构建一个伪标签。
- 将伪标签作为真标签传入训练损失函数。选择伪标签允许我们导出一个巨大的损失。这反过来将使向后传播修改那些最能决定列表标签的句子嵌入的权重。因此在这个例子中，对于一个实际上正向的标签，如果我们传入 0 作为一个伪标签，那么强正向的句子嵌入应该会出现一个巨大的变化，即一个非常大的梯度范数。
- 计算损失函数相对于句子嵌入层的导数。
- 根据梯度范数对句子进行下降排列，在顶部得到最重要的句子。

接下来我们使用 Keras 框架实现这些步骤。我们需要和之前一样进行预处理，得到 x_train 和 y_train 两个 Numpy 数组。首先加载经过训练的 IMDB 模型和学习到的权重。然后结合优化器和模型的损失函数对模型进行编译，如代码片段 7.28 所示。

代码片段 7.28

```
imdb_model = DocumentModel.load_model(config.MODEL_DIR+
                                      '/imdb/model_02.json')
imdb_model.load_model_weights(config.MODEL_DIR+ '/imdb/model_02.hdf5')

model = imdb_model.get_classification_model()
model.compile(loss="binary_crossentropy", optimizer='rmsprop',
              metrics=["accuracy"])
```

在生成一个伪标签之后对网络进行一次向前传播，如代码片段 7.29 所示。

代码片段 7.29

```
preds = model.predict(x_train)
#invert predicted label
pseudo_label = np.subtract(1,preds)
```

为了计算梯度，我们使用 Keras 框架中的函数 model.optimizer.get_gradients()，如代码片段 7.30 所示。

代码片段 7.30

```
#Get the learned sentence embeddings
sentence_ebd = imdb_model.get_sentence_model().predict(x_train)

input_tensors = [model.inputs[0], # input data
# how much to weight each sample by
                 model.sample_weights[0],
                 model.targets[0], # labels
                ]
#variable tensor at the sentence embedding layer
weights = imdb_model.get_sentence_model().outputs

#calculate gradient of the total model loss w.r.t
#the variables at sentence embd layer
gradients = model.optimizer.get_gradients(model.total_loss, weights)
get_gradients = K.function(inputs=input_tensors, outputs=gradients)
```

计算一个文档（假设为第 10 号文档）的梯度，如代码片段 7.31 所示。

代码片段 7.31

```
document_number = 10
K.set_learning_phase(0)
inputs = [[x_train[document_number]], # X
          [1], # sample weights
          [[pseudo_label[document_number][0]]], # y
]
grad = get_gradients(inputs)
```

现在我们可以根据梯度范数对句子进行排序。这里使用在得到文档句子的预处理过程中使用的 sent_tokenize()函数，如代码片段 7.32 所示。

代码片段 7.32

```
sent_score = []
for i in range(Preprocess.NUM_SENTENCES):
   sent_score.append((i, -np.linalg.norm(grad[0][0][i])))

sent_score.sort(key=lambda tup: tup[1])
summary_sentences = [ i for i, s in sent_score[:4]]

doc = corpus[document_number]
label = y_train[document_number]
prediction = preds[document_number]
```

```
print(doc, label , prediction)

sentences = sent_tokenize(doc)
for i in summary_sentences:
    print(i, sentences[i])
```

以下展示的是一条**负面**评论。

```
Wow, what a great cast! Julia Roberts, John Cusack, Christopher Walken,
Catherine Zeta-Jones, Hank Azaria...what's that? A script, you say? Now
you're just being greedy! Surely such a charismatic bunch of thespians will
weave such fetching tapestries of cinematic wonder that a script will be
unnecessary? You'd think so, but no. America's Sweethearts is one missed
opportunity after another. It's like everyone involved woke up before each
day's writing/shooting/editing and though "You know what? I've been working
pretty hard lately, and this is guaranteed to be a hit with all these big
names, right? I'm just gonna cruise along and let somebody else carry the
can." So much potential, yet so painful to sit through. There isn't a
single aspect of this thing that doesn't suck.
```

从头两个句子来看评价似乎是正面的。这个文档的预测得分是 0.15，这是一个比较恰当的分数。以下是得到的摘要。

```
4 Surely such a charismatic bunch of thespians will weave such
  fetching tapestries of cinematic wonder that a script will be
  unnecessary?
2 A script, you say?
6 America's Sweethearts is one missed opportunity after another.
```

以下为一个正向评论，模型对其预测得分为 0.98。

```
This is what I was expecting when star trek DS9 premiered. Not to slight
DS9. That was a wonderful show in it's own right, however it never really
gave the fans more of what they wanted. Enterprise is that show. While
having a similarity to the original trek it differs enough to be original
in it's own ways. It makes the ideas of exploration exciting to us again.
And that was one of the primary ingredients that made the original so
loved. Another ingredient to success was the relationships that evolved
between the crew members. Viewers really cared deeply for the crew.
Enterprise has much promise in this area as well. The chemistry between
Bakula and Blalock seems very promising. While tension in a show can often
become a crutch, I feel the tensions on enterprise can lead to much more
and say alot more than is typical. I think when we deal with such grand
scale characters of different races or species even, we get some very
```

```
interesting ideas and television. Also, we should note the performances,
Blalock is very convincing as Vulcan T'pol and Bacula really has a whimsy
and strength of character that delivers a great performance. The rest of
the cast delivered good performances also. My only gripes are as follows.
The theme. It's good it's different, but a little to light hearted for my
liking. We need something a little more grand. Doesn't have to be
orchestral. Maybe something with a little more electronic sound would
suffice. And my one other complaint. They sell too many adds. They could
fix this by selling less ads, or making all shows two parters. Otherwise
we'll end up seeing the shows final act getting wrapped up way too quickly
as was one of my complaints of Voyager.
```

以下是文档摘要。

```
2 That was a wonderful show in it's own right, however it never really
  gave the fans more of what they wanted.
5 It makes the ideas of exploration exciting to us again.
6 And that was one of the primary ingredients that made the original
  so loved.
8 Viewers really cared deeply for the crew.
```

从中可以看到模型是如何恰当地拾取摘要句子的。你并不需要真正地去阅读全部评论来理解它。因此这个文本 CNN 模型和目前 IMDB 数据集最新的模型相当，并且一旦学习完毕，它可以进行其他的高级文本分析任务，例如文本摘要。

7.3.6 使用 CNN 模型进行多类别分类

现在我们来使用同一个模型进行多类别分类，这里使用 20 新闻集团数据集。对于训练一个 CNN 模型来说，这个数据集太小了，因此我们将使用一个简化的问题来达成目的。正如前面所讨论的，这个数据集中的 20 个类别有许多交叉的部分，使用 SVM 模型将得到最多 70%的准确率。在此，我们将使用该数据集中的 6 个大类来尝试构建一个 CNN 分类器。代码片段 7.33 展示了如何从 scikit-learn 框架中加载该数据集。

代码片段 7.33

```
def load_20newsgroup_data(categories = None, subset='all'):
        data = fetch_20newsgroups(subset=subset,
                                  shuffle=True,
                                  remove=('headers', 'footers', 'quotes'),
                                  categories = categories)
        return data
```

```
dataset = Loader.load_20newsgroup_data(subset='train')
corpus, labels = dataset.data, dataset.target
test_dataset = Loader.load_20newsgroup_data(subset='test')
test_corpus, test_labels = test_dataset.data, test_dataset.target
```

接着将 20 个类别映射到 6 个大类，如代码片段 7.34 所示。

代码片段 7.34

```
six_groups = {
    'comp.graphics':0,'comp.os.mswindows.misc':0,'comp.sys.ibm.pc.
       hardware':0,
    'comp.sys.mac.hardware':0, 'comp.windows.x':0,
    'rec.autos':1, 'rec.motorcycles':1, 'rec.sport.baseball':1,
    'rec.sport.hockey':1,
    'sci.crypt':2, 'sci.electronics':2,'sci.med':2, 'sci.space':2,
    'misc.forsale':3,
    'talk.politics.misc':4, 'talk.politics.guns':4,
    'talk.politics.mideast':4,
    'talk.religion.misc':5, 'alt.atheism':5, 'soc.religion.christian':5
    }

map_20_2_6 = [six_groups[dataset.target_names[i]] for i in range(20)]
labels = [six_groups[dataset.target_names[i]] for i in labels]
test_labels = [six_groups[dataset.target_names[i]] for i in
               test_labels]
```

在模型初始化之后，进行同样的预处理步骤。在此，我们同样使用了 GloVe 嵌入来初始化词嵌入向量。详细的代码可以在本章的代码仓库的 20newsgrp_model 模块中找到。代码片段 7.35 展示了模型的超参数。

代码片段 7.35

```
{
    "embedding_dim":50,
    "train_embedding":false,
    "embedding_regularizer_l2":0.0,
    "sentence_len":30,
    "num_sentences":10,
    "word_kernel_size":5,
    "word_filters":30,
    "sent_kernel_size":5,
    "sent_filters":20,
    "sent_k_maxpool":3,
    "input_dropout":0.2,
```

```
    "doc_k_maxpool":4,
    "sent_dropout":0.3,
    "hidden_dims":64,
    "conv_activation":"relu",
    "hidden_activation":"relu",
    "hidden_dropout":0,
    "num_hidden_layers":2,
    "hidden_gaussian_noise_sd":0.3,
    "final_layer_kernel_regularizer":0.01,
    "hidden_layer_kernel_regularizer":0.0,
    "learn_word_conv":true,
    "learn_sent_conv":true,
    "num_units_final_layer":6
}
```

以下是模型在测试集上的详细结果。

```
              precision recall f1-score support
0                  0.80   0.91     0.85   1912
1                  0.86   0.85     0.86   1534
2                  0.75   0.79     0.77   1523
3                  0.88   0.34     0.49    382
4                  0.78   0.76     0.77   1027
5                  0.84   0.79     0.82    940

avg / total        0.81   0.80     0.80   7318

[[1733   41  114    1   14    9]
 [  49 1302  110   11   47   15]
 [ 159   63 1196    5   75   25]
 [ 198   21   23  130    9    1]
 [  10   53   94    0  782   88]
 [  22   30   61    0   81  746]]
0.8047280677780815
```

我们来尝试在这个数据集上使用一个 SVM 模型，并查看能得到的最佳准确率，如代码片段 7.36 所示。

代码片段 7.36

```
from sklearn.feature_extraction.text import TfidfVectorizer
from sklearn.svm import SVC
tv = TfidfVectorizer(use_idf=True, min_df=0.00005, max_df=1.0,
                     ngram_range=(1, 1), stop_words = 'english',
                     sublinear_tf=True)
```

```
tv_train_features = tv.fit_transform(corpus)
tv_test_features = tv.transform(test_corpus)

clf = SVC(C=1,kernel='linear', random_state=1, gamma=0.01)
svm=clf.fit(tv_train_features, labels)
preds_test = svm.predict(tv_test_features)


from sklearn.metrics import
       classification_report,accuracy_score,confusion_matrix

print(classification_report(test_labels, preds_test))
print(confusion_matrix(test_labels, preds_test))
print(accuracy_score(test_labels, preds_test))
```

以下为一个 SVM 模型的结果。我们可以对超参数 C 进行微调以便得到最佳的交叉验证准确率。

```
                precision  recall  f1-score  support

0                    0.86    0.89      0.87     1912
1                    0.83    0.89      0.86     1534
2                    0.75    0.78      0.76     1523
3                    0.87    0.73      0.80      382
4                    0.82    0.75      0.79     1027
5                    0.85    0.76      0.80      940

  avg / total        0.82    0.82      0.82     7318

0.82344902978956
```

我们可以看到这个文本 CNN 模型在多类别分类的情况下也可以实现不错的结果。和之前一样，我们也可以使用这个训练好的模型来进行文本摘要。

7.3.7 文档嵌入可视化

在文档 CNN 模型中，我们拥有文档嵌入层。我们来尝试对模型在这些层中学到的特征进行可视化，先使用测试集，并计算文档嵌入，如代码片段 7.37 所示。

代码片段 7.37

```
doc_embeddings = newsgrp_model.get_document_model().predict(x_test)
print(doc_embeddings.shape)
```

```
(7318, 80)
```

对于整个测试文档，我们得到了 80 个维度的嵌入向量。为了对这些向量进行可视化，可以使用流行的 t_SNE 降维技巧来将向量投射到二维空间中，并绘制散点图，如代码片段 7.38 所示。

代码片段 7.38

```
from utils import scatter_plot

doc_proj = TSNE(n_components=2, random_state=42,
                ).fit_transform(doc_embeddings)
f, ax, sc, txts = scatter_plot(doc_proj, np.array(test_labels))
```

上述代码输出的散点图如图 7.4 所示。

图 7.4

散点图中标签（0～5）代表 6 个类别。模型学习到了优秀的嵌入，并且能在 80 个维度的空间中将 6 个类别良好地分开，如图 7.4 所示。我们可以将这些嵌入用于其他的文本分析任务，例如信息提取或者文本搜索。给定一个查询文档，我们可以计算它的密集嵌入，然后在整个语料库中将其和类似的嵌入做比较。这可以帮助我们提升基于关键词的查询结果，并提升检索质量。

7.4 总结

在本章中，我们学习了自然语言处理、文本分类、文本摘要中的概念，以及深度学习 CNN 模型在文本领域中的应用；看到了在词嵌入方面的迁移学习在许多用例中是默认的第一个步骤，尤其是当拥有较少训练数据时；我们还了解了如何将迁移学习用于文本 CNN 模型中——在一个大型亚马逊产品评论数据集上进行训练，然后在一个小型的电影评论数据集（一个相关但不相同的领域）上进行预测。

另外，我们还学习了如何使用学习之后的 CNN 模型进行其他文字处理任务，例如将文档摘要表示为密集向量，这可以用于提升信息检索系统的检索性能。

第 8 章 音频事件识别和分类

在前面章节的内容中，我们已经看到了一些将迁移学习应用于现实世界问题的非常有趣的案例研究。图像和文本数据是我们之前已经处理过的两种非结构化数据。我们已经证明了可以使用各种方法来应用迁移学习以获得更健壮的模型，以及处理训练数据很少之类的约束。在本章中，我们将处理音频事件的识别和分类这一现实世界问题。

为音频数据创建预训练深度学习模型是一个巨大的挑战，因为我们没有有效的预训练视觉模型[例如 VGG 或 Inception（可用于图像数据）]，或基于单词嵌入模型[例如 Word2vec 或 GloVe（可用于文本数据）]的优势。而接下来的问题就是如何制定处理音频数据的策略。在本章中，我们将探索一些创新的方法，主要涉及以下几个方面：

- 理解音频事件分类；
- 阐述现实世界问题；
- 音频事件的探索性分析；
- 音频事件分类的特征工程和表示方法；
- 使用迁移学习对音频事件进行分类；
- 创建一个深度学习音频事件识别器。

在本章中，我们将看到一个对音频事件进行识别和分类的真实案例研究。音频特征工程、迁移学习、深度学习和面向对象编程等概念将被用于构建健壮的、自动的音频事件识别器来对音频进行分类。本章中的代码可以在异步社区网站获取。

8.1 理解音频事件分类

到目前为止，你应该了解了分类或分组的基本任务。在这些任务中，我们拥有结构化或非结构化数据，这些数据通常用特定的组或类别进行标记或标注。自动分类的主要任务是建立一个模型，从而对于未来的数据点，我们可以根据多种数据属性或特性将每个数据点或记录分类到特定的类别中。

在前面的章节中，我们已经讨论了文本和图像分类，本章我们将讨论音频事件的分类。音频事件可以理解为一个事件或一个活动的发生，通常由音频信号捕获。通常来说，短音频片段用于表示音频事件，因为即使它们重复出现，声音通常也是相似的。然而有时可能会使用更长的音频片段来表示更复杂的音频事件。音频事件的例子可以是孩子们在操场上玩耍的声音、警报声、狗叫声等。事实上，谷歌公司已经建立了一个名为 **AudioSet** 的大型数据集，这是一个大规模的手动标注的音频事件数据集，同时他们还发表了几篇关于音频事件的识别和分类的论文。在我们的问题中，我们将使用一个更小一些的数据集。有兴趣的读者可以查看这个庞大的数据集，它包含超过 632 个音频事件类，由从 YouTube 视频中提取、共计 2084320 段人工标注的时长为 10 秒的声音片段组成。

阐述现实世界问题

我们的真实案例研究的主要目标是音频事件的识别和分类。这是一个监督学习问题，我们将处理一个音频事件数据集，其中包含属于特定类别（即声音的来源）的音频数据样本。

我们将利用迁移学习和深度学习的概念来构建一个健壮的分类器，对于任何属于我们预先确定的类别之一的给定音频样本，该分类器应该能够正确地预测这个声音的来源。我们将使用的数据集通常被称为 UrbanSound8K 数据集，其中包含 8732 个标记的音频文件（时长通常大于或等于 4 秒），音频文件中包含常见的城市声音的摘录。该数据集包含的 10 个声音类别如下所示。

- `air_conditioner`
- `car_horn`
- `children_playing`
- `dog_bark`
- `drilling`

- engine_idling
- gun_shot
- jackhammer
- siren
- streen_music

关于该数据集的详细描述和其他潜在的数据集和建议，读者可以访问 UrbanSound 网站，或者查看由该数据集的创造者 J. Salamon、C. Jacoby 和 J. P. Bello 在 2014 年 11 月美国奥兰多第 22 届 ACM 国际多媒体会议上带来的优秀论文 *A Dataset and Taxonomy for Urban Sound Research*。我们需要感谢他们，以及纽约大学的**城市科学与进步中心**（**Center for Urban Science and Progress**，**CUSP**）。

为了获得这些数据，需要在他们的网站上填写一个表格，之后通过电子邮件获得一个下载链接。解压文件后能够看到 10 个文件夹，其中包含所有的音频文件，以及一个包含有关数据集更多详细信息的 readme 文件。

8.2 音频事件的探索性分析

对于音频数据模型，遵循的是分析、可视化、建模和评估的标准工作流程。下载完所有数据后，你将注意到共有 10 个包含 WAV 格式的音频数据样本的文件夹，还有一个元数据文件夹，其中的 UrbanSound8K.csv 文件包含每个音频文件的元数据信息。你可以使用这个文件来为每个文件分配类标签，或者通过理解文件命名法来做同样的工作。

每个音频文件都以特定的格式命名。名称采用[fsID]-[classID]-[occurrenceID]-[sliceID].wav 格式，其中每个填充部分的含义如下所示。

- [fsID]：这段录音（片段）来源的音频 ID。
- [classID]：一个音频类别的数字标识符。
- [occurrenceID]：一个数字标识符，用于区分原始录音中声音的不同事件。
- [sliceID]：一个数字标识符，用于区分同一事件的不同声音片段。

每个类标识符都是一个数字，可以映射到一个特定的类标签。对于这个问题，我们将进行更多扩展。我们先从对音频数据的一些基本探索性分析开始。如果你想自己运行示例，可以参考 GitHub 仓库中的 Exploratory Analysis Sound Data.ipynb 这个 Jupyter 笔记本。

加载下列依赖项，包括 librosa 模块，如果没有这些模块，可能需要安装，如代码片段 8.1 所示。

代码片段 8.1

```
import glob
import os
import librosa
import numpy as np
import matplotlib.pyplot as plt
from matplotlib.pyplot import specgram
import pandas as pd
import librosa.display
import IPython.display
import soundfile as sf

%matplotlib inline
```

librosa 模块是一个用于音频和音乐分析的优秀的开源 Python 框架。后续我们将使用它来分析音频数据并从中提取特征。现在我们来加载一个数据文件夹用于分析，如代码片段 8.2 所示。

代码片段 8.2

```
files = glob.glob('UrbanSound8K/audio/fold1/*')
len(files)

873
```

我们可以看到每个文件夹大致包含超过 870 个音频样本。基于 metadata 和 readme 文件的信息，我们可以创建一个类 ID，用于命名映射音频样本类别，如代码片段 8.3 所示。

代码片段 8.3

```
class_map = {'0' : 'air_conditioner', '1' : 'car_horn',
             '2' : 'children_playing', '3' : 'dog_bark',
             '4' : 'drilling', '5' : 'engine_idling',
             '6' : 'gun_shot', '7' : 'jackhammer',
             '8' : 'siren', '9' : 'street_music'}
pd.DataFrame(sorted(list(class_map.items())))
```

获取 10 个不同类别的音频样本，用于进一步分析，如代码片段 8.4 所示。

代码片段 8.4

```
samples = [(class_map[label],
          [f for f in files if f.split('-')[1] == label][0])
                                        for label in class_map.keys()]
samples

[('street_music', 'UrbanSound8K/audio/fold1\108041-9-0-11.wav'),
 ('engine_idling', 'UrbanSound8K/audio/fold1\103258-5-0-0.wav'),
 ('jackhammer', 'UrbanSound8K/audio/fold1\103074-7-0-0.wav'),
 ('air_conditioner', 'UrbanSound8K/audio/fold1\127873-0-0-0.wav'),
 ('drilling', 'UrbanSound8K/audio/fold1\14113-4-0-0.wav'),
 ('children_playing', 'UrbanSound8K/audio/fold1\105415-2-0-1.wav'),
 ('gun_shot', 'UrbanSound8K/audio/fold1\102305-6-0-0.wav'),
 ('siren', 'UrbanSound8K/audio/fold1\106905-8-0-0.wav'),
 ('car_horn', 'UrbanSound8K/audio/fold1\156194-1-0-0.wav'),
 ('dog_bark', 'UrbanSound8K/audio/fold1\101415-3-0-2.wav')]
```

有了样本数据文件后，我们仍然需要在做任何分析之前将音频数据读入内存。我们注意到 librosa 框架对某些音频文件抛出了一个错误（因为它们的长度很短或采样率很低），因此我们需要利用 soundfile Python 框架读取音频文件，以获取其原始数据和原始采样率。如果有需要，你可以访问 Python 官网来获取 soundfile 框架的详细信息。

音频采样率指的是每秒音频包含的采样数，单位通常为 Hz 或 kHz（1 kHz 等于 1000 Hz）。librosa 框架的默认采样率是 22050 Hz，这也是我们对所有音频数据进行重采样以保持一致性的目标采样率。代码片段 8.5 可帮助我们读取数据，并显示原始音频数据的总长度。

代码片段 8.5

```
def get_sound_data(path, sr=22050):
data, fsr = sf.read(path)
data_22k = librosa.resample(data.T, fsr, sr)
if len(data_22k.shape) > 1:
    data_22k = np.average(data_22k, axis=0)
    return data_22k, sr

sample_data = [(sample[0], get_sound_data(sample[1])) for sample in
                samples]
[(sample[0], sample[1][0].shape) for sample in sample_data]
[('street_music', (88200,)), ('engine_idling', (88200,)),
 ('jackhammer', (88200,)), ('air_conditioner', (44982,)),
 ('drilling', (88200,)), ('children_playing', (88200,)),
 ('gun_shot', (57551,)), ('siren', (88200,)),
 ('car_horn', (5513,)), ('dog_bark', (88200,))]
```

很明显，大多数音频样本的时长为 4 秒左右，但有些音频样本的时长却很短。Jupyter 笔记本的优势在于，你甚至可以将音频嵌入笔记本本身，并使用代码片段 8.6 进行播放。

对于 sample_data 中的数据：

代码片段 8.6

```
print(data[0], ':')
IPython.display.display(IPython.display.Audio(data=data[1[0],rate=data[
1][1]))
```

代码片段 8.6 的输出结果如图 8.1 所示。

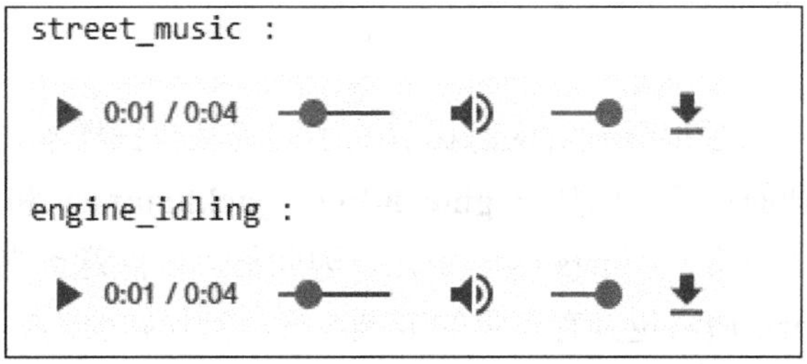

图 8.1

现在我们通过绘制波形来对这些不同的音频源进行可视化，通常来说，每一个音频样本对应一张波形幅度图，如代码片段 8.7 所示。

代码片段 8.7

```
i = 1
fig = plt.figure(figsize=(15, 6))
for item in sample_data:
    plt.subplot(2, 5, i)
    librosa.display.waveplot(item[1][0], sr=item[1][1], color='r',
                             alpha=0.7)
    plt.title(item[0])
    i += 1
plt.tight_layout()
```

创建的波形图如图 8.2 所示。

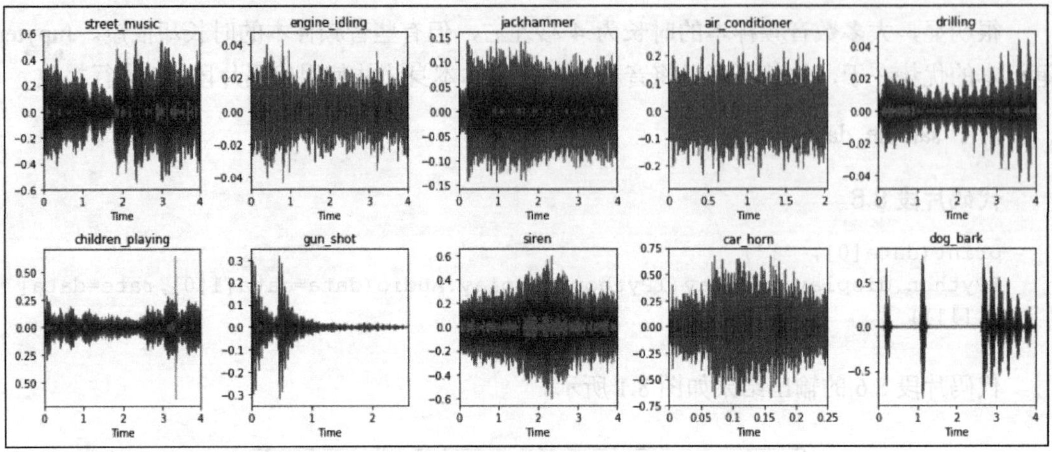

图 8.2

你可以在图 8.2 中清楚地看到对应源标签的不同音频数据样本和相应的音频波形图。波形图描述了一些有趣的见解，例如 **engine_idling**、**jackhammer** 和 **air_conditioner** 之类的音源通常具有恒定的声音，不会随时间变化。因此你可以注意到它们的波形中包含恒定振幅。**siren** 和 **car_horn** 通常也具有恒定的音频波形，其振幅会间歇性增加。**gun_shot** 通常在开始时发出巨大的声音，接着便是静音。**dog_bark** 间歇地出现。因此除了静音以外，声音还具有较短的高振幅间隔。此外，还有更多有趣的模式。

音频数据的另一种有趣的可视化技术是频谱图。通常来说，频谱图是一种视觉表示技术，用于表示音频数据中的频谱，也被普遍称为**超声图**和**语音图**。我们将音频样本可视化为频谱图，如代码片段 8.8 所示。

代码片段 8.8

```
i = 1
fig = plt.figure(figsize=(15, 6))

for item in sample_data:
    plt.subplot(2, 5, i)
    specgram(item[1][0], Fs=item[1][1])
    plt.title(item[0])
    i += 1
plt.tight_layout()
```

对应的频谱图如图 8.3 所示。

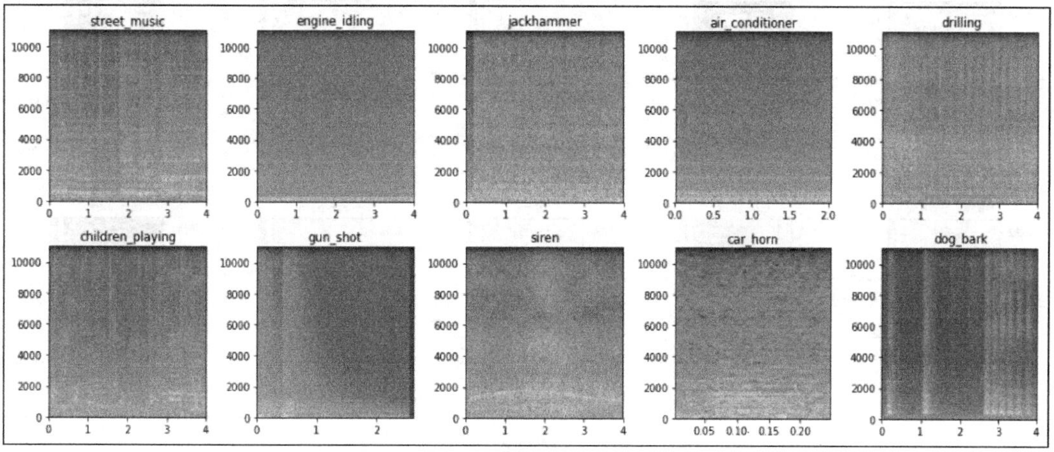

图 8.3

从图 8.3 中可以看到如何用频谱图将音频数据表示为漂亮的图像，这对于 **CNN** 等模型从中提取特征可能很有用，因为我们可以确定地从不同音源的频谱图中看出一些显著的差别。但是此处我们将使用梅尔频谱图，它通常比基本频谱图更好，因为它是代表了梅尔尺度的频谱图。**梅尔**（**mel**）这个名字来自 melody 一词，它表明尺度是基于音高比较的。因此梅尔尺度是对音高的感知尺度，收听者将其判断为彼此之间距离相等。如果我们使用 CNN 从这些频谱图中提取特征，这将非常有用。代码片段 8.9 描绘了梅尔频谱图。

代码片段 8.9

```
i = 1
fig = plt.figure(figsize=(15, 6))
for item in sample_data:
    plt.subplot(2, 5, i)
    S = librosa.feature.melspectrogram(item[1][0], sr=item[1]
    [1],n_mels=128)
    log_S = librosa.logamplitude(S)
    librosa.display.specshow(log_S, sr=item[1][1],
    x_axis='time',y_axis='mel')
    plt.title(item[0])
    plt.colorbar(format='%+02.0f dB')
    i += 1
plt.tight_layout()
```

对应的梅尔频谱图如图 8.4 所示。

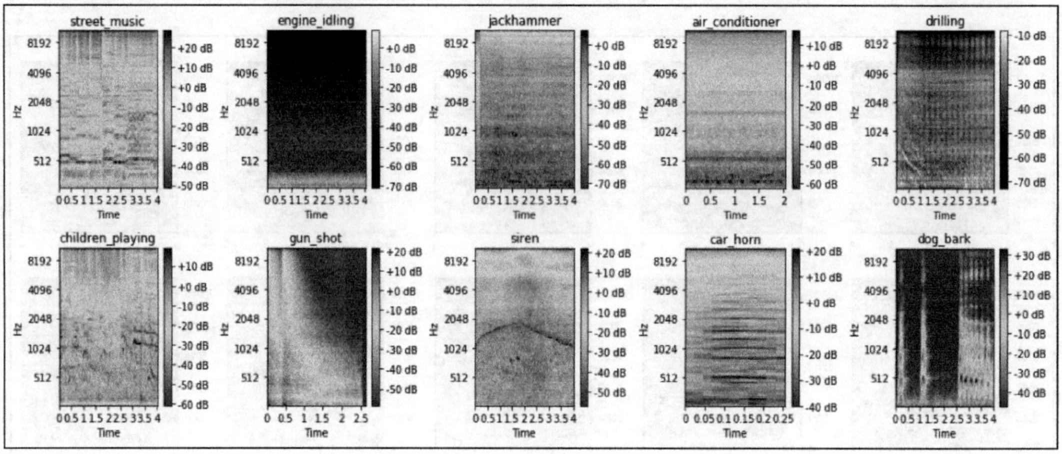

图 8.4

从图 8.4 中可以看到，我们可以通过梅尔尺度更加容易地根据音频源来区分频谱图。现在我们集中讨论在 8.3 节中将用作特征工程基础资源的一些特定可视化技术。我们先来看一下 gun_shot 音频样本作为梅尔频谱图的情况，如代码片段 8.10 所示。

代码片段 8.10

```
y = sample_data[6][1][0]
S = librosa.feature.melspectrogram(y, sr=22050, n_mels=128)
log_S = librosa.logamplitude(S)
plt.figure(figsize=(12,4))
librosa.display.specshow(log_S, sr=22050, x_axis='time', y_axis='mel')
plt.colorbar(format='%+02.0f dB')
```

对应的频谱图如图 8.5 所示。

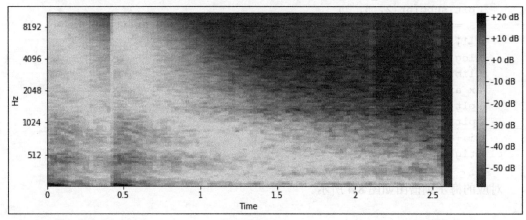

图 8.5

该频谱图与该音频源对应的音频波形图一致。音频的另一个有趣方面是，通常来说任何音频时间序列数据都可以被分解为谐波成分和打击乐成分，这些成分可以呈现出任何音频样本的全新有趣的表示。我们来获取这些成分并将它们绘制成频谱图，如代码片段 8.11 所示。

代码片段 8.11

```
y_harmonic, y_percussive = librosa.effects.hpss(y)
S_harmonic = librosa.feature.melspectrogram(y_harmonic,sr=22050,
                                            n_mels=128)
S_percussive = librosa.feature.melspectrogram(y_percussive,sr=22050)
log_Sh = librosa.power_to_db(S_harmonic)
log_Sp = librosa.power_to_db(S_percussive)

# Make a new figure
plt.figure(figsize=(12,6))
plt.subplot(2,1,1)
librosa.display.specshow(log_Sh, sr=sr, y_axis='mel')
plt.title('mel power spectrogram (Harmonic)')
plt.colorbar(format='%+02.0f dB')
plt.subplot(2,1,2)
librosa.display.specshow(log_Sp, sr=sr, x_axis='time', y_axis='mel')
plt.title('mel power spectrogram (Percussive)')
plt.colorbar(format='%+02.0f dB')
plt.tight_layout()
```

对应的频谱图如图 8.6 所示。

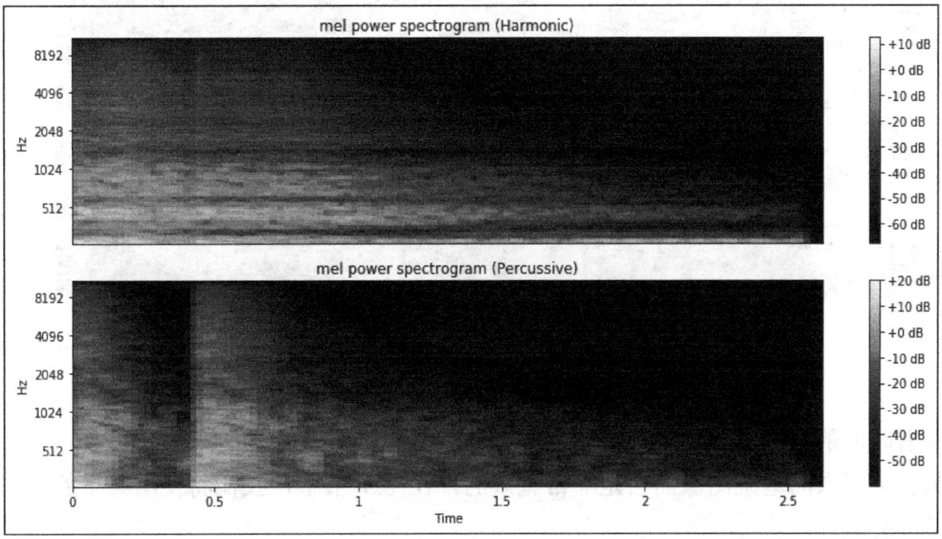

图 8.6

从图 8.6 中可以看到，音频样本的两个不同成分显示为两个独特的声谱图，分别描述了谐波成分和打击乐成分。

音频数据的另一种非常有趣的描述是使用色谱图，该图基于 12 种不同的音调类别展示了音频样本信号的音调强度（即 C、C#、D、D#、E、F、F#、G、G#、A、A#和B）。色谱图是用于描述音频信号随时间变化的各种音调强度的优秀的可视化工具。通常来说，在构建一张色谱图之前，会对原始音频信号执行傅里叶变换或 Q 变换，如代码片段 8.12 所示。

代码片段 8.12

```
C = librosa.feature.chroma_cqt(y=y_harmonic, sr=sr)
# Make a new figure
plt.figure(figsize=(12, 4))
# Display the chromagram: the energy in each chromatic pitch class
# as a function of time
librosa.display.specshow(C, sr=sr, x_axis='time', y_axis='chroma',
                         vmin=0, vmax=1)
plt.title('Chromagram')
plt.colorbar()
plt.tight_layout()
```

对应的色谱图如图 8.7 所示。

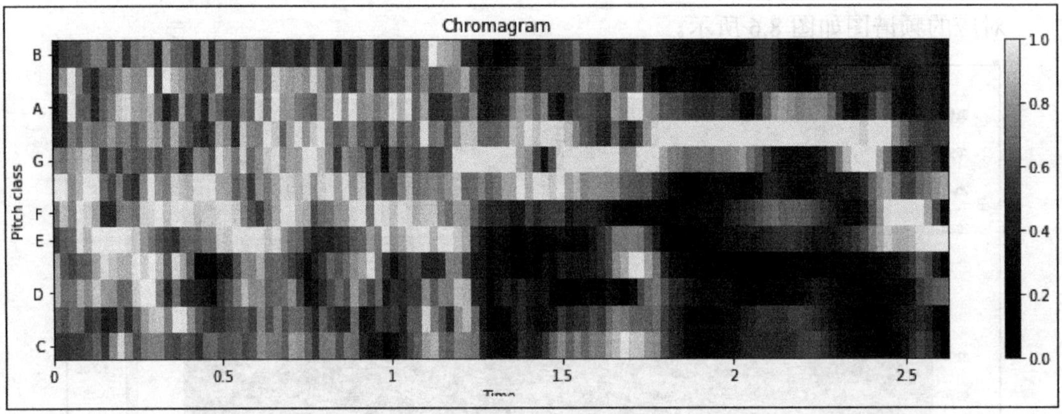

图 8.7

随着时间的推移，我们可以清楚地看到 gun_shot 音频样本的各种音调强度，这对于将其作为特征提取的基础图像而言是非常有效的。在 8.3 节中，我们将使用其中的一些技术进行特征提取。

8.3 音频事件的特征工程和表示方法

为了构建一个健壮的分类模型，我们需要从原始音频数据中获得健壮且良好的特征表示。我们会将 8.2 节中学到的一些技术用于特征工程。 如果你想要自己运行本节中的示例，则可以在 Feature Engineering.ipynb 这个 Jupyter 笔记本中找到本节使用的代码片段。我们将重用之前导入的所有类库，并在此处利用 joblib 类库将特征保存到磁盘中，如代码片段 8.13 所示。

代码片段 8.13

```
from sklearn.externals import joblib
```

接下来，我们将加载所有文件名，并定义一些便捷函数以读取音频数据，以使我们能够获取音频子样本的窗口索引，因为我们很快就会使用这些数据。相关代码如代码片段 8.14 所示。

代码片段 8.14

```
# get all file names
ROOT_DIR = 'UrbanSound8K/audio/'
files = glob.glob(ROOT_DIR+'/**/*')

# load raw audio data
def get_sound_data(path, sr=22050):
    data, fsr = sf.read(path)
    data_resample = librosa.resample(data.T, fsr, sr)
    if len(data_resample.shape) > 1:
        data_resample = np.average(data_resample, axis=0)
    return data_resample, sr

# function to get start and end indices for audio sub-sample
def windows(data, window_size):
    start = 0
    while start < len(data):
        yield int(start), int(start + window_size)
        start += (window_size / 2)
```

我们将遵循的特征工程策略稍微有些复杂，但是我们将在此处尝试以简洁的方式对其进行说明。我们已经看到我们的音频数据样本的长度不同。如果我们要构建一个健壮的分类器，则每个样本的特征必须保持一致。因此我们将从每个音频文件中提取（固定长度的）音频子样本，并从每个这些子样本中提取特征。

我们将总共使用 3 种特征工程技术来构建 3 个特征表示图，这些特征表示图最终将为我们的每个音频子样本提供一个三维图像特征图。图 8.8 所示为我们将采纳的工作流程。

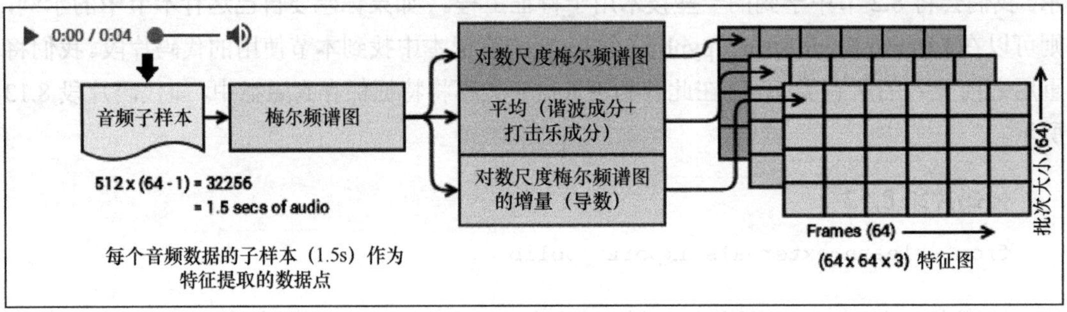

图 8.8

这个想法来自 Karol J.Piczak 的一篇优秀的论文 *Environmental sound classification with convolutional neural networks*，IEEE 2015。他利用梅尔频谱图来提取 CNN 可以使用到的一般必要特征。然而我们考虑了一系列转换用于生成最终的特征图。

第一步是将帧（列）的总数定义为 64，将带（行）的总数定义为 64，这形成了每张特征图的尺寸（64 像素 × 64 像素）。然后基于我们提取音频数据的窗口，从每个音频数据样本中形成子样本。

考虑到每个音频子样本，我们需要先创建一张梅尔频谱图。由此，我们创建了一张对数缩放尺寸的梅尔频谱图、一张音频子样本的谐波成分和打击乐成分（再次进行对数缩放）的平均特征图，以及一张梅尔频谱图的对数缩放的增量或导数的特征图。每一张特征图都可以被表示为尺寸为 64 像素 × 64 像素的图像。通过组合它们，我们可以为每个音频子样本得到尺寸为（64,64,3）的三维特征图。该工作流的相关函数定义如代码片段 8.15 所示。

代码片段 8.15

```
def extract_features(file_names, bands=64, frames=64):
    window_size = 512 * (frames - 1)
    log_specgrams_full = []
    log_specgrams_hp = []
    class_labels = []
    # for each audio sample
    for fn in file_names:
        file_name = fn.split('\')[-1]
```

```
            class_label = file_name.split('-')[1]
            sound_data, sr = get_sound_data(fn, sr=22050)
        # for each audio signal sub-sample window of data
        for (start,end) in windows(sound_data, window_size):
            if(len(sound_data[start:end]) == window_size):
                signal = sound_data[start:end]

                # get the log-scaled mel-spectrogram
                melspec_full = librosa.feature.melspectrogram(signal,
                                                              n_mels =
                                                                bands)
                logspec_full = librosa.logamplitude(melspec_full)
                logspec_full = logspec_full.T.flatten()[:,np.newaxis].T

                # get the log-scaled, averaged values for the
                # harmonic and percussive components
                y_harmonic, y_percussive =librosa.effects.hpss(signal)
                melspec_harmonic =
                         librosa.feature.melspectrogram(y_harmonic,
                                                        n_mels=bands)
                melspec_percussive =
                        librosa.feature.melspectrogram(y_percussive,
                                                       n_mels=bands)
                logspec_harmonic =
                       librosa.logamplitude(melspec_harmonic)
                logspec_percussive =
                       librosa.logamplitude(melspec_percussive)
                logspec_harmonic = logspec_harmonic.T.flatten()[:,
                                                         np.newaxis].T
                logspec_percussive = logspec_percussive.T.flatten()[:,
                                                         np.newaxis].T
                logspec_hp = np.average([logspec_harmonic,
                                         logspec_percussive],
                                         axis=0)
                log_specgrams_full.append(logspec_full)
                log_specgrams_hp.append(logspec_hp)
                class_labels.append(class_label)
    # create the first two feature maps
    log_specgrams_full = np.asarray(log_specgrams_full).reshape(
                                    len(log_specgrams_full), bands,
                                    frames, 1)
    log_specgrams_hp = np.asarray(log_specgrams_hp).reshape(
                                    len(log_specgrams_hp), bands,
                                    frames, 1)
    features = np.concatenate((log_specgrams_full,
```

```
                        log_specgrams_hp,
                        np.zeros(np.shape(
                                log_specgrams_full))),
                        axis=3)
    # create the third feature map which is the delta (derivative)
    # of the log-scaled mel-spectrogram
    for i in range(len(features)):
        features[i, :, :, 2] = librosa.feature.delta(features[i,
                                                          :, :, 0])
    return np.array(features), np.array(class_labels, dtype = np.int)
```

我们将把该函数用于所有的 8732 个音频样本，然后基于前面讨论的工作流，从该数据的许多子样本中创建特征图，如代码片段 8.16 所示。

代码片段 8.16

```
features, labels = extract_features(files)
features.shape, labels.shape
((30500, 64, 64, 3), (30500,))
```

我们从 8732 个音频数据文件中总共获得了 30500 张特征图，同时每张特征图的尺寸都是(64,64,3)。现在基于这 30500 个数据点，我们来查看音频源的整体类表示形式，如代码片段 8.17 所示。

代码片段 8.17

```
from collections import Counter
Counter(labels)
Counter({0: 3993, 1: 913, 2: 3947, 3: 2912, 4: 3405,
         5: 3910, 6: 336, 7: 3473, 8: 3611, 9: 4000})
```

我们可以看到，不同类别中数据点的总体分布是相当均匀的。对于一些类别，例如 1（car_horn）和 6（gun_shot），其表示值与其他类别相比非常低。这是符合预期的，因为这些类别的音频数据的时长通常比其他类别要短得多。我们继续对这些特征图进行可视化，如代码片段 8.18 所示。

代码片段 8.18

```
class_map = {'0' : 'air_conditioner', '1' : 'car_horn', '2' :
             'children_playing','3' : 'dog_bark', '4' : 'drilling','5' :
             'engine_idling','6' : 'gun_shot', '7' : 'jackhammer', '8' :
             'siren', '9' : 'street_music'}
categories = list(set(labels))
```

```
sample_idxs = [np.where(labels == label_id)[0][0] for label_id in
               categories]
feature_samples = features[sample_idxs]

plt.figure(figsize=(16, 4))
for index, (feature_map, category) in enumerate(zip(feature_samples,
                                                     categories)):
    plt.subplot(2, 5, index+1)
    plt.imshow(np.concatenate((feature_map[:,:,0],
                               feature_map[:,:,1],
                               feature_map[:,:,2]),
                              axis=1),
                              cmap='viridis')
    plt.title(class_map[str(category)])
plt.tight_layout()
t = plt.suptitle('Visualizing Feature Maps for Audio Clips')
```

对应的特征图如图 8.9 所示。

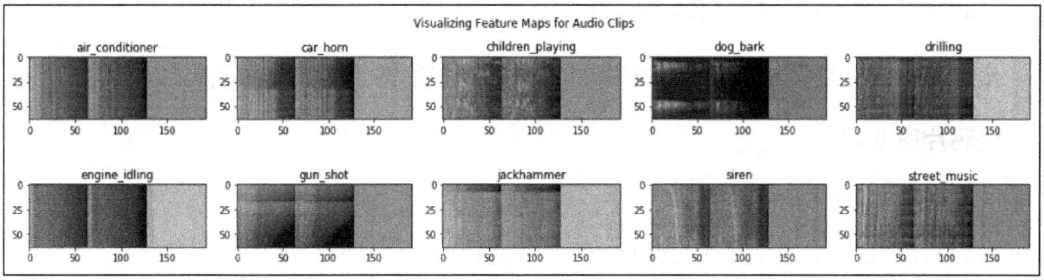

图 8.9

图 8.9 展示了每个音频类别的一些示例特征图，可以发现每张特征图都是一个三维图像。我们将这些基本特征保存到磁盘中，如代码片段 8.19 所示。

代码片段 8.19

```
joblib.dump(features, 'base_features.pkl')
joblib.dump(labels, 'dataset_labels.pkl')
```

这些基本特征将作为 8.4 节中进行进一步特征工程的起点，在那时我们将释放迁移学习的真正力量。

8.4 使用迁移学习进行音频事件分类

现在我们准备开始构建音频事件分类器。虽然有了基本的特征图，但仍然需要进行更多的特征工程。你永远都可以从头开始构建 CNN 以处理这些图像，然后将其连接到全连接的深层**多层感知器**来构建分类器。然而在这里，我们将通过使用一种预训练的模型进行特征提取来利用迁移学习的力量，即我们将使用 VGG-16 模型作为特征提取器，然后在这些特征上训练一个全连接的深度网络。

8.4.1　根据基本特征构建数据集

第一步是加载基本特征并创建训练数据集、验证数据集和测试数据集。为此，我们需要从磁盘加载基本特征和标签，如代码片段 8.20 所示。

代码片段 8.20

```
features = joblib.load('base_features.pkl')
labels = joblib.load('dataset_labels.pkl')
data = np.array(list(zip(features, labels)))
features.shape, labels.shape

((30500, 64, 64, 3), (30500,))
```

然后随机打乱数据并创建训练数据、验证数据和测试数据集，如代码片段 8.21 所示。

代码片段 8.21

```
np.random.shuffle(data)
train, validate, test = np.split(data,
[int(.6*len(data)),int(.8*len(data))])
train.shape, validate.shape, test.shape

((18300, 2), (6100, 2), (6100, 2))
```

最后，我们还可以使用代码片段 8.22 检查每个数据集中的每个类别的分布情况。

代码片段 8.22

```
print('Train:', Counter(item[1] for item in train),'nValidate:',
Counter(item[1] for item in validate),'nTest:',Counter(item[1] for item
        in test))

Train: Counter({9: 2448, 2: 2423, 0: 2378, 5: 2366, 8: 2140,
                7: 2033, 4: 2020, 3: 1753, 1: 542, 6: 197})
Validate: Counter({0: 802, 5: 799, 2: 774, 9: 744, 8: 721,
                   7: 705, 4: 688, 3: 616, 1: 183, 6: 68})
Test: Counter({0: 813, 9: 808, 2: 750, 8: 750, 5: 745, 7: 735,
               4: 697, 3: 543, 1: 188, 6: 71})
```

我们可以看到整个数据集中每个类数据点的分布一致且均匀。

8.4.2 利用迁移学习进行特征提取

现在到了有趣的部分。我们准备利用迁移学习从基本要素特征图中为每个数据点提取有用的特征。为此我们将使用一个优秀的预训练深度学习模型——VGG-16 模型，该模型在图像方面是一个非常有效的特征提取器。我们将在此将它用作简单的特征提取器，无须进行任何微调（在前面几章中我们已经讨论过微调的相关内容）。

你可以进行利用微调以产出更好的分类器。我们首先定义一些基本的便捷方法和函数来处理基本图像，如代码片段 8.23 所示。

代码片段 8.23

```
from keras.preprocessing import image
from keras.applications.imagenet_utils import preprocess_input
from PIL import Image
def process_sound_data(data):
    data = np.expand_dims(data, axis=0)
    data = preprocess_input(data)
    return data
```

然后加载 VGG-16 模型，但仅将其作为特征提取器，如代码片段 8.24 所示，因此我们在最后将不会使用其密集层。

代码片段 8.24

```
from keras.applications import vgg16
from keras.models import Model
import keras
vgg = vgg16.VGG16(include_top=False, weights='imagenet',input_shape=
                 (64, 64, 3))
output = vgg.layers[-1].output
output = keras.layers.Flatten()(output)
model = Model(vgg.input, output)
model.trainable = False
model.summary()


_________________________________________________________________
Layer (type)                 Output Shape              Param #
=================================================================
input_2 (InputLayer)         (None, 64, 64, 3)         0
```

```
_________________________________________________________________
block1_conv1 (Conv2D)        (None, 64, 64, 64)      1792
_________________________________________________________________
block1_conv2 (Conv2D)        (None, 64, 64, 64)      36928
_________________________________________________________________
...
...
_________________________________________________________________
block5_conv3 (Conv2D)        (None, 4, 4, 512)       2359808
_________________________________________________________________
block5_pool (MaxPooling2D)   (None, 2, 2, 512)       0
_________________________________________________________________
flatten_2 (Flatten)          (None, 2048)            0
=================================================================
Total params: 14,714,688
Trainable params: 0
Non-trainable params: 14,714,688
_________________________________________________________________
```

从前面的模型摘要中可以明显地看出，我们的输入基本特征图图像的尺寸为(64,64,3)，从中我们最终将得到大小为 2048 的一维特征向量。现在来构建一个通用函数，这个函数将帮助我们利用迁移学习来获得这些特征，这些特征通常被称为**瓶颈功能**，如代码片段 8.25 所示。

代码片段 8.25

```
def extract_tl_features(model, base_feature_data):
    dataset_tl_features = []
    for index, feature_data in enumerate(base_feature_data):
        if (index+1) % 1000 == 0:
            print('Finished processing', index+1, 'sound feature maps')
        pr_data = process_sound_data(feature_data)
        tl_features = model.predict(pr_data)
        tl_features = np.reshape(tl_features,
                                 tl_features.shape[1])
        dataset_tl_features.append(tl_features)
    return np.array(dataset_tl_features)
```

该函数现在可以与我们的 VGG-16 模型一起使用，帮助我们从每个音频子样本基本特征图图像中提取有用的特征。我们将对所有数据集执行此操作，如代码片段 8.26 所示。

代码片段 8.26

```
# extract train dataset features
```

```
train_base_features = [item[0] for item in train]
train_labels = np.array([item[1] for item in train])
train_tl_features = extract_tl_features(model=model,
                            base_feature_data=train_base_features)

# extract validation dataset features
validate_base_features = [item[0] for item in validate]
validate_labels = np.array([item[1] for item in validate])
validate_tl_features = extract_tl_features(model=model,
                         base_feature_data=validate_base_features)

# extract test dataset features
test_base_features = [item[0] for item in test]
test_labels = np.array([item[1] for item in test])
test_tl_features = extract_tl_features(model=model,
                        base_feature_data=test_base_features)

train_tl_features.shape, validate_tl_features.shape, test_tl_features.shape

((18300, 2048), (6100, 2048), (6100, 2048))
```

我们将这些特征和标签存入磁盘，以便后面可以在任何时间点使用它们来构建分类器，并且我们就不需要使 Jupyter 笔记本一直处于打开状态，如代码片段 8.27 所示。

代码片段 8.27

```
joblib.dump(train_tl_features, 'train_tl_features.pkl')
joblib.dump(train_labels, 'train_labels.pkl')
joblib.dump(validate_tl_features, 'validate_tl_features.pkl')
joblib.dump(validate_labels, 'validate_labels.pkl')
joblib.dump(test_tl_features, 'test_tl_features.pkl')
joblib.dump(test_labels, 'test_labels.pkl')
```

8.4.3 构建分类模型

现在我们准备基于在 8.4.2 小节中提取的特征来构建我们的分类模型。如果你想要自己运行代码示例，本小节内容中的代码可以在 Modeling.iptnb Jupyter 笔记本中找到。我们先加载一些基本的依赖项目，如代码片段 8.28 所示。

代码片段 8.28

```
from sklearn.externals import joblib
import keras
from keras import models
```

```
from keras import layers
import model_evaluation_utils as meu
import matplotlib.pyplot as plt

%matplotlib inline
```

我们将使用名为 model_evaluation_utils 的模型评估实用程序模块来评估我们的分类器，并在稍后测试其性能。现在让我们加载特征集和数据点类标签，如代码片段 8.29 所示。

代码片段 8.29

```
train_features = joblib.load('train_tl_features.pkl')
train_labels = joblib.load('train_labels.pkl')
validation_features = joblib.load('validate_tl_features.pkl')
validation_labels = joblib.load('validate_labels.pkl')
test_features = joblib.load('test_tl_features.pkl')
test_labels = joblib.load('test_labels.pkl')
train_features.shape, validation_features.shape, test_features.shape

((18300, 2048), (6100, 2048), (6100, 2048))


train_labels.shape, validation_labels.shape, test_labels.shape

((18300,), (6100,), (6100,))
```

至此我们可以看到我们所有的特征集和相应的标签均已加载完成。输入特征集是在 8.4.2 小节中使用 VGG-16 模型获得的大小为 2048 的一维向量。现在我们需要对分类类标签进行独热编码，然后才能将其作为深度学习模型的输入。代码片段 8.30 可帮助我们实现此目标。

代码片段 8.30

```
from keras.utils import to_categorical
train_labels_ohe = to_categorical(train_labels)
validation_labels_ohe = to_categorical(validation_labels)
test_labels_ohe = to_categorical(test_labels)
train_labels_ohe.shape, validation_labels_ohe.shape, test_labels_ohe.shape

((18300, 10), (6100, 10), (6100, 10))
```

此外我们将使用具有 4 个隐层的全连接的网络来构建深度学习分类器。我们将使用常见的组件（如丢弃）来防止过拟合，并在模型中使用 Adam 优化器。具体的模型架构描述如代码片段 8.31 所示。

代码片段 8.31

```
model = models.Sequential()
model.add(layers.Dense(1024, activation='relu',
          input_shape=(train_features.shape[1],)))
model.add(layers.Dropout(0.4))
model.add(layers.Dense(1024, activation='relu'))
model.add(layers.Dropout(0.4))
model.add(layers.Dense(512, activation='relu'))
model.add(layers.Dropout(0.5))
model.add(layers.Dense(512, activation='relu'))
model.add(layers.Dropout(0.5))
model.add(layers.Dense(train_labels_ohe.shape[1],activation='softmax'))
model.compile(loss='categorical_crossentropy',
              optimizer='adam',metrics=['accuracy'])
model.summary()
```

```
_________________________________________________________________
Layer (type)                 Output Shape              Param #
=================================================================
dense_1 (Dense)              (None, 1024)              2098176
_________________________________________________________________
dropout_1 (Dropout)          (None, 1024)              0
_________________________________________________________________
dense_2 (Dense)              (None, 1024)              1049600
_________________________________________________________________
dropout_2 (Dropout)          (None, 1024)              0
_________________________________________________________________
dense_3 (Dense)              (None, 512)               524800
_________________________________________________________________
dropout_3 (Dropout)          (None, 512)               0
_________________________________________________________________
dense_4 (Dense)              (None, 512)               262656
_________________________________________________________________
dropout_4 (Dropout)          (None, 512)               0
_________________________________________________________________
dense_5 (Dense)              (None, 10)                5130
=================================================================

Total params: 3,940,362
Trainable params: 3,940,362
```

```
Non-trainable params: 0
```

该模型在 AWS p2.x 实例上训练大约 50 个周期，批处理大小为 128。建议使用 GPU 来训练该模型，也可以尝试使用该周期数和批处理大小来获得一个健壮的模型，如代码片段 8.32 所示。

代码片段 8.32

```
history = model.fit(train_features, train_labels_ohe,epochs=50,
                    batch_size=128,
                    validation_data=(validation_features,
                    validation_labels_ohe),shuffle=True, verbose=1)
Train on 18300 samples, validate on 6100 samples
Epoch 1/50
18300/18300 - 2s - loss: 2.7953 - acc: 0.3959 - val_loss: 1.0665 - val_acc:
0.6675
Epoch 2/50
18300/18300 - 1s - loss: 1.1606 - acc: 0.6211 - val_loss: 0.8179 - val_acc:
0.7444
...
...
Epoch 48/50
18300/18300 - 1s - loss: 0.2753 - acc: 0.9157 - val_loss: 0.4218 - val_acc:
0.8797
Epoch 49/50
18300/18300 - 1s - loss: 0.2813 - acc: 0.9142 - val_loss: 0.4220 - val_acc:
0.8810
Epoch 50/50
18300/18300 - 1s - loss: 0.2631 - acc: 0.9197 - val_loss: 0.3887 - val_acc:
0.8890
```

验证准确率接近 89%，这非常不错，并且模型看起来也很棒。我们还可以绘制模型的整体精度图和损失图，以便更好地理解模型，如代码片段 8.33 所示。

代码片段 8.33

```
f, (ax1, ax2) = plt.subplots(1, 2, figsize=(12, 4))
t = f.suptitle('Deep Neural Net Performance', fontsize=12)
f.subplots_adjust(top=0.85, wspace=0.2)
epochs = list(range(1,51))
ax1.plot(epochs, history.history['acc'], label='Train Accuracy')
ax1.plot(epochs, history.history['val_acc'], label='Validation Accuracy')
ax1.set_ylabel('Accuracy Value')
ax1.set_xlabel('Epoch')
```

```
ax1.set_title('Accuracy')
l1 = ax1.legend(loc="best")
ax2.plot(epochs, history.history['loss'], label='Train Loss')
ax2.plot(epochs, history.history['val_loss'], label='Validation Loss')
ax2.set_ylabel('Loss Value')
ax2.set_xlabel('Epoch')
ax2.set_title('Loss')
l2 = ax2.legend(loc="best")
```

结果如图 8.10 所示。

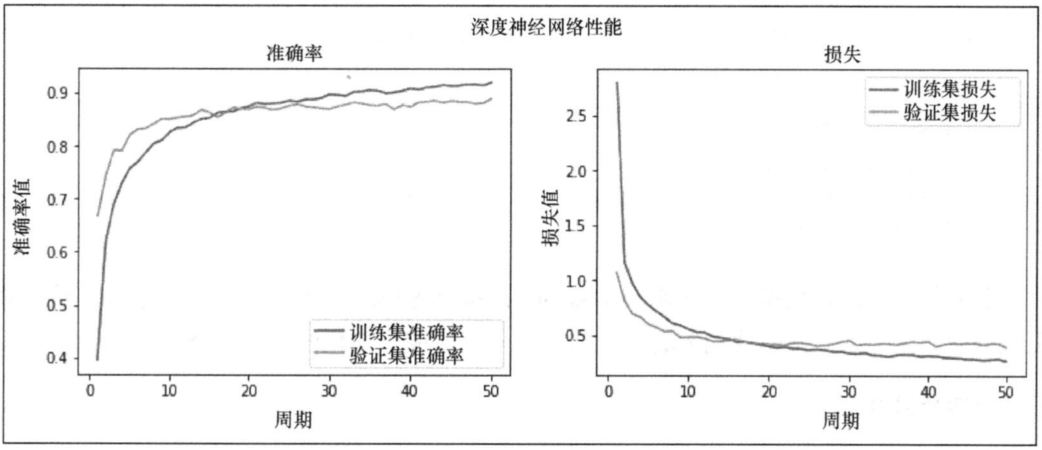

图 8.10

我们可以看到模型在训练集和验证集之间的准确率和损失是非常一致的。也许略有过拟合，但是它们之间的差异很小，可以忽略不计。

8.4.4 评估分类器的性能

现在对我们的模型进行测试。我们将使用模型对测试数据集进行预测，然后根据真实标签对其进行评估。为此我们首先需要获取模型对测试数据的预测，然后将数字标签反向映射到实际文本标签，如代码片段 8.34 所示。

代码片段 8.34

```
predictions = model.predict_classes(test_features)
class_map = {'0' : 'air_conditioner', '1' : 'car_horn',
             '2' : 'children_playing', '3' : 'dog_bark',
             '4' : 'drilling', '5' : 'engine_idling',
```

```
            '6' : 'gun_shot', '7' : 'jackhammer',
            '8' : 'siren', '9' : 'street_music'}
test_labels_categories = [class_map[str(label)]for label in
            test_labels]
prediction_labels_categories = [class_map[str(label)]for label in
                predictions] category_names = list(class_map.values())
```

这里使用 model_evaluation_utils 模块来评估模型在测试数据上的性能。从获取总体性能指标开始，如代码片段 8.35 所示。

代码片段 8.35

```
meu.get_metrics(true_labels=test_labels_categories,
                predicted_labels=prediction_labels_categories)

Accuracy: 0.8869
Precision: 0.8864
Recall: 0.8869
F1 Score: 0.8861
```

我们得到的总体模型的准确率和 f1-score 都接近 89%，并且和我们之前在验证数据集上获得的数据一致。接着我们来看每个类别的模型性能，如代码片段 8.36 所示。

代码片段 8.36

```
meu.display_classification_report(true_labels=test_labels_categories,
                        predicted_labels=prediction_labels_categories,
                        classes=category_names)

                  precision    recall  f1-score   support

        car_horn       0.87      0.73      0.79       188
           siren       0.95      0.94      0.94       750
        drilling       0.88      0.93      0.90       697
        gun_shot       0.94      0.94      0.94        71
children_playing       0.83      0.79      0.81       750
 air_conditioner       0.89      0.94      0.92       813
      jackhammer       0.92      0.93      0.92       735
    engine_idling      0.94      0.95      0.95       745
        dog_bark       0.87      0.83      0.85       543
    street_music       0.81      0.81      0.81       808

     avg / total       0.89      0.89      0.89      6100
```

以上的结果让我们可以明确地知晓模型在哪些具体的类上性能良好，在哪些具体的类上表现不佳。大多数类都有良好的性能，尤其是设备声音，例如 gun_shot、jackhammer、engine_idling 等。但是模型对于 street_music 和 children_playing 的分类有些问题。

混淆矩阵可以帮助我们发现最可能发生错误分类的地方，并帮助我们更好地理解这一点，如代码片段 8.37 所示。

代码片段 8.37

```
meu.display_confusion_matrix_pretty(true_labels=test_labels_categories,
                                    predicted_labels=prediction_labels_categories,
                                    classes=category_names)
```

对应的混淆矩阵如图 8.11 所示。

											Predicted:
		car_horn	siren	drilling	gun_shot	children_playing	air_conditioner	jackhammer	engine_idling	dog_bark	street_music
Actual:	car_horn	137	4	15	0	3	3	4	1	2	19
	siren	1	705	5	0	7	18	1	2	6	5
	drilling	1	2	650	0	1	4	29	2	4	4
	gun_shot	0	0	1	67	0	0	0	1	2	0
	children_playing	2	11	13	1	592	14	2	7	31	77
	air_conditioner	2	0	6	1	8	768	7	10	2	9
	jackhammer	0	0	28	0	0	14	680	11	0	2
	engine_idling	1	0	3	0	4	10	4	707	8	8
	dog_bark	1	9	8	2	37	10	0	1	448	27
	street_music	12	15	12	0	64	18	10	7	14	656

图 8.11

观察矩阵的对角线，我们可以看到大多数模型预测都是正确的，这是非常好的结果。关于错误分类，我们可以看到很多属于 street_music、dog_bark 和 children_playing 的样本彼此之间被错误分类，考虑到所有这些事件都是在公开场合发生的，因此这些事件有可能会同时发生。同样的解释也可以适用于 drilling 和 jackhammer。值得庆幸的是，gun_shot 和 children_playing 之间的错误分类几乎没有重叠。

因此我们可以看到迁移学习是如何在这个复杂的案例研究中高效运行的，在该案例中我们利用一个图像分类器构建了一个健壮且有效的音频事件分类器。我们可以使用代码片段 8.38 保存模型以供将来使用：

代码片段 8.38

```
model.save('sound_classification_model.h5')
```

你可能会认为目前的模型已经很好了。但是我们只是在静态数据集上进行了所有操作。

那么如何在现实世界中使用该模型进行音频事件的识别和分类呢？我们将在 8.5 节中讨论相关策略。

8.5　构建一个深度学习音频事件识别器

现在我们将研究一种利用我们在 8.4 小节中构建的分类模型来构建一个真实的音频事件识别器的策略。这将使我们能够利用本章中定义的整个工作流程来对获取的任何新的音频文件预测其可能属于的类别，从构建基本特征图开始，使用 VGG-16 模型提取特征，然后利用分类模型做出预测。如果你想自己运行示例，相关代码片段可以在 Prediction Pipeline.ipynb 这个 Jupyter 笔记本中找到。笔记本包含 AudioIdentifier 类，该类是通过重用本章前面各节中构建的所有组件来创建的。如果想获取该类的详细代码，请参考这个笔记本，而此处我们将更加关注实际的预测管道，以使内容更加简洁。我们将从初始化一个这个类的实例开始，并为其传入我们的预测模型路径，如代码片段 8.39 所示。

代码片段 8.39

```
ai =
 AudioIdentifier(prediction_model_path='sound_classification_model.h5')
```

现在我们已经下载了属于 10 个音频类别中 3 个类别的 3 个全新的音频数据文件。我们来加载这些音频数据，以便我们可以通过它们来测试模型的性能，如代码片段 8.40 所示。

代码片段 8.40

```
siren_path = 'UrbanSound8K/test/sirenpolice.wav'
gunshot_path = 'UrbanSound8K/test/gunfight.wav'
dogbark_path = 'UrbanSound8K/test/dog_bark.wav'
siren_audio, siren_sr = ai.get_sound_data(siren_path)
gunshot_audio, gunshot_sr = ai.get_sound_data(gunshot_path)
dogbark_audio, dogbark_sr = ai.get_sound_data(dogbark_path)
actual_sounds = ['siren', 'gun_shot', 'dog_bark']
sound_data = [siren_audio, gunshot_audio, dogbark_audio]
sound_rate = [siren_sr, gunshot_sr, dogbark_sr]
sound_paths = [siren_path, gunshot_path, dogbark_path]
```

我们来对这 3 个音频文件的波形进行可视化，并理解它们的结构，如代码片段 8.41 所示。

代码片段 8.41

```
i = 1
fig = plt.figure(figsize=(12, 3.5))
t = plt.suptitle('Visualizing Amplitude Waveforms for Audio Clips',
                 fontsize=14)
fig.subplots_adjust(top=0.8, wspace=0.2)

for sound_class, data, sr in zip(actual_sounds, sound_data,sound_rate):
    plt.subplot(1, 3, i)
    librosa.display.waveplot(data, sr=sr, color='r', alpha=0.7)
    plt.title(sound_class)
    i += 1
plt.tight_layout(pad=2.5)
```

可视化结果如图 8.12 所示。

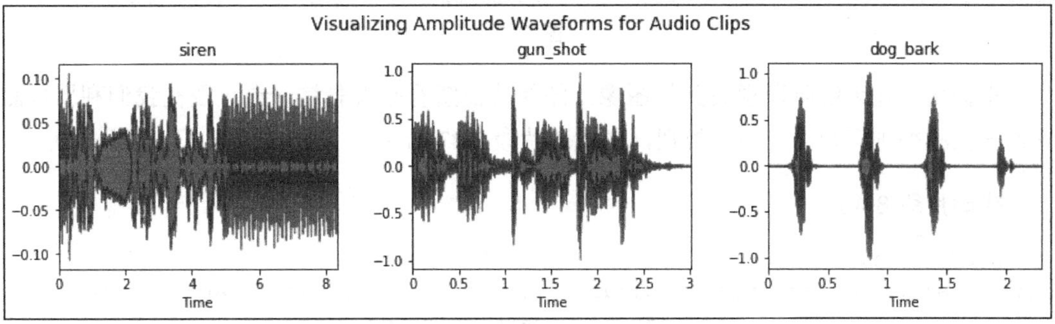

图 8.12

以上的可视化结果基于音源数据看起来似乎是一致的，并且预测管道看起来运行得非常好。现在我们来从这些音频文件中提取基本特征图，如代码片段 8.42 所示。

代码片段 8.42

```
siren_feature_map = ai.extract_base_features(siren_audio)[0]
gunshot_feature_map = ai.extract_base_features(gunshot_audio)[0]
dogbark_feature_map = ai.extract_base_features(dogbark_audio)[0]
feature_maps = [siren_feature_map, gunshot_feature_map,dogbark_feature_map]
plt.figure(figsize=(14, 3))
t = plt.suptitle('Visualizing Feature Maps for Audio
                  Clips',fontsize=14)
fig.subplots_adjust(top=0.8, wspace=0.1)

for index, (feature_map, category) in
  enumerate(zip(feature_maps,actual_sounds)):
```

```
    plt.subplot(1, 3, index+1)
    plt.imshow(np.concatenate((feature_map[:,:,0],
                               feature_map[:,:,1],
                               feature_map[:,:,2]), axis=1),
                               cmap='viridis')
plt.title(category)
plt.tight_layout(pad=1.5)
```

对应的特征图如图 8.13 所示。

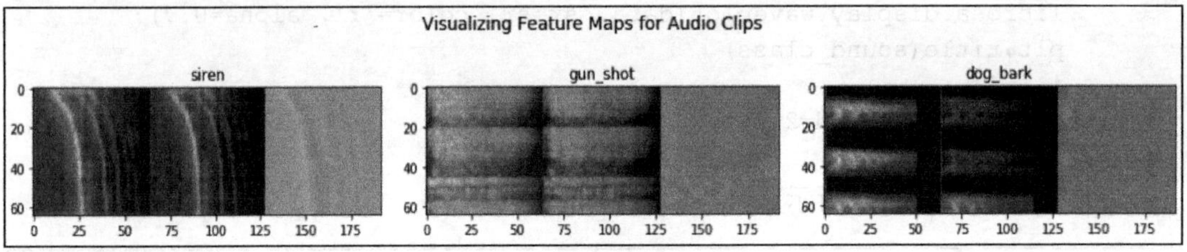

图 8.13

根据我们在训练阶段观察到的图像，图像特征图看起来非常一致。现在我们利用预测管道来预测每种声音的音频源类别，如代码片段 8.43 所示。

代码片段 8.43

```
predictions =
   [ai.prediction_pipeline(audiofile_path,return_class_label=True)
                   for audiofile_path in sound_paths]
result_df = pd.DataFrame({'Actual Sound': actual_sounds,
                          'Predicted Sound': predictions,
                          'Location': sound_paths})
result_df
```

预测结果如图 8.14 所示。

	Actual Sound	Location	Predicted Sound
0	siren	UrbanSound8K/test/sirenpolice.wav	siren
1	gun_shot	UrbanSound8K/test/gunfight.wav	gun_shot
2	dog_bark	UrbanSound8K/test/dog_bark.wav	dog_bark

图 8.14

看来我们的模型能够正确识别所有这些音频样本。你可以通过查看笔记本中的

AudioIdentifier 类来了解如何实现预测管道。我们利用了在本章中学到的所有概念来构建该管道。

8.6 总结

在本章中，我们研究了全新的问题和案例，涉及音频的识别和分类。本章内容涵盖了音频数据和信号的相关概念，包括可视化和理解该种数据类型的有效技术。

我们还研究了有效的特征工程技术，以及如何使用迁移学习从音频数据的图像表示中提取有效特征。这展示了迁移学习的前景，以及如何将知识从一个领域（图像）迁移到另一个领域（音频），并构建一个非常健壮且有效的分类器。最后我们建立了一个完整的端到端管道，用于对新的音频数据样本进行识别和分类。读者可以在网络上进一步查看带有标记数据的音频数据集，看是否可以利用在本章中学习的迁移学习的相关概念来构建更大、更好的音频识别器和分类器。

第 9 章 DeepDream

本章重点介绍生成深度学习领域，生成深度学习一直是**人工智能**前沿的核心思想之一。我们将重点研究卷积神经网络是如何利用迁移学习来思考或对图像中的模式进行可视化的。它们可以生成前所未见的用于描绘卷积神经网络的思考甚至梦境中的图形模式。DeepDream 网络于 2015 年由谷歌公司首次发布，由于深度网络能够从图像中生成有趣的模式，因此 DeepDream 引起了巨大的轰动。本章的主要内容包括：

- 动机——心理幻想性视错觉；
- 在计算机视觉中的算法幻想性视错觉；
- 通过对 CNN 的中间层进行可视化，了解 CNN 学到了什么；
- DeepDream 算法以及如何创建自己的 dream 网络。

和前面几章一样，本章内容会将概念知识和直观的实践例子相结合。本章的代码可以从异步社区的网站获取。

9.1 介绍

在详细介绍神经 DeepDream 之前，我们先来看看相关的类似经历。你是否尝试过在云层中寻找某个物体的形状，在电视机显示的图像中寻找抖动和嘈杂的信号，甚至在吐司面包上看到一张脸？

幻想性视错觉是一种心理现象。它让我们在一种随机刺激中发现模式，就好像是一种我们感知一张实际上并不存在的脸或模式的倾向。这常常会让我们将人类特征分配给物体。需要注意的是，看到一个不存在的模式（假阳性）相较于看不到一个存在的模式（假阴性）

的进化结果的重要性。例如：在没有狮子的地方恍惚间看到狮子并不危险；然而如果忽略了一头正在捕食的狮子，结果通常是致命的。

幻想性视错觉的神经基础主要位于大脑颞叶中一个被称为**梭状回**的区域。在这个区域中，人类和其他动物有专门用来识别人脸和其他物体的神经元。

9.1.1 计算机视觉中的算法幻想性视错觉

计算机视觉的主要任务之一是目标检测，尤其是人脸检测。现在已经有许多具有人脸检测功能的电子设备能够在后台运行这类算法并检测人脸。那么当我们把导致幻想性视错觉的物体的数据放在这些软件中时会发生什么呢？有时这些软件能用和我们一样的方式解读人脸，有时它可能与我们的想法一致，有时它会产生不一样的结果。

在使用人工神经网络构建的对象识别系统中，越高层次的特征或层对应于越容易识别的特征，如人脸。增强这些特征可以让计算机识别物体。这些特征反映了网络已经识别过的训练图像集合。以 Inception 网络为例，可以让它预测一些会引起幻想性视错觉的图像中的物体。以图 9.1 所示的三色堇花为例，这些花有时看起来像一只只蝴蝶，有时又看起来像一张张蓄着浓密胡须的愤怒男人的脸。

图 9.1

让我们看看 Inception 网络模型从图 9.1 中看到了什么。这里我们使用基于 ImageNet 数据的预训练的 Inception 网络模型。为了加载该模型，可以使用代码片段 9.1。

代码片段 9.1

```
from keras.applications import inception_v3
from keras import backend as K
from keras.applications.imagenet_utils import decode_predictions
from keras.preprocessing import image
K.set_learning_phase(0)

model = inception_v3.InceptionV3(weights='imagenet',include_top=True)
```

为了读取图像文件并将其转换为一个图像的数据批次，即 Inception 网络模型预测函数的期望输入，我们可以使用以下函数，如代码片段 9.2 所示。

代码片段 9.2

```
def preprocess_image(image_path):
    img = image.load_img(image_path)
    img = image.img_to_array(img)
    #convert single image to a batch with 1 image
    img = np.expand_dims(img, axis=0)
    img = inception_v3.preprocess_input(img)
    return img
```

现在让我们使用前面的方法对输入图像进行预处理，并预测模型看到的对象。我们将使用 model.predict()方法获得 ImageNet 中所有 1000 个类的预测类概率。为了将这个概率数组转换为真实类标签，并且按概率分数降序排列，我们可以使用 Keras 类库中的 decode_predict()方法，如代码片段 9.3 所示。所有 1000 个 ImageNet 类或同步集的列表可以在 ImageNet 网站中查询到。需要注意的是，三色堇花并不包含在已知的模型训练集中。

代码片段 9.3

```
img = preprocess_image(base_image_path)
preds = model.predict(img)
for n, label, prob in decode_predictions(preds)[0]:
    print (label, prob)
```

预测结果如下所示。所有顶部预测类的概率都不高，由于模型之前从未遇到过这种花，因此这样的结果是符合预期的。

```
bee 0.022255851
earthstar 0.018780833
sulphur_butterfly 0.015787734
daisy 0.013633176
cabbage_butterfly 0.012270376
```

在图 9.1 中，模型识别出了一只**蜜蜂**。这并不是一个很坏的猜测，正如你所看到的，在黄色的花朵中，中间黑色或棕色阴影的下半部分看起来确实像一只蜜蜂。除此之外，它还识别出一些黄色和白色的蝴蝶，被称为**黄粉蝶**和**菜粉蝶**（又称菜白蝶），正如人类一眼就能看到的那样。图 9.2 显示了这些被识别出的对象或类的实际图像。很明显，这个网络中的一些特征检测隐藏层被这个输入激活了。也许是检测昆虫或鸟类翅膀的过滤器和一些颜色相关的过滤器被激活了，从而得出了上述结论。

图 9.2

ImageNet 架构和其中的特征映射数量非常庞大。假设我们知道检测这些翅膀的特征图层，现在给定一个输入图像，我们可以从这个层中提取特征。我们可以改变输入图像，使这一层的激活增加吗？这意味着我们必须修改输入图像，以便在输入图像中看到更多类似于翅膀的对象，即使它们并不存在。最终的图像将像一个梦境，到处都是蝴蝶，这正是 DeepDream 的作用。

现在让我们来查看 Inception 网络中的一些特征映射。为了理解卷积模型学到了什么，我们可以尝试将卷积过滤器可视化。

9.1.2 可视化特征图

对 CNN 模型进行可视化时，涉及在给定一个特定输入的情况下，查看由多个卷积和池化层输出的中间层特征图。这让我们可以了解网络是如何处理输入，以及如何分层提取各种图像特征的。所有特征图都有 3 个维度：宽度、高度和深度（通道）。我们将尝试在 Inception V3 模型中对它们进行可视化。

让我们以一张拉布拉多狗的图片为例，如图 9.3 所示，接着尝试可视化各种特征图。由于 Inception V3 模型具有巨大的深度，我们将只对其中的几个层进行可视化。

图 9.3

首先，让我们创建一个模型来接收输入图像，并输出所有内部激活层。Inception V3 模型中的激活层被命名为 activation_i。因此，我们可以从加载的 Inception 模型中过滤出激活层，如代码片段 9.4 所示。

代码片段 9.4

```
activation_layers = [ layer.output for layer in model.layers if
                      layer.name.startswith("activation_")]

layer_names = [ layer.name for layer in model.layers if
                layer.name.startswith("activation_")]
```

我们来创建一个模型，该模型用于接收输入图像并输出上述所有激活层特征作为列表，如代码片段 9.5 所示。

代码片段 9.5

```
from keras.models import Model
activation_model = Model(inputs=model.input, outputs=activation_layers)
```

要获得输出激活，我们可以使用 predict()函数。我们必须使用之前定义的相同预处理函数来对图像进行预处理，然后再将其输入 Inception 网络模型，如代码片段 9.6 所示。

代码片段 9.6

```
img = preprocess_image(base_image_path)
activations = activation_model.predict(img)
```

我们可以绘制前面的这些激活。一个激活层中的所有过滤器或特征图都可以在网格中绘制。因此根据一个层中过滤器的数量，我们可以将图像网格定义为一个 NumPy 数组，如代码片段 9.7 所示。

代码片段 9.7

```
import matplotlib.pyplot as plt

images_per_row = 8
idx = 1 #activation layer index

layer_activation=activations[idx]
# This is the number of features in the feature map
n_features = layer_activation.shape[-1]
# The feature map has shape (1, size1, size2, n_features)
r = layer_activation.shape[1]
c = layer_activation.shape[2]
# We will tile the activation channels in this matrix
n_cols = n_features // images_per_row
display_grid = np.zeros((r * n_cols, images_per_row * c))
print(display_grid.shape)
```

我们在激活层中遍历所有的特征图，并将缩放后的输出置于网格中，如代码片段 9.8 所示。

代码片段 9.8

```
# We'll tile each filter into this big horizontal grid
    for col in range(n_cols):
        for row in range(images_per_row):
            channel_image = layer_activation[0,:, :, col *
                                                 images_per_row + row]
            # Post-process the feature to make it visually palatable
            channel_image -= channel_image.mean()
            channel_image /= channel_image.std()
            channel_image *= 64
            channel_image += 128
            channel_image = np.clip(channel_image, 0,
                                    255).astype('uint8')
            display_grid[col * r : (col + 1) * r,
            row * c : (row + 1) * c] = channel_image
    # Display the grid
    scale = 1. / r
    plt.figure(figsize=(scale * display_grid.shape[1],
                scale * display_grid.shape[0]))
    plt.title(layer_names[idx]+" #filters="+str(n_features))
    plt.grid(False)
    plt.imshow(display_grid, aspect='auto', cmap='viridis')
```

图 9.4 所示的内容展示了不同层的输出。

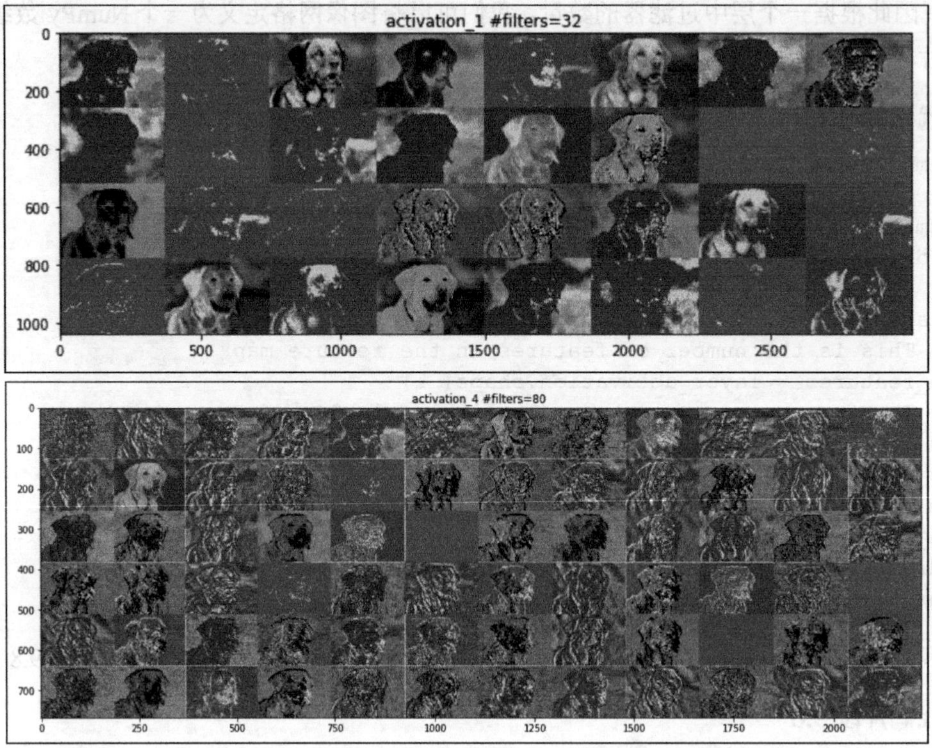

图 9.4

图 9.5 所示的内容展示了网络中间的一个层。此处它开始识别更高层次的特征，如鼻子、眼睛、舌头、嘴巴等。

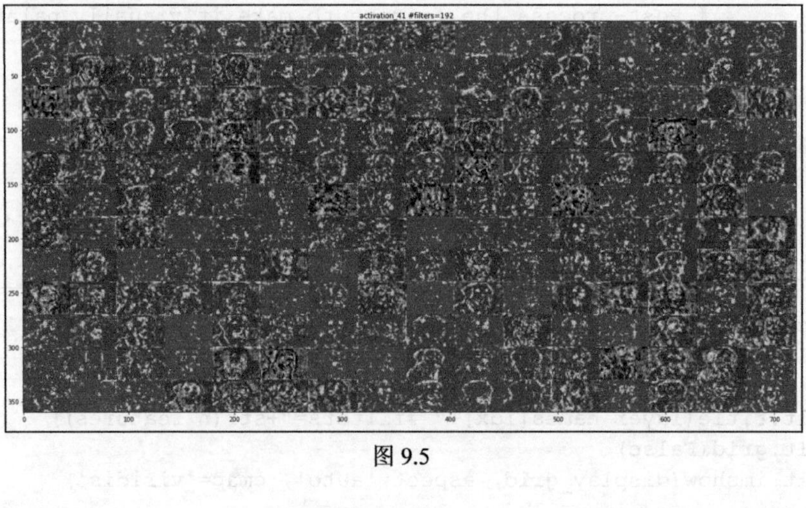

图 9.5

越往上走，特征图的视觉解释能力就越差。高层次的激活只携带关于所看到的特定输入的最小信息，以及关于图像的目标类（在这个例子中是一条狗）的更多信息。

另一种对 Inception V3 模型学习到的过滤器进行可视化的方法是显示每个过滤器输出最大激活值的视觉模式，这可以通过输入空间中的梯度上升来实现。基本上来说就是通过在图像空间中使用梯度上升法进行优化，找到一个兴趣点（一个层中神经元的激活项）激活最大化的输入图像，所得到的输入图像将是选中的过滤器的有最大反应的图像。

每个激活层都有许多特征图。代码片段 9.9 展示了如何从最后一个激活层提取单个特征图。这个激活值实际上是我们想要最大化的损失值。

代码片段 9.9

```
layer_name = 'activation_94'
filter_index = 0
layer_output = model.get_layer(layer_name).output
loss = K.mean(layer_output[:, :, :, filter_index])
```

要计算输入图像相对于代码片段 9.9 中 loss 函数的梯度，我们可以使用 keras 后端梯度函数，如代码片段 9.10 所示。

代码片段 9.10

```
grads = K.gradients(loss, model.input)[0]
# We add 1e-5 before dividing so as to avoid accidentally dividing by
# 0.
grads /= (K.sqrt(K.mean(K.square(grads))) + 1e-5)
```

因此给定一个激活层和一个可以是随机噪声的初始输入图像，我们可以使用上面的梯度计算来应用梯度上升以获得特征图所表示的模式。代码片段 9.11 中的 generate_pattern() 函数执行的是同样的操作。输出模式被进行了归一化，因此我们在图像矩阵中就有了可行的 RGB 值，这个步骤通过使用 deprocess_image()方法实现。代码片段 9.11 是自解释的，同时还有内联注释对每一行进行注释。

代码片段 9.11

```
def generate_pattern(layer_name, filter_index, size=150):
    # Build a loss function that maximizes the activation
    # of the nth filter of the layer considered.
    layer_output = model.get_layer(layer_name).output
    loss = K.mean(layer_output[:, :, :, filter_index])
    # Compute the gradient of the input picture wrt this loss
```

```
    grads = K.gradients(loss, model.input)[0]
    # Normalization trick: we normalize the gradient
    grads /= (K.sqrt(K.mean(K.square(grads))) + 1e-5)
    # This function returns the loss and grads given the input picture
    iterate = K.function([model.input], [loss, grads])
    # We start from a gray image with some noise
    input_img_data = np.random.random((1, size, size, 3)) * 20 + 128.
    # Run gradient ascent for 40 steps
    step = 1.
    for i in range(40):
        loss_value, grads_value = iterate([input_img_data])
        input_img_data += grads_value * step
        img = input_img_data[0]
    return deprocess_image(img)


def deprocess_image(x):
    # normalize tensor: center on 0., ensure std is 0.1
    x -= x.mean()
    x /= (x.std() + 1e-5)
    x *= 0.1
    # clip to [0, 1]
    x += 0.5
    x = np.clip(x, 0, 1)
    # convert to RGB array
    x *= 255
    x = np.clip(x, 0, 255).astype('uint8')
    return x
```

图 9.6 所示的内容是一些过滤器层的可视化，第一层有各种类型的点模式。

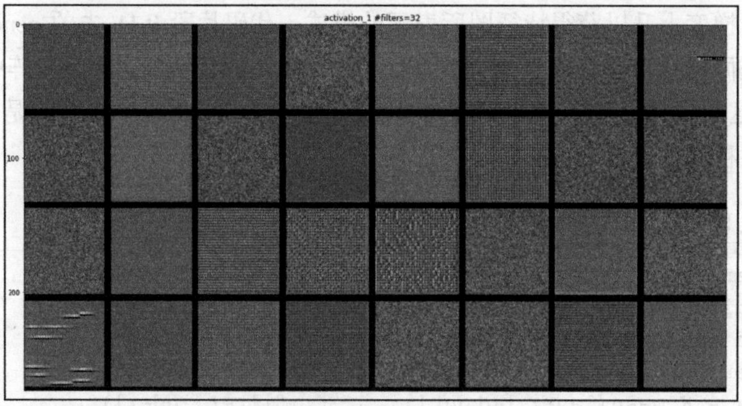

图 9.6

9.2 DeepDream 算法

DeepDream 是一种艺术图像修改技术，它使用了以电影《盗梦空间》命名的深度 CNN 模型 Inception 学到的表现手法。我们可以使用任何输入图像并对其进行处理，以生成充满算法上的幻想性视错觉的令人眼花缭乱的图像，如鸟的羽毛、类似狗的面孔、狗的眼睛。这从侧面证明了 DeepDream 卷积网络是在 ImageNet 数据集中训练的，因为在该数据集中狗和鸟的种类数量非常巨大。

DeepDream 算法几乎与使用梯度上升的 ConvNet 过滤器可视化技术相同，但也有以下几点不同。

- 在 DeepDream 中，所有层的激活被最大化；而在可视化中，只有一个特定的过滤器被最大化，因此混合了大量特征图的可视化。
- 我们不是从一个随机噪声输入开始，而是从一个已有的图像开始。因此最终的可视化将修改原有的视觉模式，以某种艺术的方式扭曲图像中的元素。
- 输入图像以不同的尺度（称为**八度**）被处理，用于提升可视化的质量。

现在来修改 9.1.2 小节内容中的可视化代码。我们要改变 loss 函数和梯度计算。如代码片段 9.12 所示。

代码片段 9.12

```
layer_name = 'activation_41'
activation = model.get_layer(layer_name).output

# We avoid border artifacts by only involving non-border pixels in the
#loss.
scaling = K.prod(K.cast(K.shape(activation), 'float32'))
loss = K.sum(K.square(activation[:, 2: -2, 2: -2, :])) / scaling

# This tensor holds our generated image
dream = model.input

# Compute the gradients of the dream with regard to the loss.
grads = K.gradients(loss, dream)[0]

# Normalize gradients.
grads /= K.maximum(K.mean(K.abs(grads)), 1e-7)

iterate_grad_ac_step = K.function([dream], [loss, grads])
```

第二个变化发生在输入图像中，我们必须提供一张希望 DeepDream 算法处理的输入图像。第三个变化是我们不再对单个图像应用梯度上升，而是创建不同尺度的输入图像并应用梯度上升，如代码片段 9.13 所示。

代码片段 9.13

```
num_octave = 4 # Number of scales at which to run gradient ascent
octave_scale = 1.4 # Size ratio between scales
iterations = 20 # Number of ascent steps per scale

# If our loss gets larger than 10,
# we will interrupt the gradient ascent process, to avoid ugly
# artifacts
max_loss = 20.

base_image_path = 'Path to Image You Want to Use'
# Load the image into a Numpy array
img = preprocess_image(base_image_path)
print(img.shape)
# We prepare a list of shape tuples
# defining the different scales at which we will run gradient ascent
original_shape = img.shape[1:3]
successive_shapes = [original_shape]
for i in range(1, num_octave):
    shape = tuple([int(dim / (octave_scale ** i)) for dim in
                   original_shape])
    successive_shapes.append(shape)

# Reverse list of shapes, so that they are in increasing order
successive_shapes = successive_shapes[::-1]

# Resize the Numpy array of the image to our smallest scale
original_img = np.copy(img)
shrunk_original_img = resize_img(img, successive_shapes[0])
print(successive_shapes)

#Example Octaves for image of shape (1318, 1977)
[(480, 720), (672, 1008), (941, 1412), (1318, 1977)]
```

代码片段 9.14 展示了 DeepDream 算法的一些便捷函数。deprocess_image()函数基本上是 Inception V3 模型的预处理输入的逆运算。

代码片段 9.14

```
import scipy

def deprocess_image(x):
    # Util function to convert a tensor into a valid image.
    if K.image_data_format() == 'channels_first':
        x = x.reshape((3, x.shape[2], x.shape[3]))
        x = x.transpose((1, 2, 0))
    else:
        x = x.reshape((x.shape[1], x.shape[2], 3))
    x /= 2.
    x += 0.5
    x *= 255.
    x = np.clip(x, 0, 255).astype('uint8')
    return x

def resize_img(img, size):
    img = np.copy(img)
    factors = (1,
               float(size[0]) / img.shape[1],
               float(size[1]) / img.shape[2],
               1)
    return scipy.ndimage.zoom(img, factors, order=1)


def save_img(img, fname):
    pil_img = deprocess_image(np.copy(img))
    scipy.misc. (fname, pil_img)
```

在每一个连续的尺度中，从最小到最大的八度，我们进行梯度上升，在这个尺度上将之前定义的损失函数最大化。每次进行梯度上升后，生成的图像都会向上放大 40%。在每个向上放大的步骤中，一些图像细节会被丢失。但是我们可以通过添加丢失的信息来恢复它，因为我们知道在那个尺度下的原始图像。如代码片段 9.15 所示。

代码片段 9.15

```
MAX_ITRN = 20
MAX_LOSS = 20
learning_rate = 0.01

for shape in successive_shapes:
    print('Processing image shape', shape)
    img = resize_img(img, shape)
```

```
    img = gradient_ascent(img,
                          iterations=MAX_ITRN,
                          step=learning_rate,
                          max_loss=MAX_LOSS)
    upscaled_shrunk_original_img = resize_img(shrunk_original_img,
                                              shape)
    same_size_original = resize_img(original_img, shape)
    lost_detail = same_size_original - upscaled_shrunk_original_img
    print('adding lost details', lost_detail.shape)
    img += lost_detail
    shrunk_original_img = resize_img(original_img, shape)
    save_img(img, fname='dream_at_scale_' + str(shape) + '.png')

save_img(img, fname='final_dream.png')
```

例子

以下是 DeepDream 输出的几个例子。

- 在激活层 41 上运行梯度上升。这是我们之前进行可视化的同一层，用狗的图像作为输入。在图 9.7 所示的内容中，你可以看到云层和蓝天中出现了一些动物。

图 9.7

- 在激活层 45 上运行梯度上升。在图 9.8 所示的内容中，你可以看到山上出现了一些类似狗的脸。

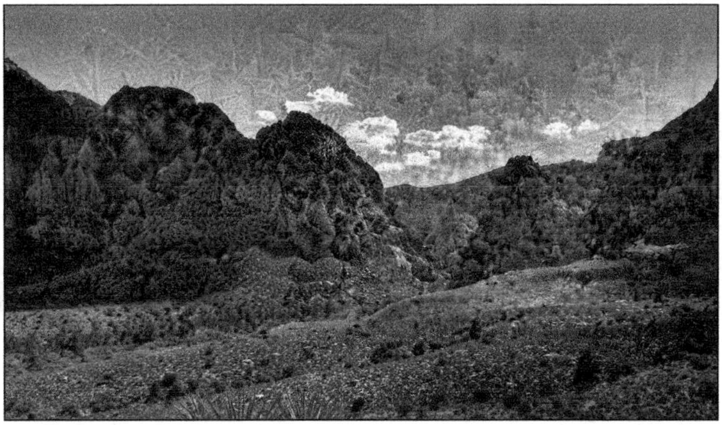

图 9.8

- 在激活层 50 上运行梯度上升。在图 9.9 所示的内容中，你可以看到一些特定的类似叶子的模式出现在蓝天白云中。

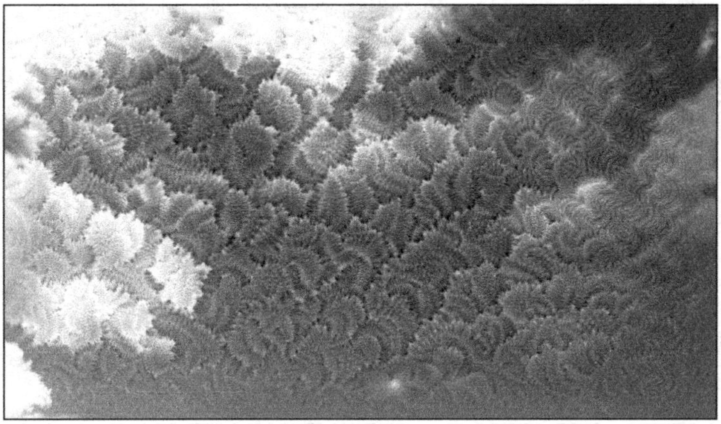

图 9.9

9.3 总结

本章我们学习了计算机视觉中的算法幻想性视错觉，并解释了如何用各种可视化技术来解释 CNN 模型，例如基于正向传递的激活可视化、基于梯度上升的过滤器可视化。我们还介绍了 DeepDream 算法，它是基于梯度上升的可视化技术的一个微小的改进。DeepDream 算法是将迁移学习应用于计算机视觉或图像处理任务的一个例子。

在第 10 章中，我们将看到更多类似的应用，其重点是风格迁移。

第 10 章 风格迁移

绘画展现了一种内容与风格的复杂互动关系。而另一方面，照片是一种透视和光线的组合。当两者相结合时，产生的结果是壮观且充满惊喜的，这个过程被称为**艺术风格迁移**。图 10.1 所示为一个艺术风格迁移的例子，输入图像拍摄自位于德国蒂宾根的内卡河畔，而风格图像是凡·高的著名画作《星空》。产生的结果非常有趣，不是吗？

图 10.1

仔细观察图 10.1，可以发现右边的绘画风格图像似乎从左边的照片中提取了内容，绘画的风格、颜色和笔画模式生成了最终的结果。这个迷人的结果是 Gatys 等人发表的一篇迁移学习算法论文的成果，论文名为 *A Neural Algorithm for Artistic Style*。我们将从实现算法的角度来讨论这篇论文的复杂之处，并学习如何亲自实现这项技术。

本章将重点利用深度学习和迁移学习来构建一个神经风格迁移系统。本章的重点内容如下所示：

- 理解神经风格迁移；

- 图像预处理方法论；
- 构建损失函数；
- 构建一个自定义优化器；
- 风格迁移实战。

本章内容包含与神经风格迁移、损失函数和优化方法相关的理论概念。除此之外，我们将使用一种实际操作方法来实现我们自己的神经风格迁移模型。本章中的代码可以在异步社区网站获取。

10.1 理解神经风格迁移

神经风格迁移是将参考图像的**风格**应用于特定的目标图像，而目标图像的原始**内容**保持不变的过程。此处风格指的是参考图像中出现的颜色、模式和纹理，而内容则被定义为目标图像的总体结构和高级组件。

在风格迁移中，主要目的是保留原始目标图像的内容，同时在目标图像上叠加或采用参考图像的风格。为了从数学的角度定义该概念，可以考虑 3 张图像：原始内容图像（表示为 $\boldsymbol{c}$）、引用风格图像（表示为 $\boldsymbol{s}$）和生成图像（表示为 $\boldsymbol{g}$）。我们需要一种方式来衡量图像 c 和图像 g 在内容上的差异。除此之外，从输出的图像风格特征来说，输出图像与风格图像的差异应该更小。神经风格迁移的目标函数可以表示为公式 10.1：

$$L_{\text{style transfer}} = \arg\min_g \alpha L_{\text{content}}(c,g) + \beta L_{\text{style}}(s,g) \quad \text{（公式 10.1）}$$

在公式 10.1 中，α 和 β 是用于控制内容和风格组件对整体损失影响的权重。该描述可以进一步简化为公式 10.2：

$$\text{loss} = \text{dist}(\text{content}(I_c) - \text{content}(I_g)) + \text{dist}(\text{style}(I_s) - \text{style}(I_g)) \quad \text{（公式 10.2）}$$

在公式 10.2 中，我们定义了以下几个组件：

- dist 表示一个范数函数，例如 L_2 范数距离；
- style()是一个用于计算参考图像和生成图像风格表示的函数；
- content()是一个用于计算原图像和生成图像内容表示的函数；
- I_c、I_s和 I_g 分别表示内容、风格和生成图像。

因此最小化损失函数将导致 style(I_g)接近 style(I_s)，同时 content(I_g)也将接近 content(I_c)。

这将有助于我们达成有效风格迁移的必要规范。损失函数包括 3 个部分，即**内容损失**、**风格损失**以及**总变差损失**，后面的内容会讨论这几个部分。风格迁移的核心思想或目标是保留原始目标图像的内容，同时在目标图像上叠加或采用参考图像的风格。此外，在神经风格迁移中还应该记住以下几点：

- **风格**指的是参考图像中呈现的色板、特定模式和纹理；
- **内容**指的是原始目标图像的整体结构和更高层次的组件。

到目前为止，我们了解了计算机视觉深度学习的真正力量在于使用深度 **CNN** 等模型，这些模型可以在构建损失函数时提取正确的图像表示。在本章中，我们将根据迁移学习的原则来建立用于提取最佳特征的神经风格迁移系统。在前面的章节中，我们已经讨论过用于计算机视觉相关任务的预训练模型。本章我们将再次使用流行的 VGG-16 模型作为特征提取器。执行神经风格迁移的主要步骤如下：

- 利用 VGG-16 模型计算风格、内容和生成的图像的层激活项；
- 使用这些激活项定义前面提到的特定损失函数；
- 使用梯度下降将总体损失最小化。

如果想深入了解神经风格迁移背后的核心原则和理论概念，你可以阅读以下论文：

- *A Neural Algorithm of Artistic Style*，作者是 Leon A. Gatys、Alexander S. Ecker 和 Matthias Bethge；
- *Perceptual Losses for Real-Time Style Transfer and Super-Resolution*，作者是 Justin Johnson、Alexandre Alahi 和 Li Fei-Fei。

10.2 图像预处理方法

实现此类网络的第一步以及最重要的一步是对数据或图像进行预处理。代码片段 10.1 展示了一些用于对图像进行预处理和后处理来调整尺寸和通道的快捷方法。

代码片段 10.1

```
import numpy as np
from keras.applications import vgg16
from keras.preprocessing.image import load_img, img_to_array
```

```
def preprocess_image(image_path, height=None, width=None):
    height = 400 if not height else height
    width = width if width else int(width * height / height)
    img = load_img(image_path, target_size=(height, width))
    img = img_to_array(img)
    img = np.expand_dims(img, axis=0)
    img = vgg16.preprocess_input(img)
    return img

def deprocess_image(x):
    # Remove zero-center by mean pixel
    x[:, :, 0] += 103.939
    x[:, :, 1] += 116.779
    x[:, :, 2] += 123.68
    # 'BGR'->'RGB'
    x = x[:, :, ::-1]
    x = np.clip(x, 0, 255).astype('uint8')
    return x
```

由于我们将编写自定义损失函数和操作流程，因此需要定义特定的占位。keras 是一个高层级的类库，它使用张量操作后端类库（例如 tensorflow、theano 以及 CNTK）来执行运算。因此这些占位提供了高层级抽象来处理底层张量对象。代码片段 10.2 为风格、内容、生成的图像，以及神经网络的输入张量提供了占位。

代码片段 10.2

```
from keras import backend as K

# This is the path to the image you want to transform.
TARGET_IMG = 'lotr.jpg'
# This is the path to the style image.
REFERENCE_STYLE_IMG = 'pattern1.jpg'

width, height = load_img(TARGET_IMG).size
img_height = 480
img_width = int(width * img_height / height)


target_image = K.constant(preprocess_image(TARGET_IMG,
                          height=img_height,
                          width=img_width))
style_image = K.constant(preprocess_image(REFERENCE_STYLE_IMG,
                         height=img_height,
                         width=img_width))
```

```
# Placeholder for our generated image
generated_image = K.placeholder((1, img_height, img_width, 3))

# Combine the 3 images into a single batch
input_tensor = K.concatenate([target_image,
                              style_image,
                              generated_image], axis=0)
```

和前面章节一样，我们将加载预训练的 VGG-16 模型，即去除顶部全连接的层。此处唯一的区别是我们将为模型输入提供输入张量的维度尺寸。代码片段 10.3 能够帮助我们构建预训练模型。

代码片段 10.3

```
model = vgg16.VGG16(input_tensor=input_tensor,
                    weights='imagenet',
                    include_top=False)
```

10.3 构建损失函数

神经风格迁移的重点在于内容和风格的损失函数。本节我们将讨论和定义模型需要的损失函数。

10.3.1 内容损失

在所有基于 CNN 的模型中，顶层的激活项包含更多图像的全局和抽象信息（例如脸部这样的高层级结构），而底层的激活项则包含图像的局部信息（例如眼睛、鼻子、边缘和边角这样的低层级结构）。我们希望利用 CNN 的顶层来捕获一个图像内容的正确表示。因此对于内容损失，考虑到将使用预训练 VGG-16 模型，我们可以将损失函数定义为计算目标图像的（生成特征表示的）顶层的激活项和计算生成图像的相同层的激活项之间的 L_2 范数（缩放和平方欧几里得距离）。假设从 CNN 的顶层获取与图像内容相关的特征表示，那么生成图像应该与基本目标图像类似。代码片段 10.4 展示了计算内容损失的函数。

代码片段 10.4

```
def content_loss(base, combination):
    return K.sum(K.square(combination - base))
```

10.3.2 风格损失

关于神经风格迁移的原始论文——*A Neural Algorithm of Artistic Style*，作者 Gatys 等人在 CNN 模型中利用多个（而非一个）卷积层从参考风格图像中提取能捕获外观和风格信息的有意义的模式和表示，这些信息包含所有缩放尺度，且与图像内容无关。风格表示计算 CNN 模型不同层中不同特征之间的相关性。

为了与原始论文保持一致，我们将利用 **Gram 矩阵**，同时对由卷积层生成的特征表示做同样的计算。Gram 矩阵会计算任意给定卷积层中生成的特征映射之间的内积。内积项与对应特征集的协方差成正比，因此能够捕获趋向于一起激活的层的特征之间的关联模式。这些特征关联有助于捕获特定空间尺度模式的相关聚合统计项，这些统计项对应风格、纹理和外观，而非图像中出现的组件和对象。

因此风格损失指的是参考样式的 Gram 矩阵与生成的图像之间的缩放平方 Frobenius 范数（矩阵上的欧氏范数）。最小化该损失函数有助于确保在参考风格图像不同空间尺度中的纹理在生成的图像中也是相似的。因此代码片段 10.5 定义了一个基于 Gram 矩阵计算的风格损失函数。

代码片段 10.5

```
def style_loss(style, combination, height, width):
    def build_gram_matrix(x):
        features = K.batch_flatten(K.permute_dimensions(x, (2, 0, 1)))
        gram_matrix = K.dot(features, K.transpose(features))
        return gram_matrix

    S = build_gram_matrix(style)
    C = build_gram_matrix(combination)
    channels = 3
    size = height * width
    return K.sum(K.square(S - C))/(4. * (channels ** 2) * (size ** 2))
```

10.3.3 总变差损失

据观察，优化只能减少导致高像素和噪声输出的风格损失和内容损失中的一个。为了覆盖两者，我们引入了总变差损失。**总变差损失**类似于正则化损失。引入总变差损失可以确保生成图像的空间连续性和平滑性，以避免噪声和高像素化结果。代码片段 10.6 展示了总变差损失函数的定义。

代码片段 10.6

```
def total_variation_loss(x):
    a = K.square(
        x[:, :img_height - 1, :img_width - 1, :] - x[:, 1:, :img_width
        - 1, :])
    b = K.square(
        x[:, :img_height - 1, :img_width - 1, :] - x[:, :img_height -
          1, 1:, :])
    return K.sum(K.pow(a + b, 1.25))
```

10.3.4 总体损失函数

定义了用于神经风格迁移总体损失函数的组成部分之后，下一步是将这些构建块聚集起来。由于 CNN 是在网络的不同深度捕获内容和风格信息的，因此我们需要适当的层应用和计算每种类型的损失。我们使用卷积层 1～5 用于计算风格损失，并为每层设置适当的权重。

代码片段 10.7 构建了总体损失函数。

代码片段 10.7

```
# weights for the weighted average loss function
content_weight = 0.05
total_variation_weight = 1e-4


content_layer = 'block4_conv2'
style_layers = ['block1_conv2', 'block2_conv2',
                'block3_conv3','block4_conv3', 'block5_conv3']
style_weights = [0.1, 0.15, 0.2, 0.25, 0.3]

# initialize total loss
loss = K.variable(0.)

# add content loss
layer_features = layers[content_layer]
target_image_features = layer_features[0, :, :, :]
combination_features = layer_features[2, :, :, :]
loss += content_weight * content_loss(target_image_features,
                                      combination_features)

# add style loss
for layer_name, sw in zip(style_layers, style_weights):
    layer_features = layers[layer_name]
    style_reference_features = layer_features[1, :, :, :]
```

```
        combination_features = layer_features[2, :, :, :]
        sl = style_loss(style_reference_features, combination_features,
                        height=img_height, width=img_width)
        loss += (sl*sw)

    # add total variation loss
    loss += total_variation_weight * total_variation_loss(generated_image)
```

10.4 创建一个自定义优化器

优化的目标是使用一个优化算法迭代地将总体损失最小化。Gatys 等人在论文中采用了 L-BFGS 算法进行优化，这是一种基于 Quasi-Newton 法的优化算法，被广泛用于求解非线性优化问题和参数估计。这种方法通常比标准梯度下降法收敛速度更快。

SciPy 类库已经实现了 SciPy.optimization.fmin_l_bfgs_b()方法，然而该实现有一些限制。这些限制包括该函数只适用于平面一维向量，而非我们正在处理的三维图像矩阵，以及损失函数和梯度值需要作为两个单独的函数进行传递。我们基于 Keras 类库创建者 François Chollet 的模式构建了一个 Evaluator 类，在使用一次参数传递的同时计算损失和梯度值，而无须独立分开进行计算。第一次调用会返回损失值，下一次调用将缓存梯度，因此它比两者独立分开进行计算更高效。代码片段 10.8 定义了 Evaluator 类。

代码片段 10.8

```
class Evaluator(object):

    def __init__(self, height=None, width=None):
        self.loss_value = None
        self.grads_values = None
        self.height = height
        self.width = width

    def loss(self, x):
        assert self.loss_value is None
        x = x.reshape((1, self.height, self.width, 3))
        outs = fetch_loss_and_grads([x])
        loss_value = outs[0]
        grad_values = outs[1].flatten().astype('float64')
        self.loss_value = loss_value
        self.grad_values = grad_values
        return self.loss_value
```

```
    def grads(self, x):
        assert self.loss_value is not None
        grad_values = np.copy(self.grad_values)
        self.loss_value = None
        self.grad_values = None
        return grad_values

evaluator = Evaluator(height=img_height, width=img_width)
```

10.5 风格迁移实战

最后一个步骤是使用所有的构建块进行风格迁移实战。艺术或风格和内容图像可以从数据目录中获得以供参考。代码片段 10.9 对如何计算损失和梯度做了概述。我们还会在固定的迭代区间（5 次、10 次等）后输出阶段产出，以理解在一定次数的迭代之后神经风格迁移过程中图像是如何进行转换的。

代码片段 10.9

```
from scipy.optimize import fmin_l_bfgs_b
from scipy.misc import imsave
from imageio import imwrite
import time

result_prefix = 'st_res_'+TARGET_IMG.split('.')[0]
iterations = 20

# Run scipy-based optimization (L-BFGS) over the pixels of the
# generated image
# so as to minimize the neural style loss.
# This is our initial state: the target image.
# Note that `scipy.optimize.fmin_l_bfgs_b` can only process flat
# vectors.
x = preprocess_image(TARGET_IMG, height=img_height, width=img_width)
x = x.flatten()

for i in range(iterations):
    print('Start of iteration', (i+1))
    start_time = time.time()
    x, min_val, info = fmin_l_bfgs_b(evaluator.loss, x,
                                      fprime=evaluator.grads, maxfun=20)
    print('Current loss value:', min_val)
    if (i+1) % 5 == 0 or i == 0:
        # Save current generated image only every 5 iterations
```

```
        img = x.copy().reshape((img_height, img_width, 3))
        img = deprocess_image(img)
        fname = result_prefix + '_iter%d.png' %(i+1)
        imwrite(fname, img)
        print('Image saved as', fname)
    end_time = time.time()
    print('Iteration %d completed in %ds' % (i+1, end_time - start_time))
```

很明显，神经风格迁移是一项非常耗费计算资源的任务。对于需要考虑的图像集合，每次迭代在具有 8GB RAM 的 Intel i5 CPU 上需要花费 500 秒～1000 秒（但是在 i7 或 Xeon 处理器上要快得多）。以下输出展示了我们在 AWS 的 p2.x 实例上使用 GPU 进行加速，此处每个迭代仅需要 25 秒，也展示了一些迭代输出。我们输出每次迭代的损失值和耗时，以及保存每 5 次迭代之后生成的图像。

```
Start of iteration 1
Current loss value: 10028529000.0
Image saved as st_res_lotr_iter1.png
Iteration 1 completed in 28s
Start of iteration 2
Current loss value: 5671338500.0
Iteration 2 completed in 24s
Start of iteration 3
Current loss value: 4681865700.0
Iteration 3 completed in 25s
Start of iteration 4
Current loss value: 4249350400.0
.
.
.
Start of iteration 20
Current loss value: 3458219000.0
Image saved as st_res_lotr_iter20.png
Iteration 20 completed in 25s
```

现在你将了解神经风格迁移模型是如何对考虑的内容图像进行风格迁移的。需要记住我们在特定迭代次数之后要对每一组的风格图像和内容图像执行检查点输出。我们利用 matplotlib 类库和 skimage 类库加载和理解由系统执行的风格迁移。

我们使用了一张非常受欢迎的电影《指环王》的剧照作为内容图像，以及一张漂亮的基于花卉图案的艺术作品作为风格图像，如图 10.2 所示。

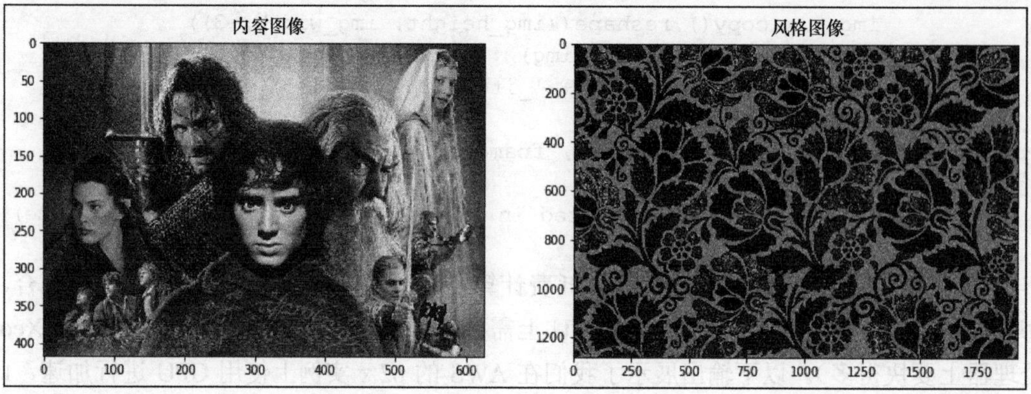

图 10.2

在代码片段 10.10 中，我们加载了经过多次迭代之后的生成风格图像。

代码片段 10.10

```
from skimage import io
from glob import glob
from matplotlib import pyplot as plt

%matplotlib inline
content_image = io.imread('lotr.jpg')
style_image = io.imread('pattern1.jpg')

iter1 = io.imread('st_res_lotr_iter1.png')
iter5 = io.imread('st_res_lotr_iter5.png')
iter10 = io.imread('st_res_lotr_iter10.png')
iter15 = io.imread('st_res_lotr_iter15.png')
iter20 = io.imread('st_res_lotr_iter20.png')
fig = plt.figure(figsize = (15, 15))
ax1 = fig.add_subplot(6,3, 1)
ax1.imshow(content_image)
t1 = ax1.set_title('Original')

gen_images = [iter1,iter5, iter10, iter15, iter20]

for i, img in enumerate(gen_images):
    ax1 = fig.add_subplot(6,3,i+1)
    ax1.imshow(content_image)
    t1 = ax1.set_title('Iteration {}'.format(i+5))
plt.tight_layout()
fig.subplots_adjust(top=0.95)
t = fig.suptitle('LOTR Scene after Style Transfer')
```

下面的输出展示了原始图像和每经过 5 次迭代之后的生成风格图像，如图 10.3 所示。

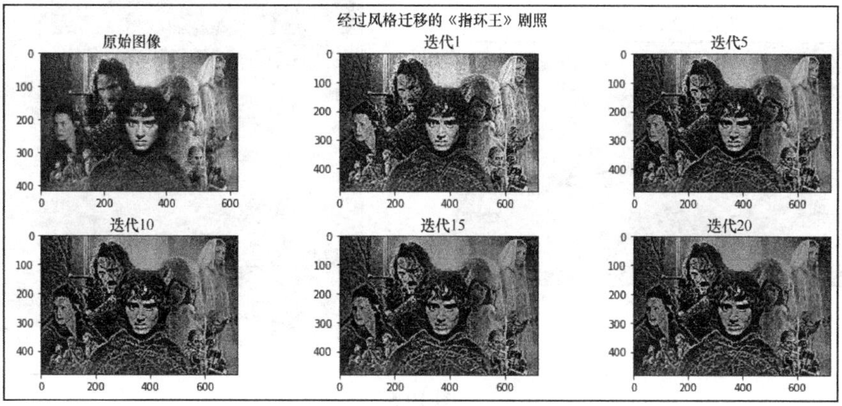

图 10.3

图 10.4 所示为高分辨率下的最终风格图像。你可以清楚地看到花朵图案的纹理和风格是如何在原始图像中实现风格迁移的，最终的生成图像的效果很复古。

图 10.4

再看一个风格迁移的例子。图 10.5 所示的内容包含了我们的内容图像——电影《黑豹》中著名虚构城市瓦坎达，右侧的风格图像是非常受欢迎的凡·高的著名画作《星空》。我们将在风格迁移系统中使用这两幅图像作为输入图像。

图 10.6 所示为最终的高分辨率风格图像，可以清楚地看到风格图像的纹理、边缘、颜色和模式是如何迁移到城市内容图像中的。

天空和建筑的风格与《星空》非常相似，并且内容图像中的整体结构仍然被保留了下来。这非常有趣，不是吗？现在就用你自己感兴趣的图片进行尝试吧。

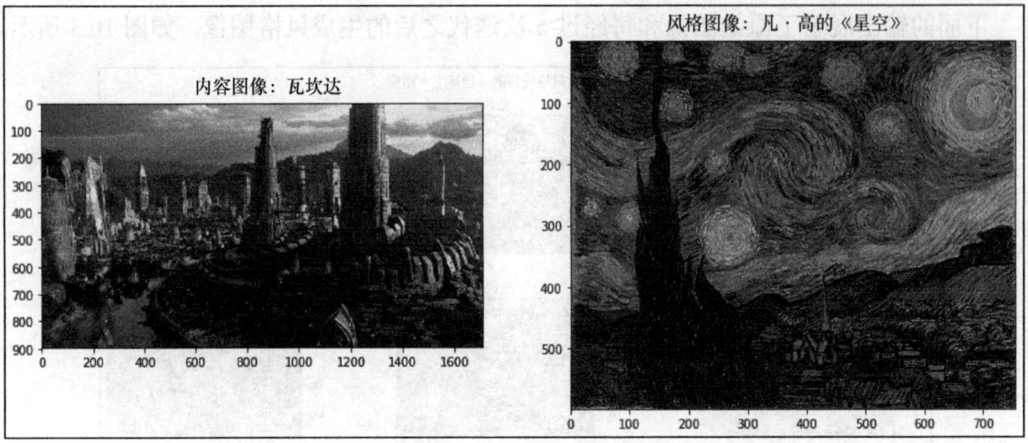

图 10.5

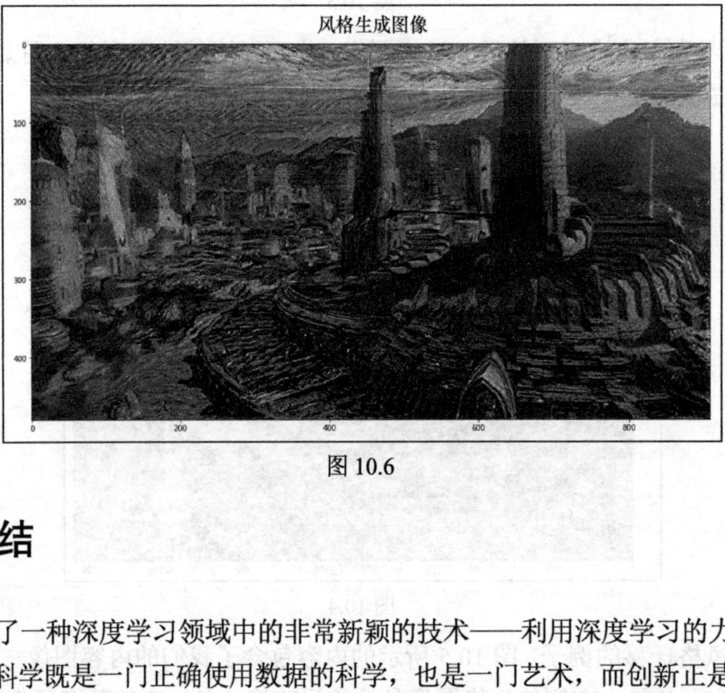

图 10.6

10.6 总结

本章介绍了一种深度学习领域中的非常新颖的技术——利用深度学习的力量创造艺术。事实上，数据科学既是一门正确使用数据的科学，也是一门艺术，而创新正是背后的推动力量。本章内容覆盖了神经风格迁移的核心概念，如何使用有效的损失函数来表述问题和将问题公式化，以及如何利用迁移学习和 VGG-16 等预训练模型来提取正确的特征表示。

计算机视觉领域正在不断发展，深度学习与迁移学习的结合为创新和构建新应用打开了大门。本章中的示例能够帮助读者了解该领域中广泛的创新性，并能够让读者走进其中去尝试使用新的技术、模型和方法来构建像神经风格迁移这样的系统。接下来的章节的内容将围绕更加有趣和复杂的图像描述生成和图像着色案例展开，敬请期待！

第 11 章
自动图像扫描生成器

在前面的章节中，我们一起查看了一些在计算机视觉以及**自然语言处理**领域中运用迁移学习的相关案例研究。然而这些问题具有其特定的领域。在本章中，我们将着力于构建一个将两个流行的领域（计算机视觉和自然语言处理）相结合的智能系统。更具体地说，我们将着力于构建一个包含机器翻译的物体识别系统，以构建一个自动图像描述生成器。

图像描述并不是新出现的事物。一般来说，在不同媒体资源（例如书籍、论文或者社交媒体）中展示的图像，通常需要使用一段合适的文本来进行描述，以便更好地理解其含义和上下文。这项任务的难点在于一则图像描述一般来说是包含一个或多个句子的流畅的自然语言。由于用于图像描述的文本数据的非结构特性，这项任务并不是一个传统的图像分类问题。

图像描述可以利用计算机视觉领域的专业预训练模型（例如**视觉几何小组**［VGG］模型和 Inception 模型）和序列模型（例如**递归神经网络**或者**长短时记忆网络**）相结合的方式来解决，以生成一段文字序列来形成一则合适的图像描述。在本章中，我们将探索一种有趣的方式来构建一个自动图像描述或者场景识别系统。

为了构建这个由深度学习和迁移学习驱动的系统，本章将涉及以下内容：

- 理解图像描述；
- 明确目标；
- 自动图像描述的方法；
- 使用迁移学习进行图像特征提取；
- 构建一个词汇表用于描述；
- 构建一个图像描述数据集生成器；

- 构建图像语言编码器-解码器深度学习模型；
- 训练图像描述深度学习模型；
- 自动图像描述实战。

为了构建自动图像描述生成器，本章将涵盖包括计算机视觉和自然语言处理的核心概念。我们将深入研究一个合适的结合迁移学习的深度学习架构，并在一个流行且易得的图像数据库上来实现我们的系统。同时我们还将展示如何在新的照片和场景中构建和测试自动图像描述生成器。本章的配套代码可以在异步社区网站获取。

11.1 理解图像描述

到目前为止，你应该理解了图像描述的含义和重大意义。这项任务可以简单地被定义为：为任何图像编写和记录一段文本描述。它经常被用于描述图像中的不同场景和事件，因此通常也被称为**场景识别**。我们来看下面的这个例子，如图 11.1 所示。

图 11.1

对于图中的这个场景，什么样的文本能对其进行合适的描述呢？以下是一些关于该场景的合理描述：

- 一个骑摩托车的人在一个土丘上；
- 一个骑摩托车的人正在骑着摩托车飞跃一个土丘；

- 一个满身泥泞的摩托车手在一个泥泞的小道上快速向下行驶；
- 一个骑着一辆橙色摩托车的车手正在空中飞跃。

可以看到以上所有的描述都是合理且类似的，但是它们使用了不同的文字来表达相同的含义。这也正是自动生成图像描述并非一项简单任务的原因之一。

事实上，相同的事情在一篇介绍图像描述的流行的论文 *Show and Tell: A Neural Image Caption Generator*（Vinyals 及其合著者，2015）中被提及，而我们也正是从这篇论文中获取了构建这个系统的灵感："自动描述一张图片的内容是结合了计算机视觉和自然语言处理的人工智能领域的一个基础问题。"

对于人类来说，只需要对一张照片或者图片观察几秒钟，就足以生成一段基于自然语言的描述。然而要让**人工智能**具有这样的能力确实是一项巨大的挑战，因为计算机视觉问题已经主要集中在识别和分类问题上。以下是一些与核心计算机视觉问题相关的主要任务，按照任务的复杂度由低到高进行排序。

- **图像分类和识别**。这涉及一个经典的监督学习问题，主要目标是基于一些预定义的图像类别(通常被称为**类标签**)将一张图片分配给一个特定的类别。流行的 ImageNet 竞赛就是一个这样的任务。
- **图像标注**。这是一个更加复杂的任务，我们将尝试使用图像内的一些实体来标注一个图像。通常来说，这会涉及图像中特定部分或区域的类别或基于自然语言的文本描述。
- **图像描述和场景识别**。这是另一个复杂的任务，即尝试使用一段基于自然语言的文本对一张图片进行描述。这也是我们在本章中关注的主要领域。

图像描述任务并不是一件新事物。在此之前已经有一些方法，例如将一张图片中独立实体的文本描述拼接形成一段描述，或者使用基于模板的文本生成技术。然而对于这项任务，使用深度学习是一种更加高效的方法。

11.2 明确目标

我们的真实世界案例研究的主要目标是图像描述或场景识别。在一定程度上这是一个监督学习问题，但并不是一个传统的分类问题。在此我们将处理一个名为 Flickr8K 的图像数据集，其中包含了图像或场景的样本，以及用于对其进行描述的相应的自然语言说明。这里的想法是构建一个系统，该系统可以从这些图像中进行学习，并开始自动对图像进行描述。

正如前面提到的，一个传统的图像分类系统通常是将图像分类到预定义的类中。我们在前面几章中已经构建了这样一个系统。然而一个自动图像描述系统的输出通常是一个用于形成文本描述的自然语言文字序列，这使它的实现比传统的监督分类系统要困难。

因为我们必须基于训练图像和它们对应的描述来构建模型，所以我们的模型训练本质上还是监督任务。然而构建模型的方法将略有不同。我们依然将利用迁移学习和深度学习的概念来构建这个系统。更具体地说，我们将结合使用**深度卷积神经网络（Deep Convolutional Neural Network，DCNN）**和序列模型。

11.3 理解数据

我们来查看用于构建模型的数据。为了简单起见，我们将使用 Flickr8K 数据集。这个数据集包括从图像共享网站 Flickr 中获得的图像。为了下载该数据集，你可以在伊利诺伊大学计算机科学系的网站中填写一个申请表，然后就可以在你的电子邮箱中获取下载链接。

为了查看每张图片的细节，你可以参考他们的网站，其中的内容讨论了每张图片、图片对应的来源，以及每张图片的 5 个基于文本的描述。一般来说，任何样本图像都将有几个类似的说明，如图 11.2 所示。

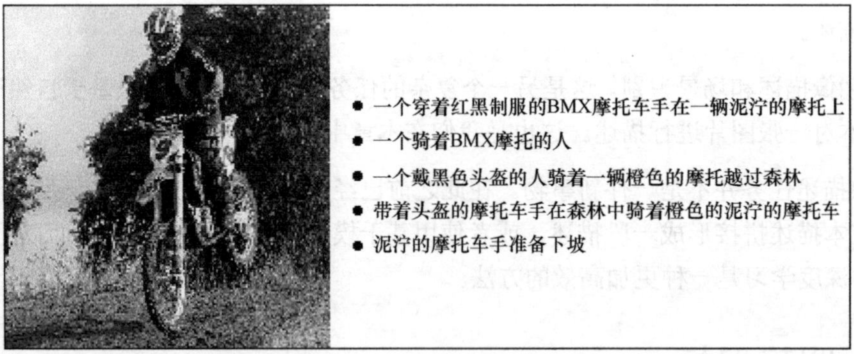
一个穿着红黑制服的BMX摩托车手在一辆泥泞的摩托上
一个骑着BMX摩托的人
一个戴黑色头盔的人骑着一辆橙色的摩托越过森林
带着头盔的摩托车手在森林中骑着橙色的泥泞的摩托车
泥泞的摩托车手准备下坡

图 11.2

你可以清晰地看到图像和对应的描述。很明显，所有的描述都在尝试描述相同的图像或场景，但它们可能侧重于图像的不同方面，这使得自动化成为一项艰巨的任务。读者可以查阅论文 *Framing Image Description as a Ranking Task: Data, Models and Evaluation Metrics*。

当单击下载链接时，你将获得以下两个文件。

- Flickr8k_Dataset.zip：一个包含所有原始图像和照片的大小为 1 GB 的 ZIP 归档文件。
- Flickr8k_text.zip：一个大小为 3 MB 的 ZIP 归档文件，包含所有图像的自然语言文本描述，也就是我们需要的图像描述。

Flickr_8k.devImages.txt、lickr_8k.trainImages.txt 和 flickr_8k.testimats.txt 文件分别由 6000、1000 和 1000 张图片的文件名组成。我们将结合 dev 和 train 图像来构建一个包含 7000 张图片的训练数据集，并使用包含 1000 张图片的测试数据集进行评估。每张图片都有 5 个不同但相似的描述，可以在 Flickr8k.token.txt 文件中找到。

11.4 构建自动图像描述系统的方法

本节我们将讨论构建自动图像描述系统的方法。正如之前提到的，我们的方法是利用基于深度神经网络的方法，并结合对图像描述的迁移学习。该方法受到论文 *Show and Tell: A Neural Image Caption Generator*（Oriol Vinyals 和其合著者的启发）。我们将讨论我们的方法的概念综述，然后将其转换为一个实用的方法，该方法将用于构建我们的自动图像描述系统。

11.4.1 概念方法

一个成功的自动图像描述系统需要一种方法将给定的图像转换为一系列的单词。为了从图像中提取正确的和相关的特征，我们可以利用一个 DCNN 结合递归神经网络模型（例如 RNN 或 LSTM）建立一个混合生成模型，从而为给定的源图像生成用于描述的单词序列。

因此从概念上来说，我们的想法是构建一个单一的混合模型，该模型可以获取一个源图像 I 作为输入，经过训练之后可以使似然值 $P(S|I)$最大化，这里的 S 表示的是一个单词序列输出，也是我们的目标输出。输出可以表示为 $S=\{S_1,S_2,\cdots,S_n\}$，其中每个单词 S_w 都来自一个给定的词典，也就是我们的词汇表。这里的描述 S 能够为输入图像提供一个合适的描述。

对于构建一个这样的系统，使用神经机器翻译是一个非常好的想法。该模型的架构涉及使用 RNN 或 LSTM 构建的编码器-解码器结构，通常用在与语言翻译相关的语言模型中。通常来说，编码器会涉及一个 LSTM 模型，该模型从源语言中读取输入语句并将其转换为密集的定长向量。接着这些向量将被用作解码器 LSTM 模型的初始隐藏状态，最终它将生成目标语言的输出语句。

对于图像描述来说，我们将使用类似的策略。处理输入的编码器时将使用一个 DCNN 模型，因为我们的源数据是图像。到目前为止，我们已经看到了基于 CNN 的模型的高效性以及从图片中提取丰富特征方面的优势。因此源图像数据将被转换成密集的数值定长向量。通常来说，利用迁移学习方法的预训练模型是最有效的。这个向量将作为解码器 LSTM 模型的输入，该模型将生成作为单词序列的描述。最大化的目标可以用数学公式进行表示，如公式 11.1 所示：

$$\Theta^* = \arg\max_{\Theta} \sum_{I,S} \log p(S,I) \qquad \text{（公式 11.1）}$$

在公式中，Θ 表示模型参数，I 表示输入图像，S 是由一个单词序列组成的对应描述。长度为 N 的描述表示总共包含 N 个单词，我们可以使用链式法则对 $\{S_0, S_1, \cdots, S_N\}$ 的联合概率进行建模，如公式 11.2 所示：

$$\log p(S,I) = \sum_{t=0}^{N} \log p(S_t \mid I, S_0, S_1, \cdots, S_{t-1}) \qquad \text{（公式 11.2）}$$

因此，在模型训练过程中，我们有一对(I,S)图像描述作为输入，其思想是使用一种有效的算法（例如随机梯度下降法）来优化前一个方程在整个训练数据上的对数概率求和。考虑到前一个方程中 RHS 项的顺序，基于 RNN 的模型是比较合适的选择，也就是说直到 $t-1$ 的单词数量变量顺序地由记忆状态 h_t 表示。根据之前的 $t-1$ 个状态和输入对 x_t（图像和下一个单词），我们使用非线性函数 $f(\ldots)$在每一步中对 h_t 进行更新，如公式 11.3 所示：

$$h_{t+1} = f(h_t, x_t) \qquad \text{（公式 11.3）}$$

通常来说，x_t 表示图像特征和单词，它们是我们的输入。正如前面提到的，我们使用 DCNN 来处理图像特征。对于函数 $f()$，我们选择使用 LSTM，因为它在处理消失和探索梯度等问题方面非常有效，相关内容我们已经在本书的前几个章节中讨论过。我们来参考来自研究论文 *Show and Tell* 中的一张图片对 LSTM 记忆块做一个简单的回顾，如图 11.3 所示。

记忆块包含 LSTM 单元 c，它由输入门、输出门和遗忘门控制。单元 c 将根据直到前一个时间步的输入，在每个时间步上对知识进行编码。这 3 个门是可以多重应用的层，如果门是 1 或 0，门分别对应保留或拒绝一个来自门控层的值。在图 11.3 中，递归连接用蓝色表示。我们通常在模型中会拥有多个 LSTM，在 $t-1$ 时刻的 LSTM 输出 m_{t-1} 在 t 时刻被传递给下一个 LSTM。因此这个 $t-1$ 时刻的输出 m_{t-1} 使用我们之前讨论过的 3 个门传递到记忆块中。实际的单元值也使用遗忘门进行传递。t 时刻的记忆输出 m_t 通常被传递到 softmax 层来预测下一个单词。

这通常从输出门 o_t 和当前单元状态 c_t 中获得。这些定义和操作如图 11.4 所示，其中包含必要的方程。

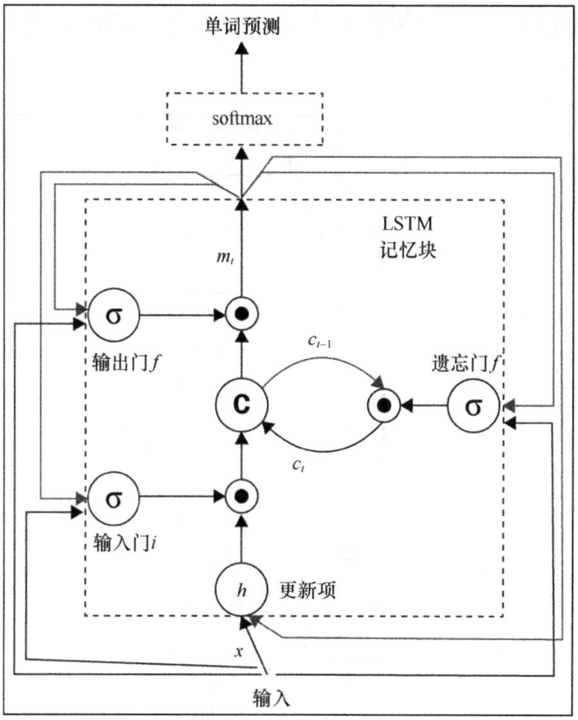

图 11.3

$$
\begin{aligned}
i_t &= \sigma(W_{ix}x_t + W_{im}m_{t-1}) \\
f_t &= \sigma(W_{fx}x_t + W_{fm}m_{t-1}) \\
o_t &= \sigma(W_{ox}x_t + W_{om}m_{t-1}) \\
c_t &= f_t \odot c_{t-1} + i_t \odot h(W_{cx}x_t + W_{cm}m_{t-1}) \\
m_t &= o_t \odot c_t \\
p_{t+1} &= \text{Softmax}(m_t)
\end{aligned}
$$

图 11.4

图 11.4 中的 $\odot$ 是专门用于当前门状态和值的乘积运算符。W 矩阵是网络中的可训练参数。这些门有助于处理梯度爆炸、梯度消失等问题。网络中的非线性是由我们常见的 s 型曲线函数 σ 和双曲正切函数 h 引入的。正如我们之前讨论的，记忆输出 m_t 被传递给 softmax 层来预测下一个单词，该层的输出是所有单词的概率分布。

了解了这些知识之后，你可以考虑将基于 LSTM 的序列模型与必要的单词嵌入层和从源图像中产出密集特征的 CNN 相结合。LSTM 模型的目标是根据前面预测的所有单词和输入图像来预测描述文本中的每个单词，输入图像由前面的 $p(S_t \mid I, S_0, S_1, \cdots, S_{t-1})$ 定义。为了简化 LSTM 中的递归连接，我们可以将其表示为一系列 LSTM 的展开形式，它们共享同样的参数，如图 11.5 所示。

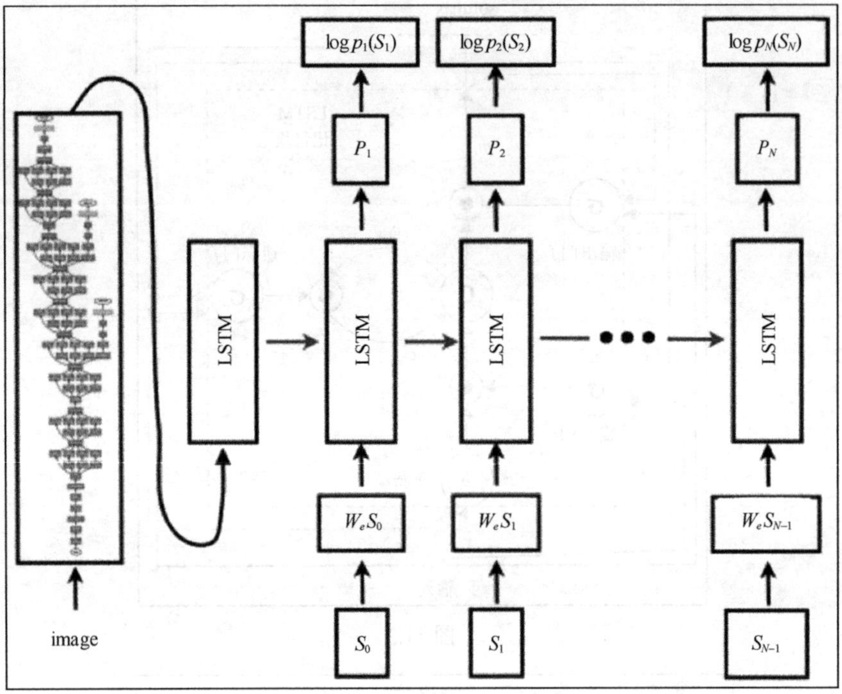

图 11.5

从图 11.5 中可以很明显地看出，基于展开的 LSTM 架构的递归连接由蓝色水平箭头表示，并已经被转换为前馈连接。同样很明显的是，在 $t-1$ 时刻 LSTM 的输出 m_{t-1} 将在 t 时刻传递给下一个 LSTM，以此类推。用 I 表示源输入图像，描述表示为 $S=\{S_0,S_1,\cdots,S_N\}$，图 11.6 所示为之前描述的展开架构中涉及的主要操作。

$$
\begin{aligned}
x_{-1} &= \mathrm{CNN}(I) \\
x_t &= W_e S_t, \quad t \in \{0 \cdots N-1\} \\
p_{t+1} &= \mathrm{LSTM}(x_t), \quad t \in \{0 \cdots N-1\}
\end{aligned}
$$

图 11.6

描述中的每个文本单词都被表示为一个独热向量 S_t，这样它的维数就等于（唯一单词）词汇表的大小。还有一点需要注意的是，我们对 S_0 使用了特殊的标记或分隔词，用<START>标记，而 S_N 用<END>标记，以此来标记描述的开头和结尾。这有助于 LSTM 理解描述何时已经完全生成。

输入图像 I 输入到 DCNN 模型中后，该模型会生成密集特征向量，同时单词会基于嵌入层被转换为密集单词嵌入 W_{ε}。因此需要最小化的总损失函数为每一步正确单词的负对数似然，如公式 11.4 所示：

$$L(I,S) = -\sum_{t=1}^{N} \log p_t(S_t) \quad \text{（公式 11.4）}$$

因此考虑到模型中（包括 DCNN、LSTM 和嵌入）的所有参数，在我们的模型训练期间，该损失被最小化了。现在让我们看看如何将前面描述的概念付诸实践。

11.4.2 实际动手的方法

我们已经了解了构建一个成功的自动图像描述系统的基本概念和理论，接下来我们来看看遵循实际方法解决这个问题所需的主要构建块。构建模型需要以下几个主要组件：

- 图像特征提取器——使用迁移学习的 DCNN 模型；
- 文本描述生成器——使用 LSTM 的序列语言模型；
- 编码器-解码器模型。

在为自动图像描述系统实际实现这 3 个组件之前，我们先简要地对其进行介绍。

1. 图像特征提取器——使用迁移学习的 DCNN 模型

系统的一个主要输入是一张源图像或照片。**机器学习**或深度学习模型不能只使用原始图像。因此我们需要进行一些处理，同时我们还需要从图像中提取相关的特征，然后我们才可以使用这些特征进行识别和分类等任务。

一个图像特征提取器的功能在本质上是接收一张输入图像，从中提取丰富的层次特征表示，并以定长的密集向量的形式表示输出。我们已经看到了 DCNN 在处理计算机视觉任务方面的强大优势。这里我们将使用预训练的 VGG-16 模型作为特征提取器来利用迁移学习的优势，从我们所有图像中提取瓶颈特征，简要地进行回归。图 11.7 所示为 VGG-16 模型。

为了进行特征提取，我们将删除模型顶部的 softmax 层，并使用剩余的层从我们的输入图像中获取密集的特征向量。这通常是编码过程的一部分，输出结果被传递给解码器来生成描述。

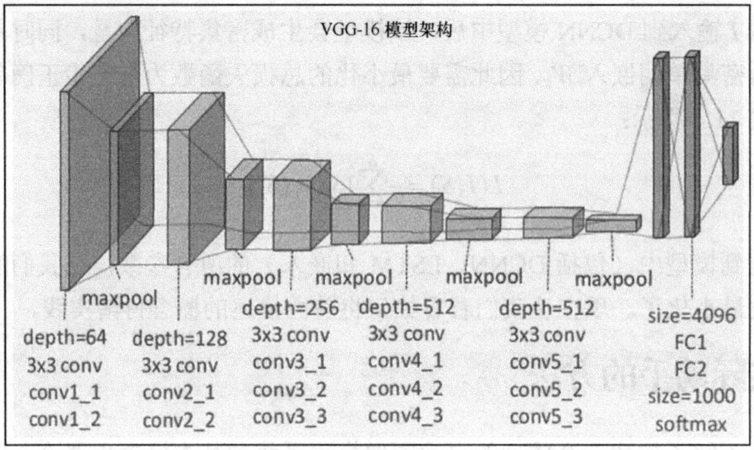

图 11.7

2. 文本描述生成器——使用 LSTM 的序列语言模型

如果一个传统的序列语言模型知道上一个单词已经出现在序列中，那么它将预测下一个可能的单词。对于我们的图像描述问题，正如 11.4.1 小节内容中讨论的，基于 DCNN 模型的特征和描述序列中已经生成的单词，LSTM 模型能够在每一个时间步中预测描述中下一个可能的单词。

一个嵌入层用于为每一个描述数据字典或词汇表中独特的词生成嵌入，这些嵌入通常会作为 LSTM 模型（解码器的一部分）的输入，基于图像的特征和前面的单词序列来生成描述中的下一个可能的单词。最终生成一个单词序列，在描述输入图像时这些单词组合在一起将变得非常有意义。

3. 编码器-解码器模型

这是将前面两个组件结合起来的模型架构。它最初在神经机器翻译方面取得了巨大的成功，在神经机器翻译中，我们通常会把一种语言的单词输入到编码器，然后解码器会输出另一种语言的单词。其优点是使用单一的端到端架构，所以可以连接这两个组件来解决问题，而不用尝试构建单独分离的模型来解决问题。

DCNN 模型通常生成这样的编码器：它将源输入图像编码为一个定长的密集向量，然后由基于 LSTM 的序列模型将其解码为单词序列，从而得到我们想要的描述。此外，如前所述，模型必须被训练来将给定的输入图像的描述文本似然最大化。为了对模型进行改进，可以考虑为模型添加细节部分作为未来范围的一个部分。

下面我们使用这种方法来实现自动图像描述系统。

11.5 使用迁移学习的图像特征提取

这里先利用一个预训练的 DCNN 模型和迁移学习的原理从源图像中提取正确的特征。为了简单起见，我们将不会对 VGG-16 模型进行微调或者将其连接到模型架构的剩余部分。我们将提前从所有图像中提取瓶颈特征，以加快后面的训练，因为即使在 GPU 上，使用多个 LSTM 构建序列构建模型也会花费大量的训练时间，我们将在稍后看到这一点。

我们先从源数据集中的 Flickr8k_text 文件夹中加载所有源图像的文件名及其相应的描述。如前所述，我们将合并 dev 和 train 数据集图像，如代码片段 11.1 所示。

代码片段 11.1

```
import pandas as pd
import numpy as np
# read train image file names
with open('../Flickr8k_text/Flickr_8k.trainImages.txt','r') as tr_imgs:
    train_imgs = tr_imgs.read().splitlines()

# read dev image file names
with open('../Flickr8k_text/Flickr_8k.devImages.txt','r') as dv_imgs:
    dev_imgs = dv_imgs.read().splitlines()

# read test image file names
with open('../Flickr8k_text/Flickr_8k.testImages.txt','r') as ts_imgs:
    test_imgs = ts_imgs.read().splitlines()

# read image captions
with open('../Flickr8k_text/Flickr8k.token.txt','r') as img_tkns:
    captions = img_tkns.read().splitlines()
# combine dev and train image names into one set
train_imgs = train_imgs + dev_imgs
```

现在我们已经处理了输入图像文件名，并加载了相应的描述，接下来需要构建一个基于字典的映射来将源图像映射到相应的描述中。正如前面所提到的，一张图片有 5 个不同的描述，因此每张图片都有一个包含 5 个描述的列表。代码片段 11.2 可以帮助我们完成这个任务。

代码片段 11.2

```
from collections import defaultdict

caption_map = defaultdict(list)
```

```
# store five captions in a list for each image
for record in captions:
    record = record.split('\t')
    img_name = record[0][:-2]
    img_caption = record[1].strip()
    caption_map[img_name].append(img_caption)
```

我们将在稍后构建用于训练和测试的数据集时使用该映射。现在我们来关注特征提取。在进行图像特征提取之前，我们需要根据将要使用的模型对原始输入图像进行适当的大小预处理，并对像素值进行调整。代码片段 11.3 将帮助我们进行必要的图像处理步骤。

代码片段 11.3

```
from keras.preprocessing import image
from keras.applications.vgg16 import preprocess_input as
preprocess_vgg16_input

def process_image2arr(path, img_dims=(224, 224)):
    img = image.load_img(path, target_size=img_dims)
    img_arr = image.img_to_array(img)
    img_arr = np.expand_dims(img_arr, axis=0)
    img_arr = preprocess_vgg16_input(img_arr)
    return img_arr
```

我们还需要加载预训练的 VGG-16 模型来使用迁移学习，如代码片段 11.4 所示。

代码片段 11.4

```
from keras.applications import vgg16
from keras.models import Model

vgg_model = vgg16.VGG16(include_top=True, weights='imagenet',
                        input_shape=(224, 224, 3))
vgg_model.layers.pop()
output = vgg_model.layers[-1].output
vgg_model = Model(vgg_model.input, output)
vgg_model.trainable = False

vgg_model.summary()
```

```
_________________________________________________________________
Layer (type)                 Output Shape              Param #
=================================================================
input_1 (InputLayer)         (None, 224, 224, 3)       0
_________________________________________________________________
block1_conv1 (Conv2D)        (None, 224, 224, 64)      1792
_________________________________________________________________
...
...
block5_conv3 (Conv2D)        (None, 14, 14, 512)       2359808
_________________________________________________________________
block5_pool (MaxPooling2D)   (None, 7, 7, 512)         0
_________________________________________________________________
flatten (Flatten)            (None, 25088)             0
_________________________________________________________________
fc1 (Dense)                  (None, 4096)              102764544
_________________________________________________________________
fc2 (Dense)                  (None, 4096)              16781312
=================================================================
Total params: 134,260,544
Trainable params: 0
Non-trainable params: 134,260,544
_________________________________________________________________
```

很明显我们删除了 softmax 层并且使模型不可训练，因为我们只对从输入图像中提取的密集的特征向量感兴趣。利用便捷函数构建一个函数，帮助从输入图像中提取正确的特征，如代码片段 11.5 所示。

代码片段 11.5

```
def extract_tl_features_vgg(model, image_file_name,
                            image_dir='../Flickr8k_imgs/'):
    pr_img = process_image2arr(image_dir+image_file_name)
    tl_features = model.predict(pr_img)
    tl_features = np.reshape(tl_features, tl_features.shape[1])
    return tl_features
```

现在我们将前面的所有函数和预训练模型进行整合，通过特征提取构建训练和测试数据集来对其进行测试，如代码片段 11.6 所示。

代码片段 11.6

```
img_tl_featureset = dict()
train_img_names = []
```

```
train_img_captions = []
test_img_names = []
test_img_captions = []

for img in train_imgs:
    img_tl_featureset[img] = extract_tl_features_vgg(model=vgg_model,
                                        image_file_name=img)
    for caption in caption_map[img]:
        train_img_names.append(img)
        train_img_captions.append(caption)
for img in test_imgs:
    img_tl_featureset[img] = extract_tl_features_vgg(model=vgg_model,
                                        image_file_name=img)
    for caption in caption_map[img]:
        test_img_names.append(img)
        test_img_captions.append(caption)
train_dataset = pd.DataFrame({'image': train_img_names, 'caption':
                                        train_img_captions})
test_dataset = pd.DataFrame({'image': test_img_names, 'caption':
                                        test_img_captions})
print('Train Dataset Size:', len(train_dataset), '\tTest Dataset Size:',
len(test_dataset))

Train Dataset Size: 35000 Test Dataset Size: 5000
```

我们还可以使用代码片段 11.7 来查看训练数据集。

代码片段 11.7

```
train_dataset.head(10)
```

代码片段 11.7 的输出结果如图 11.8 所示。

	caption	image
0	A black dog is running after a white dog in th...	2513260012_03d33305cf.jpg
1	Black dog chasing brown dog through snow	2513260012_03d33305cf.jpg
2	Two dogs chase each other across the snowy gro...	2513260012_03d33305cf.jpg
3	Two dogs play together in the snow .	2513260012_03d33305cf.jpg
4	Two dogs running through a low lying body of w...	2513260012_03d33305cf.jpg
5	A little baby plays croquet .	2903617548_d3e38d7f88.jpg
6	A little girl plays croquet next to a truck .	2903617548_d3e38d7f88.jpg
7	The child is playing croquette by the truck .	2903617548_d3e38d7f88.jpg
8	The kid is in front of a car with a put and a ...	2903617548_d3e38d7f88.jpg
9	The little boy is playing with a croquet hamme...	2903617548_d3e38d7f88.jpg

图 11.8

很明显每张输入图像有 5 个描述，这些描述保存在我们的数据集中。我们可以将这些数据集的记录和从迁移学习中学到的图像特征存储到硬盘中，以便我们在模型的训练过程中可以轻松地在内存中进行加载，而不需要在每次想要运行模型的时候提取这些特征，如代码片段 11.8 所示。

代码片段 11.8

```
# save dataset records
train_dataset = train_dataset[['image', 'caption']]
test_dataset = test_dataset[['image', 'caption']]

train_dataset.to_csv('image_train_dataset.tsv', sep='\t', index=False)
test_dataset.to_csv('image_test_dataset.tsv', sep='\t', index=False)

# save transfer learning image features
from sklearn.externals import joblib
joblib.dump(img_tl_featureset, 'transfer_learn_img_features.pkl')

['transfer_learn_img_features.pkl']
```

此外，如果有需要，你可以进行一些初始检查来验证具体的图像特征，如代码片段 11.9 所示。

代码片段 11.9

```
[(key, value.shape) for key, value in
                        img_tl_featureset.items()][:5]

[('3079787482_0757e9d167.jpg', (4096,)),
 ('3284955091_59317073f0.jpg', (4096,)),
 ('1795151944_d69b82f942.jpg', (4096,)),
 ('3532192208_64b069d05d.jpg', (4096,)),
 ('454709143_9c513f095c.jpg', (4096,))]


[(k, np.round(v, 3)) for k, v in img_tl_featureset.items()][:5]

[('3079787482_0757e9d167.jpg',
  array([0., 0., 0., ..., 0., 0., 0.], dtype=float32)),
 ('3284955091_59317073f0.jpg',
  array([0.615, 0.   , 0.653, ..., 0.   , 1.559, 2.614], dtype=float32)),
 ('1795151944_d69b82f942.jpg',
  array([0.   , 0.   , 0.   , ..., 0.   , 0.   , 0.538], dtype=float32)),
 ('3532192208_64b069d05d.jpg',
```

```
 array([0.    , 0.    , 0.    , ..., 0.    , 0.    , 2.293], dtype=float32)),
('454709143_9c513f095c.jpg',
 array([0.    , 0.    , 0.131, ..., 0.833, 4.263, 0.    ], dtype=float32))]
```

我们将在模型的下一个部分中使用这些特征。

11.6 为描述构建一个词汇表

现在对描述数据进行预处理，并为描述数据构建一个词汇表或元数据字典。我们从读取训练数据集记录和创建一个用于处理文本描述的方法开始，如代码片段 11.10 所示。

代码片段 11.10

```
train_df = pd.read_csv('image_train_dataset.tsv', delimiter='\t')
total_samples = train_df.shape[0]
total_samples

35000

# function to pre-process text captions
def preprocess_captions(caption_list):
    pc = []
    for caption in caption_list:
        caption = caption.strip().lower()
        caption = caption.replace('.', '').replace(',',
                                   '').replace("'", "").replace('"', '')
        caption = caption.replace('&','and').replace('(','').replace(')',
                                                  '').replace('-', ' ')
        caption = ' '.join(caption.split())
        caption = '<START> '+caption+' <END>'
        pc.append(caption)
    return pc
```

现在我们处理描述，并为词汇表构建一些基本的元数据，包括将独特的单词转换成数值表示（以及相反操作）的便捷方法，如代码片段 11.11 所示。

代码片段 11.11

```
# pre-process caption data
train_captions = train_df.caption.tolist()
processed_train_captions = preprocess_captions(train_captions)

tc_tokens = [caption.split() for caption in
```

```
                                processed_train_captions]
tc_tokens_length = [len(tokenized_caption) for tokenized_caption
                                  in tc_tokens]

# build vocabulary metadata
from collections import Counter

tc_words = [word.strip() for word_list in tc_tokens for word in
                                     word_list]
unique_words = list(set(tc_words))
token_counter = Counter(unique_words)

word_to_index = {item[0]: index+1 for index, item in
                         enumerate(dict(token_counter).items())}
word_to_index['<PAD>'] = 0
index_to_word = {index: word for word, index in
                              word_to_index.items()}
vocab_size = len(word_to_index)
max_caption_size = np.max(tc_tokens_length)
```

一件重要的事情是要确保将这个词汇表元数据存储到硬盘中，以便我们可以在未来进行模型训练和预测的时候重用它。如果我们重新生成词汇表，那么很有可能模型会使用某个其他版本词汇表进行训练，其中单词到数值的映射可能是不同的。这将给我们带来错误的结果，而我们也会浪费宝贵的时间，如代码片段 11.12 所示。

代码片段 11.12

```
from sklearn.externals import joblib

vocab_metadata = dict()
vocab_metadata['word2index'] = word_to_index
vocab_metadata['index2word'] = index_to_word
vocab_metadata['max_caption_size'] = max_caption_size
vocab_metadata['vocab_size'] = vocab_size
joblib.dump(vocab_metadata, 'vocabulary_metadata.pkl')

['vocabulary_metadata.pkl']
```

如果需要，你可以检查词汇表元数据的内容，还可以查看一张图片的一般预处理文本描述，如代码片段 11.13 所示。

代码片段 11.13

```
# check vocabulary metadata
```

```
{k: v if type(v) is not dict
        else list(v.items())[:5]
            for k, v in vocab_metadata.items()}

{'index2word': [(0, '<PAD>'), (1, 'nearby'), (2, 'flooded'),
                (3, 'fundraising'), (4, 'snowboarder')],
 'max_caption_size': 39,
 'vocab_size': 7927,
 'word2index': [('reflections', 4122), ('flakes', 1829),
         ('flexing', 7684), ('scaling', 1057), ('pretend', 6788)]}

# check pre-processed caption
processed_train_captions[0]

'<START> a black dog is running after a white dog in the snow <END>'
```

我们将在构建一个数据生成器函数时使用该词汇表，该函数将在模型训练期间作为深度学习模型的输入。

11.7 构建一个图像描述数据集生成器

在构建需要大量数据的复杂深度学习系统时，最基本的步骤之一就是构建一个高效的数据集生成器。这在我们的系统中非常重要，尤其是处理图像和文本数据时。除此之外，我们将处理序列模型，在训练过程中我们必须多次将相同的数据传递给我们的模型。将所有数据解压到列表中，预构建数据集将是处理这个问题的最低效的方法。因此，我们将在我们的系统中使用生成器。

我们先加载从迁移学习中学到的图像特征以及词汇元数据，如代码片段 11.14 所示。

代码片段 11.14

```
from sklearn.externals import joblib

tl_img_feature_map = joblib.load('transfer_learn_img_features.pkl')
vocab_metadata = joblib.load('vocabulary_metadata.pkl')


train_img_names = train_df.image.tolist()
train_img_features = [tl_img_feature_map[img_name] for img_name in
train_img_names]
train_img_features = np.array(train_img_features)
```

```
word_to_index = vocab_metadata['word2index']
index_to_word = vocab_metadata['index2word']
max_caption_size = vocab_metadata['max_caption_size']
vocab_size = vocab_metadata['vocab_size']

train_img_features.shape

(35000, 4096)
```

我们可以看到有 35000 个图像，其中每个图像都有一个大小为 4096 的密集特征向量表示。这里的想法是构建一个模型-数据集生成器来生成（输入，输出）对。对于我们的输入，我们将使用转换成密集特征向量的源图像，以及相应的图像描述，并在每个时间步中添加一个单词。对应的输出将是与对应的输入图像和描述有相同描述的下一个单词（必须被预测）。图 11.9 所示的内容清晰地展示了这个方法。

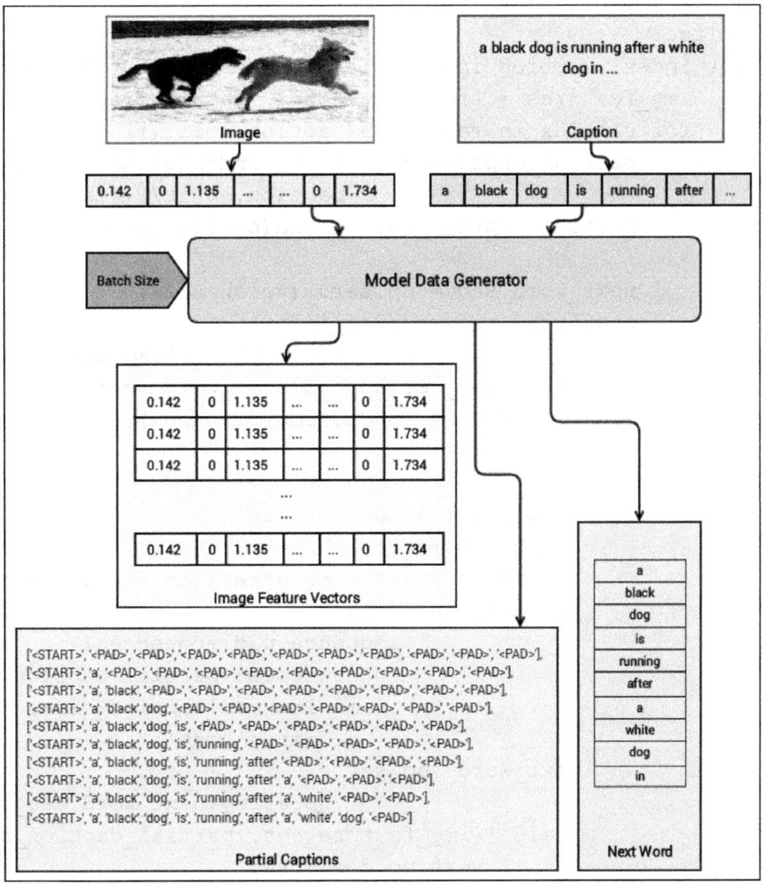

图 11.9

基于此架构，我们可以清楚地看到，对于每一个时间步上的相同图像，我们都传递相同的特征向量，并且每次添加一个描述中的单词，同时传递下一个要预测的单词作为相应的输出来训练我们的模型。下面的函数将帮助我们实现这一点，其中我们将利用 Python 生成器进行懒加载来提升内存效率，如代码片段 11.15 所示。

代码片段 11.15

```
from keras.preprocessing import sequence

def dataset_generator(processed_captions, transfer_learnt_features,
vocab_size, max_caption_size, batch_size=32):
    partial_caption_set = []
    next_word_seq_set = []
    img_feature_set = []
    batch_count = 0
    batch_num = 0
    while True:
        for index, caption in enumerate(processed_captions):
            img_features = transfer_learnt_features[index]
            for cap_idx in range(len(caption.split()) - 1):
                partial_caption = [word_to_index[word] for word in
                                   caption.split()[:cap_idx+1]]
                partial_caption_set.append(partial_caption)

                next_word_seq = np.zeros(vocab_size)
                next_word_seq[word_to_index
                             [caption.split()[cap_idx+1]]] = 1
                next_word_seq_set.append(next_word_seq)
                img_feature_set.append(img_features)
                batch_count+=1

                if batch_count >= batch_size:
                    batch_num += 1
                    img_feature_set = np.array(img_feature_set)
                    partial_caption_set =
                                 sequence.pad_sequences(
                                   sequences=partial_caption_set,
                                   maxlen=max_caption_size,
                                   padding='post')
                    next_word_seq_set =
                                     np.array(next_word_seq_set)
                    yield [[img_feature_set, partial_caption_set],
                          next_word_seq_set]
                    batch_count = 0
```

```
                        partial_caption_set = []
                        next_word_seq_set = []
                        img_feature_set = []
```

我们来尝试理解这个函数是如何运作的，虽然我们在图 11.9 中已经进行了很好的视觉描述。现在进行一个批次大小为 10 的样本生成，如代码片段 11.16 所示。

代码片段 11.16

```
MAX_CAPTION_SIZE = max_caption_size
VOCABULARY_SIZE = vocab_size
BATCH_SIZE = 10

print('Vocab size:', VOCABULARY_SIZE)
print('Max caption size:', MAX_CAPTION_SIZE)
print('Test Batch size:', BATCH_SIZE)

d = dataset_generator(processed_captions=processed_train_captions,
                      transfer_learnt_features=train_img_features,
                      vocab_size=VOCABULARY_SIZE,
                      max_caption_size=MAX_CAPTION_SIZE,
                      batch_size=BATCH_SIZE)
d = list(d)
img_features, partial_captions = d[0][0]
next_word = d[0][1]

Vocab size: 7927
Max caption size: 39
Test Batch size: 10
```

我们可以验证数据生成器函数返回数据集的维度，如代码片段 11.17 所示。

代码片段 11.17

```
img_features.shape, partial_captions.shape, next_word.shape

((10, 4096), (10, 39), (10, 7927))
```

很明显，我们的图像特征本质上包含了 4096 个特征的密集向量。相同的图像对应的相同的特征向量在描述的每个时间步中重复出现。描述生成的向量大小为 MAX_CAPTION_SIZE，值为 39。下一个单词通常以独热编码方式返回，这对用于检查模型是否预测了正确的单词的 softmax 层的输入非常有用。代码片段 11.18 展示了批次大小为 10 的输入图像的图像特征向量。

代码片段 11.18

```
np.round(img_features, 3)

array([[0.   , 0.   , 1.704, ..., 0.   , 0.   , 0.   ],
       [0.   , 0.   , 1.704, ..., 0.   , 0.   , 0.   ],
       [0.   , 0.   , 1.704, ..., 0.   , 0.   , 0.   ],
       ...,
       [0.   , 0.   , 1.704, ..., 0.   , 0.   , 0.   ],
       [0.   , 0.   , 1.704, ..., 0.   , 0.   , 0.   ],
       [0.   , 0.   , 1.704, ..., 0.   , 0.   , 0.   ]], dtype=float32)
```

正如前面所讨论的，在批处理数据生成过程中，图像在每个时间步中重复相同的特征向量。我们可以观察在每个时间步中作为输入提供给模型的描述是如何形成的。为了简单起见，我们只显示前 11 个单词，如代码片段 11.19 所示。

代码片段 11.19

```
# display raw caption tokens at each time-step
print(np.array([partial_caption[:11] for partial_caption in
                partial_captions]))

[[6917    0    0    0    0    0    0    0    0    0    0]
 [6917 2578    0    0    0    0    0    0    0    0    0]
 [6917 2578 7371    0    0    0    0    0    0    0    0]
 [6917 2578 7371 3519    0    0    0    0    0    0    0]
 [6917 2578 7371 3519 3113    0    0    0    0    0    0]
 [6917 2578 7371 3519 3113 6720    0    0    0    0    0]
 [6917 2578 7371 3519 3113 6720    7    0    0    0    0]
 [6917 2578 7371 3519 3113 6720    7 2578    0    0    0]
 [6917 2578 7371 3519 3113 6720    7 2578 1076    0    0]
 [6917 2578 7371 3519 3113 6720    7 2578 1076 3519    0]]

# display actual caption tokens at each time-step
print(np.array([[index_to_word[word] for word in cap][:11] for cap
                          in partial_captions]))

[['<START>' '<PAD>' '<PAD>' '<PAD>' '<PAD>' '<PAD>' '<PAD>' '<PAD>'
'<PAD>''<PAD>' '<PAD>']
 ['<START>' 'a' '<PAD>' '<PAD>' '<PAD>' '<PAD>' '<PAD>' '<PAD>' '<PAD>'
'<PAD>' '<PAD>']
 ['<START>' 'a' 'black' '<PAD>' '<PAD>' '<PAD>' '<PAD>' '<PAD>' '<PAD>'
'<PAD>' '<PAD>']
 ['<START>' 'a' 'black' 'dog' '<PAD>' '<PAD>' '<PAD>' '<PAD>' '<PAD>'
```

```
'<PAD>' '<PAD>']
 ['<START>' 'a' 'black' 'dog' 'is' '<PAD>' '<PAD>' '<PAD>' '<PAD>'
'<PAD>' '<PAD>']
 ['<START>' 'a' 'black' 'dog' 'is' 'running' '<PAD>' '<PAD>' '<PAD>'
'<PAD>' '<PAD>']
 ['<START>' 'a' 'black' 'dog' 'is' 'running' 'after' '<PAD>' '<PAD>'
'<PAD>' '<PAD>']
 ['<START>' 'a' 'black' 'dog' 'is' 'running' 'after' 'a' '<PAD>' '<PAD>'
'<PAD>']
 ['<START>' 'a' 'black' 'dog' 'is' 'running' 'after' 'a' 'white' '<PAD>'
'<PAD>']
 ['<START>' 'a' 'black' 'dog' 'is' 'running' 'after' 'a' 'white' 'dog'
'<PAD>']]
```

我们可以清楚地看到，一个单词是如何在每一步中被添加到输入描述符号<START>（该符号用来表示文本描述的开头）之后的。现在我们来看看对应的下一个单词生成输出（通常是基于两个输入预测的下一个单词），如代码片段 11.20 所示。

代码片段 11.20

```
next_word

array([[0., 0., 0., ..., 0., 0., 0.],
       [0., 0., 0., ..., 0., 0., 0.],
       [0., 0., 0., ..., 0., 0., 0.],
       ...,
       [0., 0., 0., ..., 0., 0., 0.],
       [0., 0., 0., ..., 0., 0., 0.],
       [0., 0., 0., ..., 0., 0., 0.]])


print('Next word positions:', np.nonzero(next_word)[1])
print('Next words:', [index_to_word[word] for word in
                      np.nonzero(next_word)[1]])

Next word positions: [2578 7371 3519 3113 6720 7 2578 1076 3519 5070]
Next words: ['a', 'black', 'dog', 'is', 'running', 'after', 'a', 'white',
'dog', 'in']
```

很明显，下一个单词通常会根据每个时间步的输入标题中的单词序列指向描述中的下一个正确单词。这些数据将在训练期间的每个周期输入模型。

11.8 构建图像语言编码器-解码器深度学习模型

我们现在已经拥有了构建模型所需的所有基本组件和便捷方法。正如我们在前面提到的，我们将使用编码器-解码器深度学习模型架构来构建我们的自动图像描述系统。

代码片段 11.21 可以帮助我们为这个模型构建系统，其中使用图像特征和描述对序列作为输入在每一个时间步上预测下一个可能的单词。

代码片段 11.21

```
from keras.models import Sequential, Model
from keras.layers import LSTM, Embedding, TimeDistributed, Dense,
RepeatVector, Activation, Flatten, concatenate

DENSE_DIM = 256
EMBEDDING_DIM = 256
MAX_CAPTION_SIZE = max_caption_size
VOCABULARY_SIZE = vocab_size

image_model = Sequential()
image_model.add(Dense(DENSE_DIM, input_dim=4096, activation='relu'))
image_model.add(RepeatVector(MAX_CAPTION_SIZE))

language_model = Sequential()
language_model.add(Embedding(VOCABULARY_SIZE, EMBEDDING_DIM,
input_length=MAX_CAPTION_SIZE))
language_model.add(LSTM(256, return_sequences=True))
language_model.add(TimeDistributed(Dense(DENSE_DIM)))

merged_output = concatenate([image_model.output, language_model.output])
merged_output = LSTM(1024, return_sequences=False)(merged_output)
merged_output = (Dense(VOCABULARY_SIZE))(merged_output)
merged_output = Activation('softmax')(merged_output)

model = Model([image_model.input, language_model.input], merged_output)
model.compile(loss='categorical_crossentropy', optimizer='rmsprop',
metrics=['accuracy'])

model.summary()
```

代码片段 11.21 的输出结果如图 11.10 所示。

```
Layer (type)                     Output Shape          Param #     Connected to
==================================================================================================
embedding_1_input (InputLayer)   (None, 39)            0

dense_1_input (InputLayer)       (None, 4096)          0

embedding_1 (Embedding)          (None, 39, 256)       2029312     embedding_1_input[0][0]

dense_1 (Dense)                  (None, 256)           1048832     dense_1_input[0][0]

lstm_1 (LSTM)                    (None, 39, 256)       525312      embedding_1[0][0]

repeat_vector_1 (RepeatVector)   (None, 39, 256)       0           dense_1[0][0]

time_distributed_1 (TimeDistribu (None, 39, 256)       65792       lstm_1[0][0]

concatenate_1 (Concatenate)      (None, 39, 512)       0           repeat_vector_1[0][0]
                                                                   time_distributed_1[0][0]

lstm_2 (LSTM)                    (None, 1024)          6295552     concatenate_1[0][0]

dense_3 (Dense)                  (None, 7927)          8125175     lstm_2[0][0]

activation_1 (Activation)        (None, 7927)          0           dense_3[0][0]
==================================================================================================
Total params: 18,089,975
Trainable params: 18,089,975
Non-trainable params: 0
```

图 11.10

从前面的架构可以看出，我们拥有一个图像模型，它更侧重于处理基于图像的特征作为其输入，而语言模型则是利用 LSTM 来处理每个描述中流动的单词序列。最后一层是包含 7927 个单元的 softmax 层，因为我们的词汇表中总共有 7927 个独特的单词，而我们描述中的下一个预测单词将是作为输出生成的其中一个单词。我们还可以对模型架构进行可视化，如代码片段 11.22 所示。

代码片段 11.22

```
from IPython.display import SVG
from keras.utils.vis_utils import model_to_dot

SVG(model_to_dot(model, show_shapes=True, show_layer_names=False,
    rankdir='TB').create(prog='dot', format='svg'))
```

代码片段 11.22 的输出如图 11.11 所示。

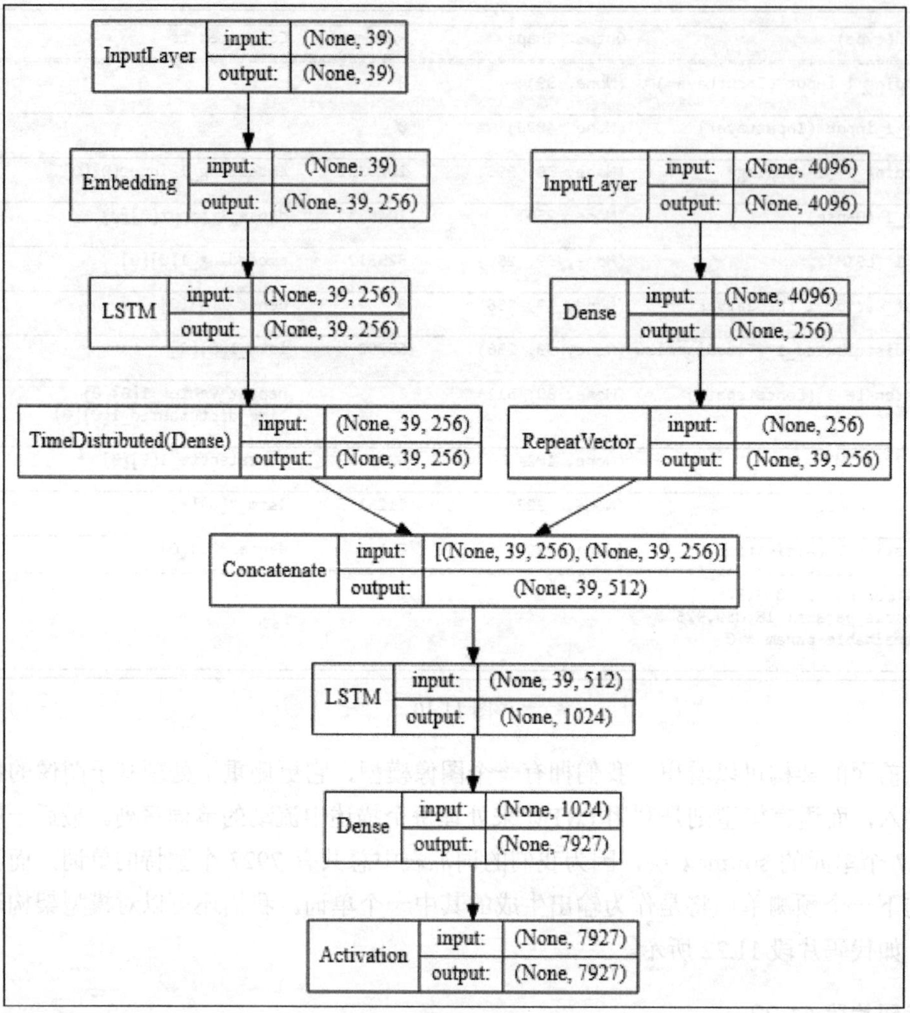

图 11.11

11.9　训练图像描述深度学习模型

在开始训练模型之前，由于我们正在处理模型中的一些复杂组件，因此我们可以在模型中使用一个回调来降低学习速率，以避免在连续的周期中模型的准确率出现停滞状态。在模型的训练过程中可以不停止训练，这对实时改变学习速率非常有帮助，如代码片段 11.23 所示。

代码片段 11.23

```
from keras.callbacks import ReduceLROnPlateau
reduce_lr = ReduceLROnPlateau(monitor='loss', factor=0.15,
                              patience=2, min_lr=0.000005)
```

现在开始训练我们的模型。我们将训练模型大约 30～50 个周期，并在第 30 和第 50 个周期时分别存储模型，如代码片段 11.24 所示。

代码片段 11.24

```
BATCH_SIZE = 256
EPOCHS = 30
cap_lens = [(cl-1) for cl in tc_tokens_length]
total_size = sum(cap_lens)

history = model.fit_generator(
  dataset_generator(processed_captions=processed_train_captions,
                    transfer_learnt_features=train_img_features,
                    vocab_size=VOCABULARY_SIZE,
                    max_caption_size=MAX_CAPTION_SIZE,
                    batch_size=BATCH_SIZE),
  steps_per_epoch=int(total_size/BATCH_SIZE),
  callbacks=[reduce_lr],
  epochs=EPOCHS, verbose=1)

Epoch 1/30
1617/1617 - 724s 448ms/step - loss: 4.1236 - acc: 0.2823
Epoch 2/30
1617/1617 - 725s 448ms/step - loss: 3.9182 - acc: 0.3150
Epoch 3/30
1617/1617 - 724s 448ms/step - loss: 3.8286 - acc: 0.3281
...
...
Epoch 29/30
1617/1617 - 724s 447ms/step - loss: 3.6443 - acc: 0.3885
Epoch 30/30
1617/1617 - 724s 448ms/step - loss: 3.4656 - acc: 0.4078

model.save('ic_model_rmsprop_b256ep30.h5')
```

一旦我们在第 30 个周期时存储了这个模型，我们还将继续训练 20 个周期，并在第 50 个周期停止训练。当然你也可以自由使用 Keras 框架中的 model-checkpointing 来定期自动存储模型，如代码片段 11.25 所示。

代码片段 11.25

```
EPOCHS = 50

history_rest = model.fit_generator(
    dataset_generator(processed_captions=processed_train_captions,
                      transfer_learnt_features=train_img_features,
                      vocab_size=VOCABULARY_SIZE,
                      max_caption_size=MAX_CAPTION_SIZE,
                      batch_size=BATCH_SIZE),
    steps_per_epoch=int(total_size/BATCH_SIZE),
    callbacks=[reduce_lr],
    epochs=EPOCHS, verbose=1, initial_epoch=30)

Epoch 31/50
1617/1617 - 724s 447ms/step - loss: 3.3988 - acc: 0.4144
Epoch 32/50
1617/1617 - 724s 448ms/step - loss: 3.3633 - acc: 0.4184
...
...
Epoch 49/50
1617/1617 - 724s 448ms/step - loss: 3.1330 - acc: 0.4509
Epoch 50/50
1617/1617 - 724s 448ms/step - loss: 3.1260 - acc: 0.4523

model.save('ic_model_rmsprop_b256ep50.h5')
```

以上就是我们的模型训练过程。我们已经成功地训练了我们的图像描述模型，现在可以开始使用它来为新图像生成描述了。

> TIP
>
> **模型训练提示：** 图像描述模型在训练过程中通常会用到大量的数据和参数。推荐使用生成器构建和生成数据来训练深度学习模型。否则你可能会遇到内存问题。而且这个模型在包含一个 Tesla K80 GPU 的亚马逊 AWS p2.x 实例上运行一个周期需要将近 12 分钟，所以建议在 GPU 上构建这个模型，因为在传统系统上进行训练可能会花费很长时间。

我们还可以基于训练过程中不同的周期来查看模型准确性、损失和学习速率的变化趋势，如代码片段 11.26 所示。

代码片段 11.26

```
epochs = list(range(1,51))
losses = history.history['loss'] + history_rest.history['loss']
accs = history.history['acc'] + history_rest.history['acc']
lrs = history.history['lr'] + history_rest.history['lr']

f, (ax1, ax2, ax3) = plt.subplots(1, 3, figsize=(14, 4))
title = f.suptitle("Model Training History", fontsize=14)
f.subplots_adjust(top=0.85, wspace=0.35)

ax1.plot(epochs, losses, label='Loss')
ax2.plot(epochs, accs, label='Accuracy')
ax3.plot(epochs, lrs, label='Learning Rate')

ax1.set_xlabel('Epochs')
ax2.set_xlabel('Epochs')
ax3.set_xlabel('Epochs')
ax1.set_ylabel('Loss')
ax2.set_ylabel('Accuracy')
ax3.set_ylabel('Learning Rate')
```

代码片段 11.26 的输出如图 11.12 所示。

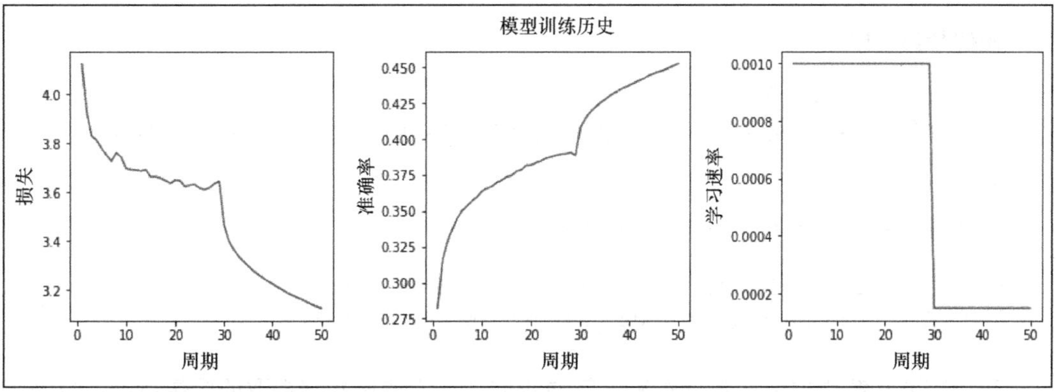

图 11.12

我们可以看到，在周期 28 和周期 29 前后，准确率略有下降，损失有所上升，这意味着我们的回调成功地降低了学习速率，并从周期 30 开始提升了准确率。这无疑为我们提供了一些关于模型行为非常有用的见解。

11.10 评估图像描述深度学习模型

训练一个模型而不评估其性能是毫无意义的。因此本节我们将在测试数据集上评估深度学习模型的性能，该数据集总共有 1000 张来自 Flickr8K 数据集的不同图像。我们从加载常见的依赖项开始（以防你还没有加载它们），如代码片段 11.27 所示。

代码片段 11.27

```
import pandas as pd
import numpy as np
import matplotlib.pyplot as plt

pd.options.display.max_colwidth = 500

%matplotlib inline
```

11.10.1 加载数据和模型

接下来的步骤包括将必要的数据、模型和其他资源从硬盘加载到内存中。我们先加载测试数据集和训练好的深度学习模型，如代码片段 11.28 所示。

代码片段 11.28

```
# load test dataset
test_df = pd.read_csv('image_test_dataset.tsv', delimiter='\t')

# load the models
from keras.models import load_model

model1 = load_model('ic_model_rmsprop_b256ep30.h5')
model2 = load_model('ic_model_rmsprop_b256ep50.h5')
```

我们需要加载必要的元数据资源，例如我们之前为测试数据提取的图像特征，以及词汇表元数据，如代码片段 11.29 所示。

代码片段 11.29

```
from sklearn.externals import joblib

tl_img_feature_map = joblib.load('transfer_learn_img_features.pkl')
vocab_metadata = joblib.load('vocabulary_metadata.pkl')
```

```
word_to_index = vocab_metadata['word2index']
index_to_word = vocab_metadata['index2word']
max_caption_size = vocab_metadata['max_caption_size']
vocab_size = vocab_metadata['vocab_size']
```

11.10.2 理解贪婪搜索和集束搜索

从基于深度学习的神经图像描述模型中生成预测时，需要记住的是它不像基本分类模型那样直接。我们需要根据输入的图像特征，在每个时间步中从我们的模型中生成一个单词序列。有多种方法可以为描述生成这些单词序列。

第一种方法被称为**采样**或者**贪婪搜索**，我们从< START>标记开始，输入图像特征，然后基于来自 LSTM 的输出 p_1 生成第一个单词。接着我们将相应的预测单词嵌入作为输入，并根据下一个 LSTM 中的 p_2 生成下一个单词（使用我们前面讨论过的展开形式）。继续这个步骤直到我们到达标记<END>（用来表示描述结束），或者达到基于预定义阈值的标记的最大可能长度。

第二种方法被称为**集束搜索**，它比贪婪搜索稍微高效一些。在贪婪搜索中，考虑到每个序列中之前生成的单词，我们在每个步骤中根据最高概率选择最可能的单词，这正是采样所做的事情。集束搜索扩展了贪婪搜索，并总是返回一个最可能输出的单词序列列表。因此每个序列在被构造完成之后生成在时间步 t+1 中的下一个单词，而不是执行一次贪婪搜索后生成最可能的下一个单词，集束搜索根据在下一个时间步上扩展到所有可能的下一个单词，迭代地考虑一个包含 k 个最好序列的集合。k 的值通常是由用户指定的参数，它被用于控制为生成描述序列而进行的并行（或集束）搜索的总数。因此在集束搜索中，我们先将 k 个最有可能的单词作为第一个时间步在描述序列中的输出，并继续生成下一个序列项直到其中一个到达结束状态。关于集束搜索的详细概念的全部范围超出了当前的范围，因此如果你感兴趣，可以在与人工智能相关的文章中查阅关于集束搜索的标准文献。

11.10.3 实现一个基于集束搜索的描述生成器

我们将实现一个基本的集束搜索算法来生成描述序列，如代码片段 11.30 所示。

代码片段 11.30

```
from keras.preprocessing import image, sequence

def get_raw_caption_sequences(model, word_to_index, image_features,
                              max_caption_size, beam_size=1):
    start = [word_to_index['<START>']]
```

```
    caption_seqs = [[start, 0.0]]

    while len(caption_seqs[0][0]) < max_caption_size:
        temp_caption_seqs = []
        for caption_seq in caption_seqs:
            partial_caption_seq = sequence.pad_sequences(
                                        [caption_seq[0]],
                                        maxlen=max_caption_size,
                                        padding='post')
            next_words_pred = model.predict(
                                [np.asarray([image_features]),
                               np.asarray(partial_caption_seq)])[0]
            next_words = np.argsort(next_words_pred)[-beam_size:]

            for word in next_words:
                new_partial_caption, new_partial_caption_prob =
                                   caption_seq[0][:], caption_seq[1]
                new_partial_caption.append(word)
                new_partial_caption_prob += next_words_pred[word]
                temp_caption_seqs.append([new_partial_caption,
                                         new_partial_caption_prob])
        caption_seqs = temp_caption_seqs
        caption_seqs.sort(key = lambda item: item[1])
        caption_seqs = caption_seqs[-beam_size:]
    return caption_seqs
```

这有助于我们使用集束搜索生成基于输入图像特征的描述。但是由于它是基于每个步骤之前的标识的原始标识序列，因此我们将在此基础上构建一个包装器函数，利用前面的函数生成一个干净的文本语句作为输入图像的描述，如代码片段 11.31 所示。

代码片段 11.31

```
def generate_image_caption(model, word_to_index_map, index_to_word_map,
                           image_features, max_caption_size,
                           beam_size=1):
    raw_caption_seqs = get_raw_caption_sequences(model=model,
                                  word_to_index=word_to_index_map,
                                  image_features=image_features,
                                  max_caption_size=max_caption_size,
                                  beam_size=beam_size)
    raw_caption_seqs.sort(key = lambda l: -l[1])
    caption_list = [item[0] for item in raw_caption_seqs]
    captions = [[index_to_word_map[idx] for idx in caption]
                          for caption in caption_list]
```

```
    final_captions = []
    for caption in captions:
        start_index = caption.index('<START>')+1
            max_len = len(caption)
                      if len(caption) < max_caption_size
                      else max_caption_size
            end_index = caption.index('<END>')
                      if '<END>' in caption
                      else max_len-1
            proc_caption = ' '.join(caption[start_index:end_index])
            final_captions.append(proc_caption)
    return final_captions
```

我们还需要用到之前定义的描述预处理函数，在训练模型的时候我们使用这个函数来对初始描述做预处理，如代码片段 11.32 所示。

代码片段 11.32

```
def preprocess_captions(caption_list):
    pc = []
    for caption in caption_list:
        caption = caption.strip().lower()
        caption = caption.replace('.', '')
                         .replace(',', '')
                         .replace("'", "")
                         .replace('"', '')
        caption = caption.replace('&','and')
                         .replace('(','')
                         .replace(')', '')
                         .replace('-', ' ')
        caption = ' '.join(caption.split())
        pc.append(caption)
    return pc
```

11.10.4 理解并实现 BLEU 分数

现在我们需要选择一个合适的模型-性能评估指标来评估模型的性能。这里的一个相关指标是**双语评估替换**（**Bilingual Evaluation Understudy，BLEU**）分数。这是一个在机器翻译转换语言时用于评估模型性能的优秀的算法。BLEU 背后的动机是生成的输出越接近人类水平的翻译结果，分数越高。直到今天，它仍然是比较模型输出和人类输出的最流行的指标之一。

BLEU 算法的简单原理是根据一组参考描述来评估生成的文本描述（通常根据一个或

多个描述评估一个描述——在本例中，每个图像有 5 个描述）。计算每个描述的得分，然后在整个语料库中取平均值来得到对质量的总体估计。BLEU 的分数的范围为 0～1，分数越接近 1 代表翻译的质量越高。即使是参考文本数据也不会是完美的，因为人类在描述图像时也会出错，所以这里的想法并不是得到一个完美的分数 1，而是获得一个良好的总体 BLEU 分数。

我们将使用来自 NLTK 翻译模块的 corpusbleu()函数来计算 BLEU 分数。我们将计算 1-元、2-元、3-元和 4-元的总体累积 BLEU 分数。我们将为 bleu2、blue3 和 bleu4 的每个 n-元分数赋予相同的权重，如代码片段 11.33 中实现的评估方法所示。

代码片段 11.33

```
from nltk.translate.bleu_score import corpus_bleu

def compute_bleu_evaluation(reference_captions,
                                              predicted_captions):
    actual_caps = [[caption.split() for caption in sublist]
                            for sublist in reference_captions]
    predicted_caps = [caption.split()
                            for caption in predicted_captions]
    bleu1 = corpus_bleu(actual_caps,
                        predicted_caps, weights=(1.0, 0, 0, 0))
    bleu2 = corpus_bleu(actual_caps,
                        predicted_caps, weights=(0.5, 0.5, 0, 0))
    bleu3 = corpus_bleu(actual_caps,
                        predicted_caps,
                        weights=(0.3, 0.3, 0.3, 0))
    bleu4 = corpus_bleu(actual_caps, predicted_caps,
                        weights=(0.25, 0.25, 0.25, 0.25))
    print('BLEU-1: {}'.format(bleu1))
    print('BLEU-2: {}'.format(bleu2))
    print('BLEU-3: {}'.format(bleu3))
    print('BLEU-4: {}'.format(bleu4))
    return [bleu1, bleu2, bleu3, bleu4]
```

11.10.5 在测试数据上评估模型性能

用于模型性能评估的所有组件现在都已经准备好了。为了在测试数据集上评估模型的性能，我们现在将加载之前使用迁移学习提取的图像特征，它将作为模型的输入。我们还将加载描述，对其进行预处理，并将它们分开为每个图像的参考描述列表，如代码片段 11.34 所示。

代码片段 11.34

```
test_images = list(test_df['image'].unique())
test_img_features = [tl_img_feature_map[img_name]
                        for img_name in test_images]
actual_captions = list(test_df['caption'])
actual_captions = preprocess_captions(actual_captions)
actual_captions = [actual_captions[x:x+5]
                    for x in range(0, len(actual_captions),5)]
actual_captions[:2]

[['the dogs are in the snow in front of a fence',
  'the dogs play on the snow',
  'two brown dogs playfully fight in the snow',
  'two brown dogs wrestle in the snow',
  'two dogs playing in the snow'],
 ['a brown and white dog swimming towards some in the pool',
  'a dog in a swimming pool swims toward sombody we cannot see',
  'a dog swims in a pool near a person',
  'small dog is paddling through the water in a pool',
  'the small brown and white dog is in the pool']]
```

可以清楚地看到，在计算 BLEU 分数的过程中每个图像描述现在是如何在一个整洁的单独列表中形成参考描述集合的。我们现在可以生成 BLEU 分数，并使用不同的集束大小来评估模型的性能。代码片段 11.35 展示了一些例子。

代码片段 11.35

```
# Beam Size 1 - Model 1 with 30 epochs
predicted_captions_ep30bs1 = [generate_image_caption(model=model1,
                               word_to_index_map=word_to_index,
                               index_to_word_map=index_to_word,
                                       image_features=img_feat,
                             max_caption_size=max_caption_size,
                             beam_size=1)[0]
                                for img_feat
                                    in test_img_features]
ep30bs1_bleu = compute_bleu_evaluation(
                   reference_captions=actual_captions,
                   predicted_captions=predicted_captions_ep30bs1)

BLEU-1: 0.5049574449416513
BLEU-2: 0.3224643449851107
BLEU-3: 0.22962263359362023
BLEU-4: 0.1201459697546317
```

```
# Beam Size 1 - Model 2 with 50 epochs
predicted_captions_ep50bs1 = [generate_image_caption(model=model2,
                                word_to_index_map=word_to_index,
                                index_to_word_map=index_to_word,
                                        image_features=img_feat,
                              max_caption_size=max_caption_size,
                                   beam_size=1)[0]
                                       for img_feat
                                         in test_img_features]
ep50bs1_bleu = compute_bleu_evaluation(
                  reference_captions=actual_captions,
                  predicted_captions=predicted_captions_ep50bs1)
```

可以清楚地看到，当我们开始考虑 *n* 元的更高阶层时分数开始下降。总体来说，运行这个过程是非常耗时的，并且需要花费大量的时间在高阶集束搜索上。我们尝试了大小为 1、3、5 和 10 的集束进行实验，图 11.13 所示的表格展示了每个实验中的模型性能。

	BLEU-1	BLEU-2	BLEU-3	BLEU-4
Epoch30 BeamSearch 1	0.504957	0.322464	0.229623	0.120146
Epoch50 BeamSearch 1	0.472661	0.296896	0.213849	0.109014
Epoch30 BeamSearch 3	0.503568	0.325535	0.237255	0.124127
Epoch50 BeamSearch 3	0.535221	0.364593	0.252667	0.167056
Epoch30 BeamSearch 5	0.519058	0.334287	0.255741	0.143111
Epoch50 BeamSearch 5	0.541103	0.377383	0.262667	0.177056
Epoch30 BeamSearch 10	0.531228	0.348353	0.267133	0.158336
Epoch50 BeamSearch 10	0.551929	0.384170	0.270649	0.188850

图 11.13

我们也可以轻松地以图表的形式来查看哪个模型参数的组合输出了最好的模型和最高的 BLEU 分数，如图 11.14 所示。

从图 11.14 中可以很清晰地看出 50 个周期和集束大小为 10 的集束搜索的模型在 BLEU 指标下的性能最优。

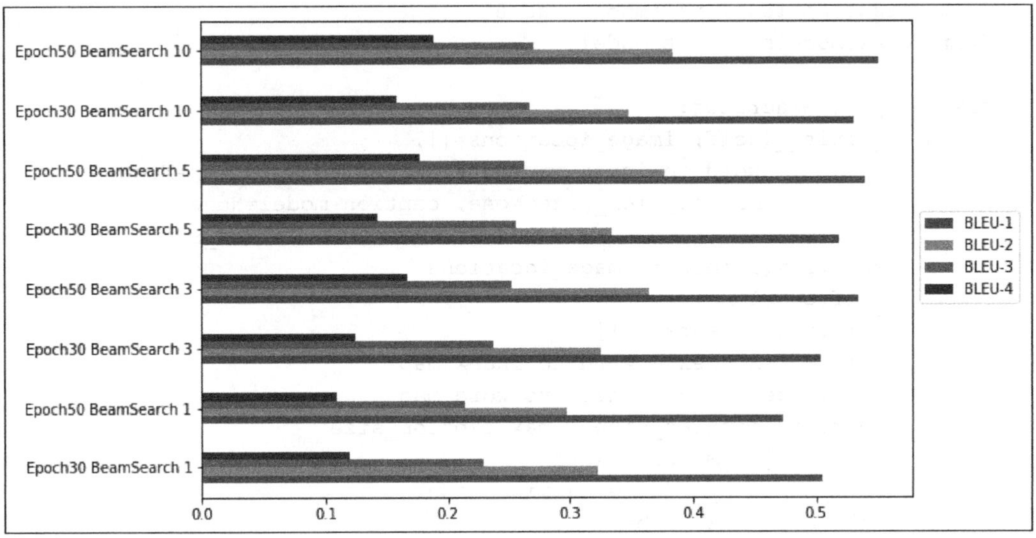

图 11.14

11.11 自动图像描述实战

在测试数据集上进行评估是评估模型性能的好方法，但是我们如何在现实世界中使用这个模型并为全新的照片添加描述呢？在此我们需要一些构建端到端系统的知识。该系统接收任何图像作为输入，并将文本的自然语言描述作为输出。

以下是自动描述生成器的主要组件：

- 描述模型和元数据初始化器；
- 图像特征提取模型初始化器；
- 基于迁移学习的特征提取器；
- 描述生成器。

为了达到通用的目的，我们构建了一个类来使用我们在前面章节中提到的便捷方法，如代码片段 11.36 所示。

代码片段 11.36

```
from keras.preprocessing import image
from keras.applications.vgg16 import preprocess_input as
preprocess_vgg16_input
```

```
from keras.applications import vgg16
from keras.models import Model

class CaptionGenerator:
    def __init__(self, image_locations=[],
                 word_to_index_map=None, index_to_word_map=None,
                 max_caption_size=None, caption_model=None,
                                                     beam_size=1):
        self.image_locs = image_locations
        self.captions = []
        self.image_feats = []
        self.word2index = word_to_index_map
        self.index2word = index_to_word_map
        self.max_caption_size = max_caption_size
        self.vision_model = None
        self.caption_model = caption_model
        self.beam_size = beam_size
    def process_image2arr(self, path, img_dims=(224, 224)):
        img = image.load_img(path, target_size=img_dims)
        img_arr = image.img_to_array(img)
        img_arr = np.expand_dims(img_arr, axis=0)
        img_arr = preprocess_vgg16_input(img_arr)
        return img_arr
    def initialize_model(self):
        vgg_model = vgg16.VGG16(include_top=True, weights='imagenet',
                                input_shape=(224, 224, 3))
        vgg_model.layers.pop()
        output = vgg_model.layers[-1].output
        vgg_model = Model(vgg_model.input, output)
        vgg_model.trainable = False
        self.vision_model = vgg_model
    def process_images(self):
        if self.image_locs:
            image_feats = [self.vision_model.predict
                                        (self.process_image2arr
                                        (path=img_path)) for img_path
                                          in self.image_locs]
            image_feats = [np.reshape(img_feat, img_feat.shape[1]) for
                                       img_feat in image_feats]
            self.image_feats = image_feats
        else:
            print('No images specified')
    def generate_captions(self):
        captions = [generate_image_caption(model=self.caption_model,
                    word_to_index_map=self.word2index,
```

```
                        index_to_word_map=self.index2word,
                        image_features=img_feat,
    max_caption_size=self.max_caption_size, beam_size=self.beam_size)[0]
                                for img_feat in self.image_feats]
        self.captions = captions
```

至此我们已经实现了描述生成器，是时候将其付诸实践了。为了对描述生成器进行测试，我们下载了一些不存在于 Flickr8K 数据集中的全新的图像。我们从 Flickr 网站下载了特定的图像，这些图像都符合必要的基于商业用途的许可协议的要求，以便我们可以在本书中对它们进行描述。我们将在后面的内容中进行展示。

11.11.1 户外场景样本图像描述

我们从 Flickr 上获取了一些图片，这些图片的内容为各种各样的户外场景。使用我们的图片描述模型为每张图片生成描述，如代码片段 11.37 所示。

代码片段 11.37

```
# load files
import glob
outdoor1_files = glob.glob('real_test/outdoor1/*')


# initialize caption generators and generate captions
cg1 = CaptionGenerator(image_locations=outdoor1_files,
word_to_index_map=word_to_index, index_to_word_map=index_to_word,
                       max_caption_size=max_caption_size,
caption_model=model1, beam_size=3)
cg2 = CaptionGenerator(image_locations=outdoor1_files,
word_to_index_map=word_to_index, index_to_word_map=index_to_word,
                       max_caption_size=max_caption_size,
caption_model=model2, beam_size=3)
cg1.initialize_model()
cg1.process_images()
cg1.generate_captions()
cg2.initialize_model()
cg2.process_images()
cg2.generate_captions()

model30ep_captions_outdoor1 = cg1.captions
model50ep_captions_outdoor1 = cg2.captions

# plot images and their captions
```

```
fig=plt.figure(figsize=(13, 11))
plt.suptitle('Automated Image Captioning: Outdoor Scenes 1',
verticalalignment='top', size=15)
columns = 2
rows = 3
for i in range(1, columns*rows +1):
    fig.add_subplot(rows, columns, i)
    image_name = outdoor1_files[i-1]
    img = image.load_img(image_name)
    plt.imshow(img, aspect='auto')
    modelep30_caption_text = 'Caption(ep30): '+
model30ep_captions_outdoor1[i-1]
    modelep50_caption_text = 'Caption(ep50): '+
model50ep_captions_outdoor1[i-1]
    plt.xlabel(modelep30_caption_text+'\n'+modelep50_caption_text,size=11,
wrap=True)
fig.tight_layout()
plt.subplots_adjust(top=0.955)
```

代码片段 11.37 的输出如图 11.15 所示。

图 11.15

从图 11.15 中你可以清楚地看到模型正确地识别了场景。但这不是一个完美的模型，因为我们可以清楚地看到它并没有识别出第二行第二幅图像中的狗，但是清楚地识别出了旁边的人群。此外，我们的模型确实出现了一些颜色识别错误，例如把一个绿色的球识别为了一个红色的球。总的来说，生成的描述适用于源图像。

图 11.16 所示的图像来自更多样的户外场景，并基于流行的户外活动。我们将查看我们的模型在不同类型的场景中的表现如何，而不是只关注一个特定的场景。

图 11.16

图 11.6 中有很多种户外活动，包括越野摩托、滑雪、冲浪、皮划艇和攀岩。生成的描述与每个场景都相关而且描述得很好。在一些场景中，模型描述得非常具体，甚至描述了

每个人的穿着。然而正如我们在前面提到的，它在几个场景中出现了颜色识别错误，这可以通过更多的数据以及在更高分辨率图像上进行训练来改进。

11.11.2 流行运动样本图像描述

在我们的模型测试的最后一部分，我们从 Flickr 网站获取了一些图像，这些图像的内容为世界各地的各种体育运动。由于我们没有只关注一两个体育场景，所以我们确实得到了一些有趣的结果。生成这些描述的代码与我们在 11.11.1 小节中使用的代码完全相同，区别只是源图像不同。和往常一样，详细的代码可以在 Jupyter 笔记本中找到。图 11.17 所示为描述生成器对第一组体育场景的生成结果。

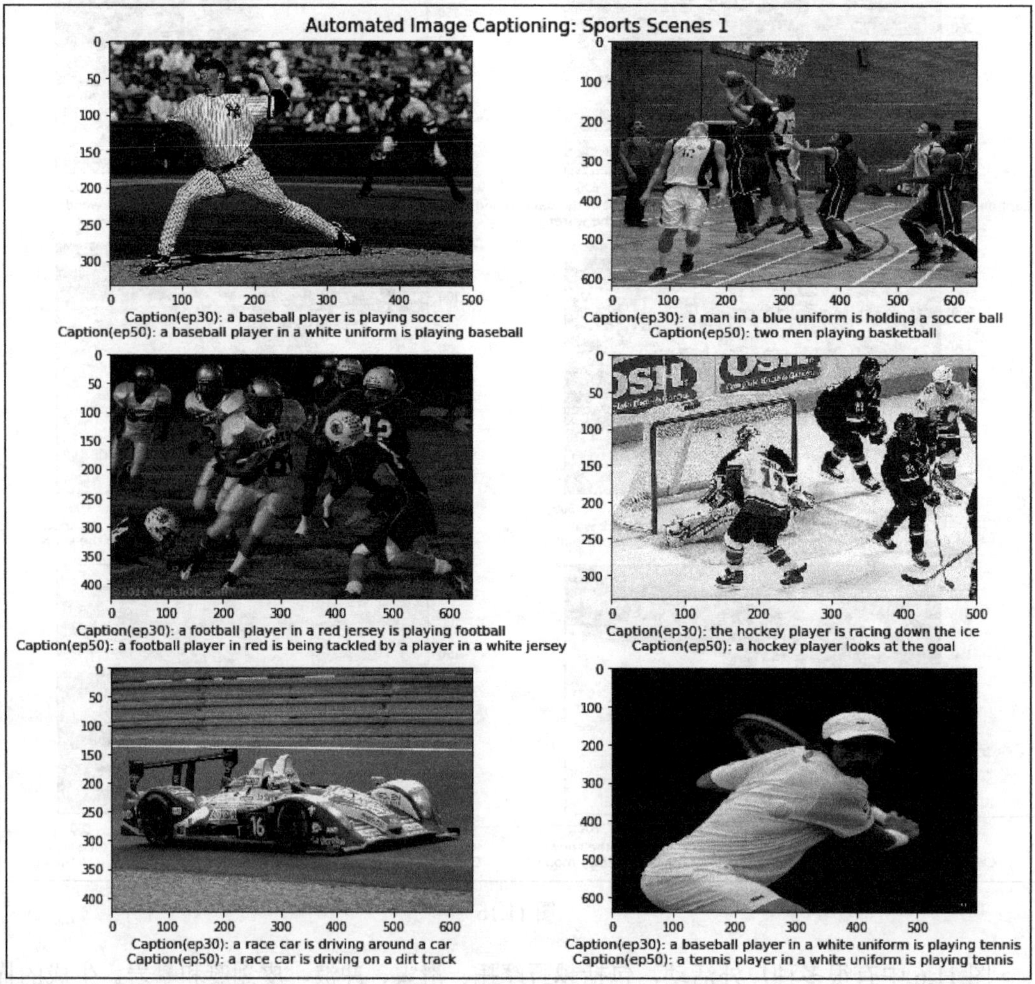

图 11.17

在图 11.17 中，我们可以清楚地看到模型在更详细地对图像进行视觉描述，训练 50 个周期的模型要优于训练 30 个周期的模型。这包括特定的运动衫和衣服颜色，例如白色、蓝色和红色。我们也能够在描述中看到一些具体的活动，例如橄榄球中的擒抱摔倒、冰球的球门，以及泥泞的赛道的比赛。这无疑给予了生成的描述更多的深度和意义。训练 30 个周期的模型在一些图像中出现了一些关于具体运动的错误。

现在我们查看最后一组体育场景，来看看描述生成器在几个与前一组完全不同的体育场景中的表现如何，如图 11.18 所示。

图 11.18

我们可以从前面的输出观察到两个模型的表现都很好，训练 30 个周期的模型在几个场景中表现得很好，例如识别踢足球的儿童或男孩，甚至是识别比赛中小轮车车手的颜色和配件。总的来说，这两个模型都表现得很好，并在一定程度上用与人类描述方式很接近的方式解释了这些场景。

在此我们取得的主要成功在于我们的模型不仅正确地表示了每个活动，而且还能生成有意义且合适的描述。你可以尝试在不同的场景中构建和测试自己的描述生成器。

11.11.3 未来的改进空间

基于我们在本章中使用的方法，有多种方法可以对这个模型进行改进。以下是一些可以改进的具体方面：

- 使用一个更好的图像特征提取模型，例如谷歌公司的 Inception 模型；
- 使用更高分辨率和更高质量的训练图像（需要使用 GPU）；
- 使用更多基于数据集（例如 Flickr30K 数据集）的训练数据，甚至图像增强；
- 在模型中引入注意力（attention）机制。

如果你拥有必要的数据和基础设施，那么这些都是值得探索的想法。

11.12 总结

自动图像描述系统是我们在整本书中处理的最棘手的现实问题之一。它是迁移学习和生成深度学习的完美结合，应用于图像和文本数据的结合问题，同时还结合了计算机视觉和自然语言处理的不同领域。我们介绍了关于图像描述的基本概念，构建了一个描述生成器所需的主要组件，并从零开始构建了我们自己的模型。我们有效地利用了迁移学习原理和预训练的计算机视觉模型从需要被描述的图像中提取正确的特征，然后将这些特征和一些序列模型（例如 LSTM）相结合生成描述。高效和有效地评估序列模型是一件很困难的事情，我们利用行业标准的 BLEU 分数指标来达成我们的目的。我们从零开始实现了一个评分函数，并在测试数据集上对我们的模型进行了评估。

最后我们使用之前构建的所有资源和组件从零开始构建了一个通用的自动图像描述系统，并在来自不同领域的各种图像上进行了测试。本章内容很好地介绍了图像描述的世界，这是一个计算机视觉和自然语言处理的美妙结合，学完本章后，你也可以构建自己的图像描述系统。

第 12 章 图像着色

五光十色是大自然展露的微笑。 ——利·亨特（Leigh Hunt）

19 世纪 40 年代之前，照片的颜色都是黑白的。1908 年，Gabriel Lippmann 获得诺贝尔物理学奖，自此开启了色彩捕捉的时代。1935 年，Eastman Kodak 公司推出了一款名为 Kodachrome 的三合一彩色胶卷，用于拍摄彩色照片。

彩色图像不仅能体现美学，还能比黑白图像捕捉到更多的信息。颜色是现实世界物体的一个重要属性，它为我们感知周围世界增加了另一个维度。色彩是如此重要，以至于在历史上有许多为历史艺术作品和摄影作品着色的项目。随着 Adobe Photoshop 和 GIMP 等工具的出现，人们开始尝试将老照片转变为彩色照片。reddit 网站的 r/Colorization 子群组是一个在线社区，人们在这里分享他们将黑白图像转换为彩色图像的经验。

到目前为止，本书已经在不同的领域和场景中展示了迁移学习的强大之处。在本章中，我们将介绍使用深度学习对图像着色的概念，并利用迁移学习对结果进行改进。本章涵盖以下主题：

- 问题陈述；
- 理解图像着色；
- 彩色图像；
- 构建基于深度神经网络的着色网络；
- 挑战；
- 进一步改进。

下面我们将使用黑白、单色和灰度这 3 个术语来表示没有任何颜色信息的图像。

12.1 问题陈述

照片不仅能帮助我们重温回忆，还能让我们洞察过去发生的重要事件。在彩色摄影成为主流之前，我们的摄影作品大多是黑白的。图像着色的任务是将给定的灰度图像转换为合理可信的彩色图像。

图像着色的任务可以从不同的角度进行。手动着色的过程非常耗时并且需要高超的技巧（详情参见 reddit 网站的 **r/Colorization** 子板块）。计算机视觉和深度学习领域的研究人员一直在研究将该过程自动化的不同方法。本章将介绍如何利用深度神经网络来完成这样的任务。我们还将尝试利用迁移学习的力量来对结果进行改善。

在继续阅读之前应先对问题陈述进行思考，想想你将如何处理这样的任务。在深入研究解决方案之前，我们先获取一些彩色图像及其相关概念的信息。12.2 节将介绍处理当前任务所需的基本概念。

12.2 彩色图像

不到 100 年之前，单色捕获是一种限制，而非一种选择。数码摄影和移动设备摄影的出现使黑白或灰度图像成为一种艺术选择。这样的图像拥有戏剧性的效果，但黑白图像的意义不只是图像捕获设备上可以切换的一个选项（无论是数码相机还是手机）。

我们对颜色和正式颜色模型的理解早于彩色图像。1802 年，Thomas Young 提出了存在 3 种类型的光感受器或锥体细胞的假设，如图 12.1 所示。他的理论详细地说明了这 3 种锥体细胞是如何只对特定范围的可见光敏感的。该理论进一步发展为将这些锥体细胞分为短类型、中类型、长类型，并且依次倾向于捕获蓝色、绿色和红色。

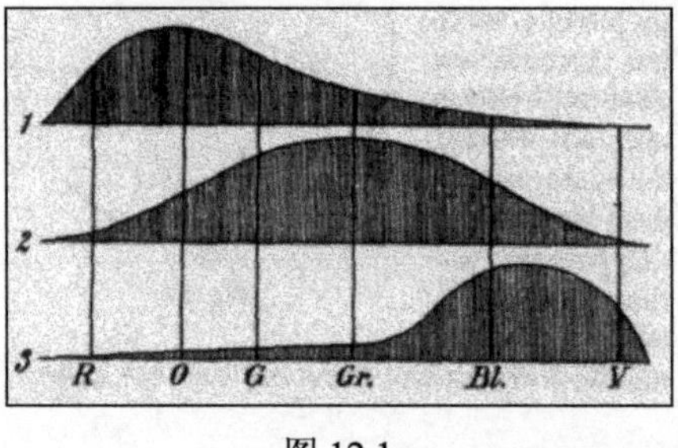

图 12.1

我们对颜色的理解以及我们感知颜色的方式进一步推进了颜色理论的形式化。由于颜色理论本身是一个完整的领域，对这些主题的详细讨论超出了本书的范围，故在此只对其简要提及。

12.2.1 颜色理论

颜色理论，简单来说是一个用于引导颜色感知、颜色混合，颜色匹配和颜色复制方法的正式框架。多年以来，有不同的尝试基于色轮、原色、副色等方面来正式定义颜色。因此颜色理论是一个很广泛的领域，在该领域中我们正式定义了与颜色相关的属性，例如色度、色调、公式等。

12.2.2 颜色模型和颜色空间

颜色模型是颜色理论对颜色表征的公式化。颜色模型是一个抽象的数学概念，当与其组成部分的精确理解相关联时，也被称为**颜色空间**。大多数颜色模型都表示为由 3～4 个表示特定颜色组件的数字组成的元组。

1．RGB 模型

红绿蓝（RGB）模型是 Thomas Young 的三锥理论的延续，也是古老的、应用最广泛的颜色模型和颜色空间之一。RGB 是一个合成色模型。在该模型中，红、绿、蓝 3 种光成分通过不同的浓度进行叠加得到完全的可见光光谱。合成色彩空间如图 12.2 所示。

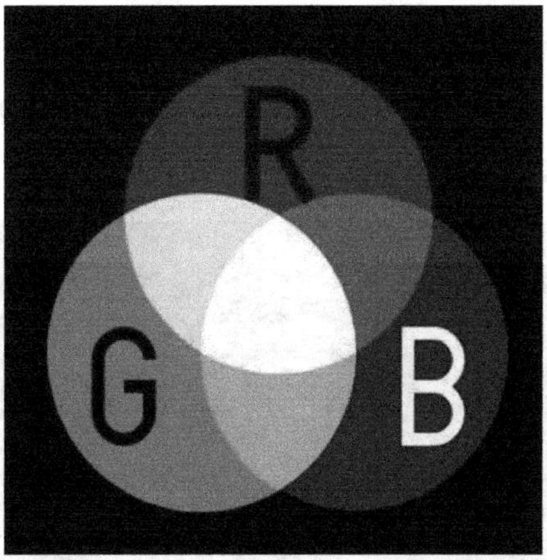

图 12.2

模型中的每个组件的强度均为 0 的将合成黑色，而全强度将合成可感知的白色。尽管该模型很简单，但是该颜色模型和颜色空间构成了大多数电子显示器的基础，包括 CRT、LCD 和 LED。

2. YUV 模型

Y 代表**亮度**，**U** 和 **V** 代表**色度**。该编码方案在视频系统中被广泛应用于人类颜色感知的映射。U、V 通道主要用于确定红色和蓝色的相对数量。得益于其能够使用较低的带宽的能力和有较低的传输误差，该模型得到了广泛的应用，如图 12.3 所示。

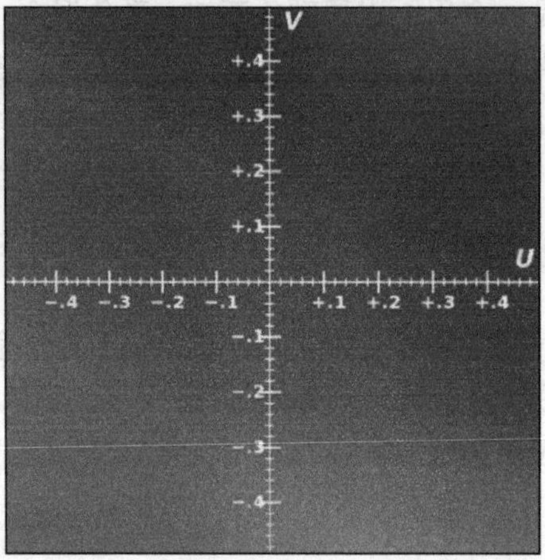

图 12.3

图 12.3 是位于 0.5Y 的 U、V 彩色通道样本表示。

3. LAB 模型

LAB 颜色空间相对于设备独立，它由国际照明委员会开发。**L** 表示颜色的亮度（0 表示黑色，100 表示漫反射白色）。**A** 表示位于绿色和品红色之间的位置，**B** 表示位于蓝色和黄色之间的位置，如图 12.4 所示。

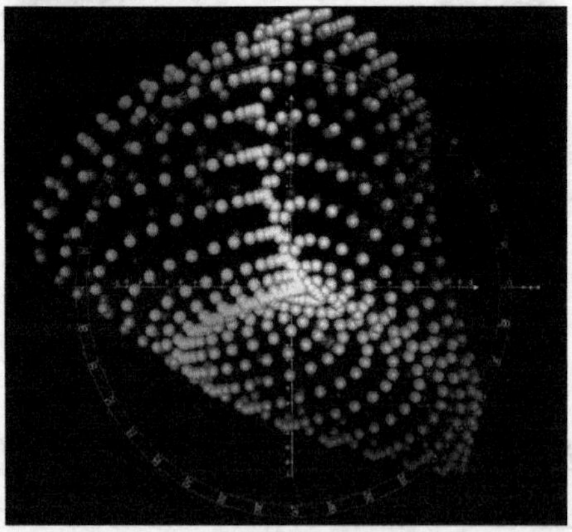

图 12.4

除了以上 3 个颜色模型，还存在其他各种各样的颜色模型。对于图像着色的用例来说，我们将采用一种有趣的颜色模型。

12.2.3 重审问题陈述

如果我们遵循使用最广泛的 RGB 颜色模型，那么训练一个将输入的单色图像映射到彩色图像的模型将是一项非常艰巨的任务。

深度学习领域的研究人员在解决和构思问题时非常具有创造力。在图像着色的例子中，研究人员巧妙地研究了多种利用不同的输入来实现将灰度图像转换为彩色图像的方法。

在最初的尝试中，以参考图像和彩色涂鸦的形式出现的不同的颜色引导输入变体获得了很好的效果。具体可参考 Welsh 和他的合著者，以及 Levin 和他的合著者的文章。

最近的研究主要集中在利用深度 CNN 中的迁移学习实现全过程的自动化，其结果相当令人振奋。

最近利用迁移学习的威力，巧妙地尝试利用将灰度通道作为其成分之一的颜色模型。这听起来熟悉吗？现在让我们从另一个不同的角度来看问题陈述。

除了无处不在的 RGB 颜色空间，我们还讨论了 LAB 模型。LAB 颜色空间包含灰度值作为 L 通道（表示亮度），而其余两个通道（A 和 B 通道）提供颜色属性。因此其着色问题的数学模型如公式 12.1 所示：

$$F:\chi_L \to (\tilde{\chi}_a, \tilde{\chi}_b) \quad \text{（公式 12.1）}$$

上面的公式表示一个函数将给定的数据从 L 通道映射到同一图像的 A 和 B 通道，如图 12.5 所示。

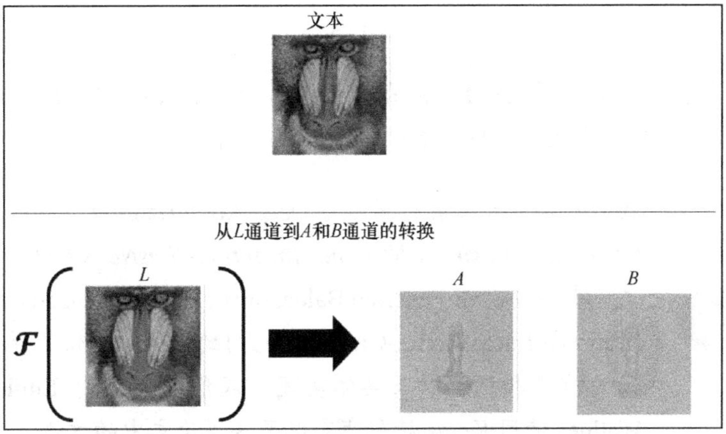

图 12.5

简而言之，我们将图像着色的任务转换为将一个通道（灰度 L 通道）转换为两个颜色通道（A 和 B）的任务，如图 12.6 所示。

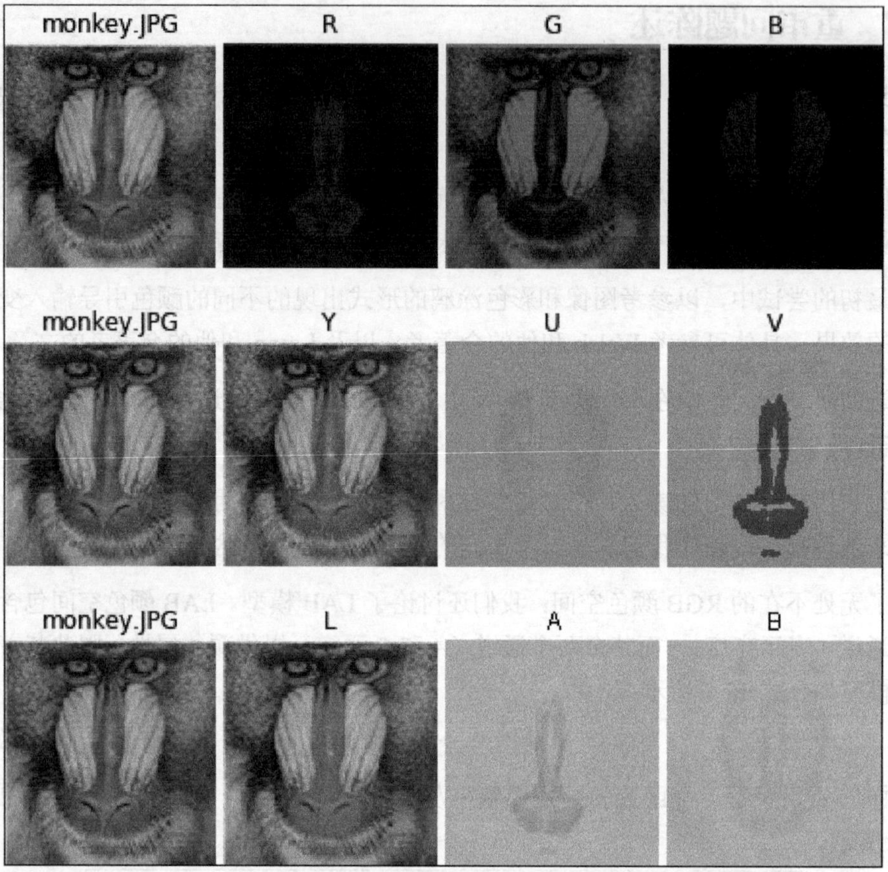

图 12.6

图 12.6 显示了一个彩色图像的 **L**、**A** 和 **B** 通道。论文 *Colorful Image Colorization* 也是基于类似的前提，我们将在接下来的内容中详细研究它们。

> 我们鼓励读者阅读一篇名为 *Deep Koalarization: Image Colorization using CNNs and Inception- ResNet-v2* 的论文。我们要感谢 Federico Baldassarre、Diego Gonzalez-Morin 和 Lucas Rodes-Guirao 在他们的论文中提供了详细的信息和见解以及具体实现。我们还要感谢 Emil Wallner 使用 Keras 精彩地实现了这篇论文中的方法。

读者应该注意类似的过程也可以应用于 YUV 颜色空间。利用 YUV 颜色空间的尝试也很成功，如 Jeff Hwang 及其合著者发表的论文 *Image Colorization with Deep Convolutional Neural Networks* 中讨论的相关方法。

12.3 构建一个着色深度神经网络

是时候建立一个着色深度神经网络了。正如 12.2 节所讨论的，如果我们使用一个替代颜色空间，例如 Lab（或者 YUV），那么我们可以将着色任务转换为一个数学转换。转换过程如公式 12.2 所示：

$$F:\chi_L \rightarrow (\tilde{\chi}_a, \tilde{\chi}_b) \qquad \text{（公式 12.2）}$$

数学公式和创造性都很棒，但是图像应该从何处学习这些转换呢？深度学习网络需要大量的数据，幸运的是，我们可以从各种开源数据集中收集大量不同的图像集合。出于对本章的任务的考虑，我们将使用 ImageNet 本身的一些示例图像。由于 ImageNet 是一个庞大的数据集，因此我们随机选择了一些彩色图像作为我们的问题陈述。后面我们将讨论选择这个子集的原因以及它的一些细微差别。

> 我们将依赖 Baldassarre 和他的合著者在他们的论文 *Deep Koalarization: Image Colorization using CNNs and Inception-ResNet-v2* 中开发的图像提取工具来辅助提取在本章中使用到 ImageNet 样本集。

本章使用的代码和示例图像以及 colornet_vgg16.ipynb 笔记可以在本书的 GitHub 仓库中找到。

12.3.1 预处理

获取所需数据集之后的第一个步骤是预处理。对于当前的图像着色任务，我们需要执行以下预处理步骤。

- **重缩放**。ImageNet 是一个包含多种类型图像的多元数据集，其中包含了不同类别和大小（维度）。为了实现图像着色，我们需要将所有图像重新缩放到固定的尺寸。
- **使用 24 位 RGB**。由于人眼只能分辨 200 万～1000 万种颜色，我们可以利用 24 位 RGB 来近似 1600 万种颜色。减少每个通道的位数将帮助我们用更少的资源来更快地训练我们的模型。这可以通过简单地将像素值除以 255 来实现。

- **RGB 转换为 LAB**。由于在 LAB 颜色空间中图像的着色更容易解决，因此我们将利用 skimage 对 RGB 图像进行转换和提取 LAB 通道。

标准化

LAB 颜色空间的值的范围为−128～+128。由于神经网络对输入值的缩放很敏感，因此我们将转换后的像素值归一化为−128～+128，并将其置于−1～+1 内。代码片段 12.1 展示了该过程。

代码片段 12.1

```
def prep_data(file_list=[],
              dir_path=None,
              dim_x=256,
              dim_y=256):

    #Get images

    X = []
for filename in file_list:
    X.append(img_to_array(
                  sp.misc.imresize(
                  load_img(
                  dir_path+filename),
                  (dim_x, dim_y))

        )
    )
    X = np.array(X, dtype=np.float64)
    X = 1.0/255*X
    return X
```

转换之后，我们将数据分割为训练集和测试集。我们将使用来自 sklearn 类库的 train_test_split()函数进行数据分割。

12.3.2 损失函数

模型通过改善损失函数或目标函数来进行学习。任务利用反向传播使原始彩色图像与模型输出的差值最小来学习最优参数。模型输出的彩色图像也被称为灰度图像的幻彩图像。在本章的实现中，我们使用**均方误差**（**Mean Squared Error**，**MSE**）作为损失函数，如公式 12.3 所示。

$$C(X,\theta)=\frac{1}{2HW}\sum_{k\in\{a,b\}}\sum_{i=1}^{H}\sum_{j=1}^{W}(X_{ki,j}-\tilde{X}_{ki,j})^2 \quad \text{（公式 12.3）}$$

在 Keras 中，使用这个损失函数就像在编译 Keras 模型时设置参数一样简单。我们使用 RMSprop 优化器来训练我们的模型。

12.3.3 编码器

CNN 是一种令人惊叹的图像分类器。它们通过提取位置不变的特征来进行图像分类。在这个过程中，它们往往会扭曲输入图像。

在图像着色的例子中，这种失真将会是灾难性的。为此我们需要使用编码器将输入的 $H\times W$ 维灰度图像转换为 $H/8\times W/8$。编码器通过使用 0 填充来保持图像通过不同层之后的比例。代码片段 12.2 展示了编码器的 Keras 实现。

代码片段 12.2

```
#Encoder
enc_input = Input(shape=(DIM, DIM, 1,))
enc_output = Conv2D(64, (3,3),
               activation='relu',
               padding='same', strides=2)(enc_input)
enc_output = Conv2D(128, (3,3),
               activation='relu',
               padding='same')(enc_output)
enc_output = Conv2D(128, (3,3),
               activation='relu',
               padding='same', strides=2)(enc_output)
enc_output = Conv2D(256, (3,3),
               activation='relu',
               padding='same')(enc_output)
enc_output = Conv2D(256, (3,3),
               activation='relu',
               padding='same', strides=2)(enc_output)
enc_output = Conv2D(512, (3,3),
               activation='relu',
               padding='same')(enc_output)
enc_output = Conv2D(512, (3,3),
               activation='relu',
               padding='same')(enc_output)
enc_output = Conv2D(256, (3,3),
               activation='relu',
               padding='same')(enc_output)
```

在上述代码片段中，有趣的地方是在层 1、层 3 和层 5 中使用的步长为 2。2 的步长会将图像尺寸减小一半，但仍然能够保持高宽比。这有助于在不扭曲原始图像的情况下增加信息密度。

12.3.4 迁移学习——特征提取

本章内容所讨论的图像着色网络是一个非常独特的网络。它的独特性来自我们使用迁移学习来提升模型的性能。我们知道预先训练的网络可以作为特征提取器来帮助迁移学习的模式，并提高模型的性能。

在当前的设置中，我们使用一个预训练的 VGG16 来进行迁移学习。由于 VGG16 需要特定的输入格式，因此我们需要对输入的灰度图像（与输入到网络编码部分的灰度图像相同）进行转换，并将相同的图像连接 3 次以补偿丢失的通道信息。

代码片段 12.3 接收输入的灰度图像并输出需要的嵌入。

代码片段 12.3

```
#Create embedding
def create_vgg_embedding(grayscaled_rgb):
    gs_rgb_resized = []
    for i in grayscaled_rgb:
        i = resize(i, (224, 224, 3),
                   mode='constant')
        gs_rgb_resized.append(i)
    gs_rgb_resized = np.array(gs_rgb_resized)
    gs_rgb_resized = preprocess_input(gs_rgb_resized)
    with vgg16.graph.as_default():
      embedding = vgg16.predict(gs_rgb_resized)
    return embedding
```

以上的代码片段会生成尺寸为 $1000 \times 1 \times 1$ 的输出特征向量。

12.3.5 融合层

我们在前面几个章节中构建的大多数网络都使用了 Keras 的顺序 API。融合层是一种在本章内容的背景下利用迁移学习的创新方法。记住我们已经使用输入灰度图像作为两个不同网络的输入——一个编码器和一个预训练的 VGG16 网络。由于两种网络的输出形状不同，因此我们将 VGG16 网络的输出重复 1000 次并与编码器的输出进行连接或融合。代码片段 12.4 展示了融合层。

代码片段 12.4

```
#Fusion
fusion_layer_output = RepeatVector(32*32)(emd_input)
fusion_layer_output = Reshape(([32,32,
                         1000]))(fusion_layer_output)
fusion_layer_output = concatenate([enc_output,
                               fusion_layer_output], axis=3)
fusion_layer_output = Conv2D(DIM, (1, 1),
                       activation='relu',
                       padding='same')(fusion_layer_output)
```

VGG16 网络输出的重复输出会附加于编码器输出的深度轴。这保证了从 VGG16 网络中提取的图像的特征嵌入可以均匀地分布在整个图像中，如图 12.7 所示。

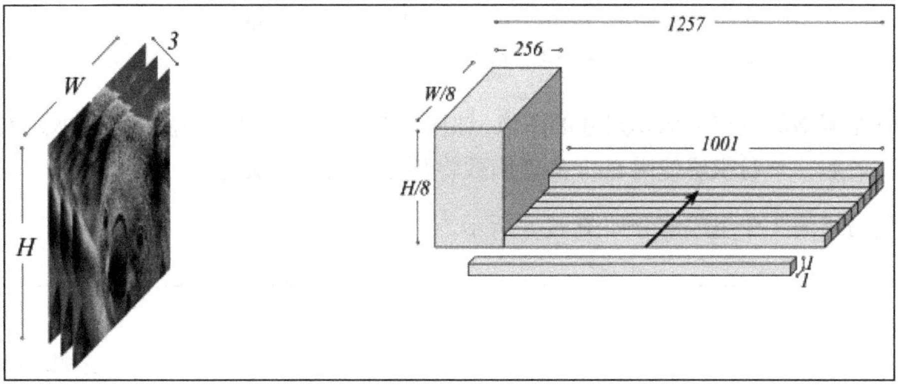

图 12.7

图 12.7 展示了特征提取器或预训练的 VGG16 网络的输入，以及融合层的结构。

12.3.6 解码器

着色网络的最后一个阶段是构建一个解码器。在网络的前两部分中，我们使用了一个编码器和一个预训练模型来学习不同的特征并生成嵌入。融合层的输出是一个大小为 $H/8 \times W/8 \times 256$ 的张量，其中 H 和 W 是灰度图像的原始高度和宽度（在我们的例子中，高×宽为 256×256）。该输入被传递通过一个 8 层解码器，该解码器使用 5 个卷积层和 3 个上采样层进行构建。上采样层可以帮助我们使用基本的最近邻方法将图像的尺寸增加一倍。代码片段 12.5 展示了网络的解码器部分。

代码片段 12.5

```
#Decoder
dec_output = Conv2D(128, (3,3),
```

```
                                activation='relu',
                                padding='same')(fusion_layer_output)
dec_output = UpSampling2D((2, 2))(dec_output)
dec_output = Conv2D(64, (3,3),
                                activation='relu',
                                padding='same')(dec_output)
dec_output = UpSampling2D((2, 2))(dec_output)
dec_output = Conv2D(32, (3,3),
                                activation='relu',
                                padding='same')(dec_output)
dec_output = Conv2D(16, (3,3),
                                activation='relu',
                                padding='same')(dec_output)
dec_output = Conv2D(2, (3, 3),
                                activation='tanh',
                                padding='same')(dec_output)
dec_output = UpSampling2D((2, 2))(dec_output)
```

解码器网络的输出为原始尺寸的图像，该图像具有两个通道，即输出是大小为 $H \times W \times 2$ 的张量。最后一个卷积层使用 tanh 激活函数将预测的像素值保持在−1～+1 内。

着色网络的 3 个组成部分如图 12.8 所示。

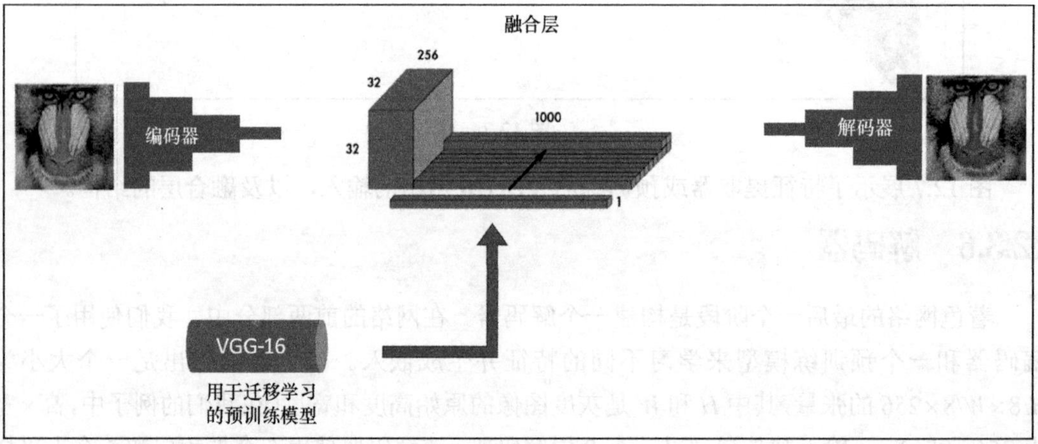

图 12.8

使用 Keras 构建的深度学习模型通常使用顺序 API。在这个例子中，我们的着色网络（colornet）利用函数 API 来实现融合层。

12.3.7 后处理

正如在 12.3.1 小节中提到的，我们将像素值标准化为-1～+1，以确保我们的网络能被恰当地训练。另外，LAB 颜色空间的两个颜色通道的值的范围为-128～+128。因此需要完成以下两个后处理步骤：

- 将每个像素值乘以 128 以使值处于所需的颜色通道范围；
- 将灰度输入图像和输出的双通道图像连接起来以获取彩色图像。

代码片段 12.6 展示了获取彩色图像的后处理步骤：

代码片段 12.6

```
sample_img = []
for filename in test_files:
    sample_img.append(sp.misc.imresize(load_img(IMG_DIR+filename),
                                       (DIM, DIM)))
sample_img = np.array(sample_img,
                      dtype=float)
sample_img = 1.0/255*sample_img
sample_img = gray2rgb(rgb2gray(sample_img))
sample_img = rgb2lab(sample_img)[:,:,:,0]
sample_img = sample_img.reshape(sample_img.shape+(1,))
#embedding input
sample_img_embed = create_vgg_embedding(sample_img)
#Test model
output_img = model.predict([sample_img, sample_img_embed])
output_img = output_img * 128

filenames = test_files
# Output colorizations
for i in range(len(putput_img)):
      fig = plt.figure(figsize = (8, 8))
      final_img = np.aeros((DIM, DIM, 3))

      # add grayscale channel
      final_img[:,:,0] = sample_img[I][:,:,0]

      # add predicated channel
      final_img[:,:,1:] = output_img[i]

      img_obj = load_img(IMG_DIR+filenames[i])
```

```
        fig.add_subplot(1, 3, 1)
        plt.axis('off')

        grayed_img = gray2rgb(
                        rgb2gray(
                            img_to_array(
                                img_obj)/255)
                        )
        plt.imshow(grayed_img)
        plt.title("grayscale")

        fig.add_subplot(1, 3, 2)
        plt.axis('off')
        imshow(lab2rgb(final_img))
        plt.title("hallucination")

        fig.add subplot(1, 3, 3)
        plt.imshow(img_obj)
        plt.title("original")
        plt.axis('off')
        plt.show()
```

在代码片段 12.6 中，我们使用 skimage 中的 lab2rgb 方法将输出转换为 RGB 颜色空间数据。这样做是为了便于可视化输出图像。

12.3.8 训练和结果

训练一个如此复杂的网络可能很棘手。从本章的任务考虑，我们选择了 ImageNet 中非常小的图像子集。为了帮助我们的网络学习和泛化，我们使用来自 Keras 的 ImageDataGenerator 类来扩充数据集并在输入数据集中生成变体。代码片段 12.7 展示了图像增强和模型训练。

代码片段 12.7

```
# Image transformer
datagen = ImageDataGenerator(
        shear_range=0.2,
        zoom_range=0.2,
        rotation_range=20,
        horizontal_flip=True)
def colornet_img_generator(X,
                    batch_size=BATCH_SIZE):
    for batch in datagen.flow(X, batch_size=batch_size):
        gs_rgb = gray2rgb(rgb2gray(batch))
        batch_lab = rgb2lab(batch)
```

```
        batch_l = batch_lab[:,:,:,0]
        batch_l = batch_l.reshape(batch_l.shape+(1,))
        batch_ab = batch_lab[:,:,:,1:] / 128
        yield ([batch_l,
                create_vgg_embedding(gs_rgb)], batch_ab)
history = model.fit_generator(colornet_img_generator(X_train,
                                                    BATCH_SIZE),
                              epochs=EPOCH,
                              steps_per_epoch=STEPS_PER_EPOCH)
```

在着色网络的例子中，损失可能有些令人费解。它似乎在 100 个周期内就稳定下来了，但是产生的结果更多的是棕褐色而不是彩色。因此我们进行了更多的实验，得到了以下结果，如图 12.9 所示。

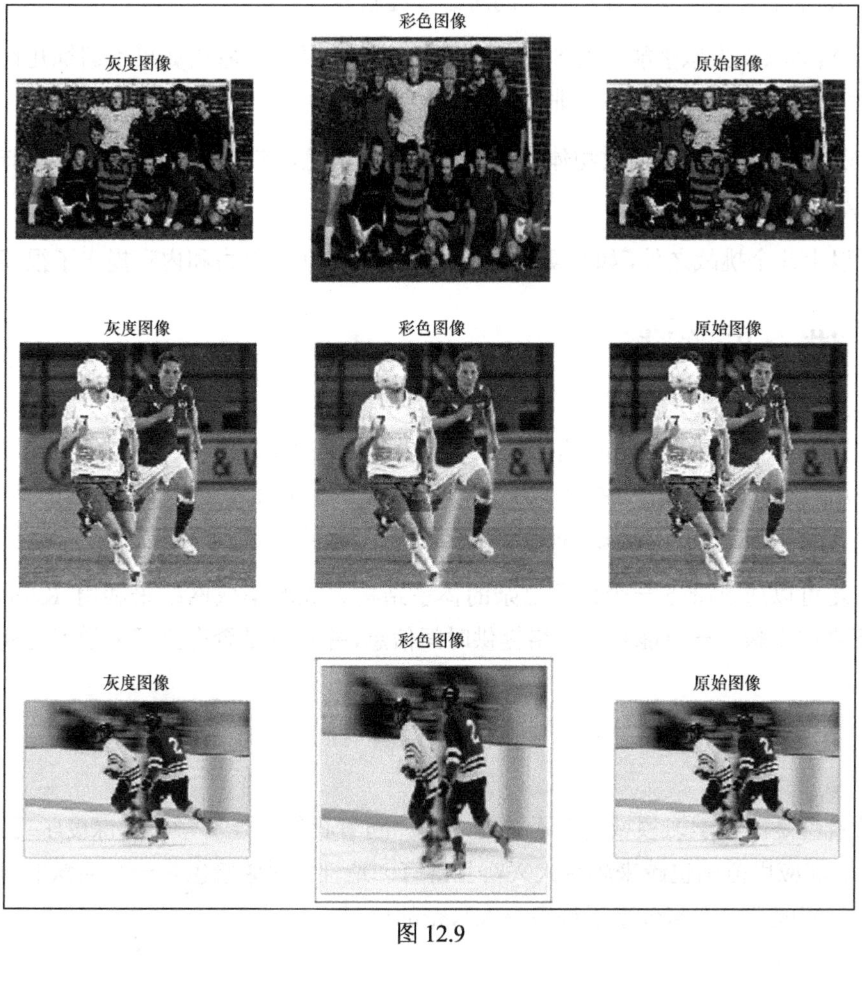

图 12.9

图 12.9 中展示的结果虽然并不惊人，但已经足够鼓舞人心。该结果是通过对训练批数量为 64 的模型训练 600 个周期之后获得的。

12.4 挑战

深度神经网络是非常强大的模型，其中含有成百上千个可学习的参数。当前训练着色网络的场景产生了一系列新的挑战，其中的一些挑战如下所示。

- 目前的网络似乎已经学到一些高级特征，例如草和运动衫（在一定程度上），但学习较小物体的颜色模式却有点困难。
- 训练集仅限于非常特定的图像子集，该问题在测试数据集中也有所反映。该模型对训练集中不存在或者样本很少的对象性能较差。
- 虽然训练损失似乎能够在 50 个周期内稳定，但是可以看出如果不训练几百个周期，模型在着色方面的表现会非常差。
- 该模型倾向于将大多数物体着色为灰色或深褐色，该问题可以在训练周期较少的模型中观察到。

除了以上几个挑战之外，如此复杂的体系结构也对计算能力和内存提出了很高的要求。

12.5 进一步改进

虽然当前的实现展示出了不错的效果，但是结果还可以进一步微调。进一步的改进可以通过使用更大和更多元的数据集来实现，也可以通过使用更强大的、先进的预训练图像分类模型（例如 InceptionV3 或 InceptionResNetV2）来实现。

我们还可以通过准备一个由更复杂的体系结构组成的集成网络来利用 Keras 的函数 API。接下来的步骤之一可能是向网络提供时间信息，并查看是否有空间来学习为视频着色。

12.6 总结

图像着色是深度学习领域的前沿课题之一。随着我们对迁移学习和深度学习的理解的不断成熟，其应用范围也越来越令人兴奋且富有创造性。图像着色是一个活跃的研究领域，近年来一些深度学习专家分享了许多令人兴奋的成果。

在本章中，我们学习了色彩理论、不同的色彩模型，以及色彩空间。这些理解能够帮助我们将问题表述重新表述为将单通道灰度图像映射到双通道输出。接着我们根据 Baldassarre 和他的合著者的论文构建了一个着色网络。该实现包含一个独特的 3 层网络，由编码器、解码器和融合层组成。融合层允许我们通过将 VGG16 网络嵌入和编码器输出进行连接来使用迁移学习。该网络需要几个特定的预处理和后处理步骤来训练一组给定的图像。我们的训练和测试数据集由 ImageNet 示例的子集组成。我们将着色网络训练了几百个周期。最后我们展示了一些彩色图像以了解模型对着色任务的理解。训练之后的着色网络学习到了某些高级对象，如草地，但在较小或不常见的对象上表现不佳。我们还讨论了这类网络带来的一些挑战。

本章是本书一系列案例式讲解的最后一章。我们展示了不同领域中的不同用例，每个用例都有助于我们利用迁移学习的概念，这些概念在本书的前两部分已经被详细讨论过。机器学习和深度学习领域的领军人物之一吴恩达在他的 NIPS 2016 教程中曾这样说："转移学习将是机器学习在商业上取得成功的下一个驱动力。"